教育部高职高专计算机教指委规划教材

# 网络数据库开发项目教程

## (SQL Server 2008＋ C＃2008)

主　编　王跃胜　张铁城
副主编　张蒲生　潘泽宏　赵永晖
参　编　曹起武　杨勇彬　李任梅

中国人民大学出版社
·北京·

# 前言

经过多年课程建设、校企合作和教学改革的反复探索，我们的数据库课程教学模式取得了很好的发展，现正朝着“教、学、做一体化，工作过程系统化，教学项目真实化”的方向前进。本教材突出职业能力的培养，通过一个企业真实项目——“证照管理系统”的完整实施过程，将网络数据库开发的相关内容有条不紊地组织起来。全书按照“证照管理系统”各个子项目的真实工作顺序推进，使学习过程与工作过程保持一致；根据子项目具体内容不同设有多种环节，由易到难，循序渐进，符合认知规律，有利于教师指导学生边观摩、边实战，鼓励学生进行任务拓展、相互交流。项目功能新颖实用、富有创意、符合企业的实际需求，能激发学生的学习热情和动力，从中体会到学习和“工作”的双重乐趣。

书中的内容组织如下表所示。

| 子项目 | 名　称 | 工作目标 | 涉及主要知识 |
| --- | --- | --- | --- |
| 1 | 环境部署 | 在现有环境安装配置 SQL Server 2008 | SQL Server 2008 的软硬件需求、安装、配置 |
| 2 | 创建证照项目数据库 | 根据工作环境创建数据库 | 数据库文件结构及创建方法 |
| 3 | 创建证照项目数据表和组织表数据 | 规范证照数据，创建相关数据表，导入数据 | 数据类型、表、数据导入 |
| 4 | 查询证照项目数据 | 按不同查询要求写出相应的 SQL 语句 | SQL 的查询语句 |
| 5 | 实现证照项目数据完整性 | 建立各种约束和触发器确保数据准确完整 | 约束、触发器 |

续前表

| 子项目 | 名　称 | 工作目标 | 涉及主要知识 |
|---|---|---|---|
| 6 | 视图在证照项目中的应用 | 通过视图优化证照管理功能 | 视图 |
| 7 | 部署存储过程和函数 | 将通用的功能模块化 | SQL 语句，存储过程，函数 |
| 8 | 证照项目智能化 | 证照到期自动提醒 | SQL 语句，网络，代理 |
| 9 | 开发证照应用程序 | 开发应用程序便于对证照的管理和查询 | C#，数据库接口 |
| 10 | 项目拓展 | SQL 语句的总结，对项目的展望 | 后续课程 |

书中项目所需环境由三部分组成。

(1) 操作系统：Microsoft Windows 2000 Server 企业版及以上版本，建议 Windows Server 2003 企业版。

(2) 数据库管理系统：Microsoft SQL Server 2000 企业版及以上版本，其中子项目 8 和子项目 9 需要 Microsoft SQL Server 2005 企业版及以上版本，建议 SQL Server 2008 企业版。

(3) 开发工具：Microsoft Visual Studio. Net 2005 企业版及以上版本，C#语言，建议 Microsoft Visual Studio. Net 2008 企业版。

另外子项目 8 需要邮件服务器支持，可以是局域网的邮件服务（如 Windows Server 2003 自带的 smtp 和 pop3 服务），也可以是基于 Internet 的邮件服务器（绝大部分支持，如 163 邮箱和 QQ 邮箱等）。

书中项目在基于虚拟机的 Windows Server 2003＋Visual Studio. Net 2008＋SQL Server 2008 企业版的环境中调试通过。作者提供源代码、所需数据及课件下载。

本书由王跃胜、张蒲生、潘泽宏、赵永晖、曹起武、李任梅共同策划和编写，最后由王跃胜统稿；广东太阳神集团有限公司副总经理张铁城先生、电脑部经理杨勇彬先生在百忙中抽出时间，负责项目的需求分析和协助实施。本书在编写过程中，编者得到学院领导、同事、朋友的帮助和支持，在此表示衷心的感谢！

由于编者水平有限，书中难免有疏漏和错误之处，恳请广大读者批评指正。

编　者

2010 年 4 月

目 录

# 0 项目总览：证照管理系统

## 0.1 背景

A公司是一家大型企业，在全国各地拥有上百家分支机构，同时有相当多的证照，比如，汽车行驶证、司机驾驶证、高级经理护照、卫生许可证、营业执照、税务登记证、产品批文等，需要定时审核或换证。集团总部办公室负责管理这些证照，主要是分类汇总、备查、依时审核和换证。

这天，市场部小周来集团总部办公室借用卫生许可证和一个产品的批文，准备举办一个产品促销会，结果发现卫生许可证已经过期……

为了杜绝此类事件的发生，上级领导勒令集团总部办公室必须对证照管理工作进行整改。于是办公室请来电脑部负责数据库开发的小华协助解决这一问题。

## 0.2 现有证照管理模式

1. 调研

为了完成证照管理的整改工作，小华到证照的归口管理部门——集团总部办公室进行调研。经过一周的调查了解，得到如下信息。

(1) 集团对证照采取集中管理的模式，每取得一个新的证照，都必须到办公室登记造册。办公室采用Excel文件进行管理，格式如图0—1、图0—2、图0—3、图0—4所示。

(2) 其他部门根据需要可到办公室来进行查阅，办公室打开Excel文件，查找需要的证照资料。

(3) 办公室还必须定期浏览该Excel文件，以发现即将过期的证照，并敦促相应的管理人办理审核或换证业务。

(4) 办公室还必须定期或不定期地对证照进行分类、统计、汇总。例如：按部门进行统计、按管理人或类别进行分类统计等。其中的部分样张如图0—5、图0—6、图0—7所示。

(5) 管理该证照的人员老刘已有近十年的工作经验，业务能力强，工作认真负责，深受各方好评。但随着公司的不断发展，证照数量越来越多，出错也越来越频繁，工作压力特别大。

证照资料一览表

| 号码 | 名称 | 类别 | 初领日期 | 最新审核日期 | 过期日期 | 管理人 | 所属部门 | 存放地点 |
|---|---|---|---|---|---|---|---|---|
| 001323 | 集团营业执照 | 营业执照 | 1992-5-18 | 2007-1-23 | 2010-1-22 | 王大力 | 集团 | 总部 |
| 352021 | 粤北厂税务 | 税务登记证 | 1992-5-19 | 2000-3-28 | 2010-3-27 | 张东 | 生产部 | 粤北厂 |
| 0254158 | 宝马行驶证 | 行驶证 | 1999-11-20 | 2004-8-17 | 2010-8-16 | 李四 | 小车队 | 李司机 |
| 074531 | 副董驾驶证 | 驾驶证 | 1992-5-21 | 2008-8-12 | 2012-8-11 | 黄英 | 董办 | 副董 |
| 200154 | 三厂卫生许可证 | 卫生许可证 | 1997-5-22 | 2003-5-21 | 2013-5-20 | 朱君 | 技术部 | 三厂 |
| 013658 | 养生茶批文 | 产品批文 | 2002-12-23 | 2006-12-20 | 2011-13-30 | 小龙 | 技术部 | 产品开发部 |
| 230078 | 董秘驾驶证 | 驾驶证 | 2001-6-24 | 2001-6-1 | 2013-5-31 | 黄英 | 董办 | 董秘 |
| 086231 | 一厂卫生许可证 | 卫生许可证 | 1999-8-25 | 2007-2-2 | 2012-1-31 | 朱君 | 技术部 | 一厂 |
| 90866 | 饮品批文 | 产品批文 | 1992-5-26 | 2005-10-20 | 2010-10-19 | 小龙 | 产品开发部 | 产品开发部 |
| 001521 | 华南市场执照 | 营业执照 | 2008-5-27 | 2009-1-23 | 2014-1-22 | 王大力 | 行政部 | 华南市场 |
| 440213 | 华东税务 | 税务登记证 | 1992-5-28 | 2007-2-21 | 2012-2-20 | 张东 | 财务部 | 华东市场财务 |
| 024668 | 越野行驶证 | 行驶证 | 2007-11-29 | 2009-5-20 | 2014-5-19 | 李四 | 小车队 | 汤司机 |
| 025843 | 董事长护照 | 护照 | 2002-1-31 | 2008-2-28 | 2013-12-27 | 杨钱 | 总部 | 董办 |
| …… | | | | | | | | |

图 0—1 证照资料

2. 存在问题

小华根据调查得到的资料，经过分析整理，总结出目前的证照管理工作存在如下的不足。

（1）使用 Excel 管理大量证照数据，存在着一定的局限性，工作强度大，容易出错。

（2）部分统计报表，Excel 没法自动完成，手工参与程度较高。

（3）想查询证照的人员只能依靠办公室老刘，无法自助查询。

（4）对于即将过期证照的筛选，自动化程序低。

员工资料

| 工号 | 姓名 | 性别 | 出生日期 | 所属部门 | 工资级别 | 使用电脑 | 电话 | 邮箱 | 联系地址 |
|---|---|---|---|---|---|---|---|---|---|
| 101002 | 张大力 | 男 | 1972－5－18 | 董事长办公室 | 1 | D00001 | 1391394322 | zdl@sql. com | 广州中山路 |
| 102003 | 李大个 | 男 | 1982－5－19 | 总经理办公室 | 2 | D00002 | 1380139432 | ldg@sql. com | 上海浦东 |
| 102002 | 苗苗 | 女 | 1982－4－4 | 总经理办公室 | 3 | D00003 | 1341039454 | mm@sql. com | 南京中山路 |
| 102007 | 蓉蓉 | 女 | 1985－3－7 | 总经理办公室 | 2 | D00004 | 1391394653 | rr@sql. com | 北京中关村 |
| 102004 | 雨滴 | 女 | 1997－5－22 | 总经理办公室 | 3 | D00005 | 1391394555 | yd@sql. com | 深圳光明路 |
| 103005 | 威威 | 男 | 1973－12－23 | 审计部 | 1 | D00006 | 1333134565 | ww@sql. com | 重庆广州路 |
| 103007 | 刘一一 | 男 | 1969－12－3 | 审计部 | 4 | D00007 | 1133139677 | lyy@sql. com | 广东南海大学城 |
| 104002 | 小杰 | 男 | 1969－12－4 | 工会 | 5 | D00008 | 1133139678 | xj@sql. com | 上海浦东 |
| 104005 | 小龙 | 男 | 1970－1－5 | 工会 | 2 | D0009 | 1133139679 | xl@sql. com | 南京中山路 |
| 206008 | 小华 | 男 | 1969－12－6 | 电脑部 | 3 | D00010 | 1133139680 | ih@sql. com | 北京中关村 |
| 501001 | 健健 | 男 | 1969－12－7 | 生产厂一 | 5 | D00011 | 1133139681 | jj@sql. com | 深圳光明路 |
| 502001 | 安安 | 女 | 1972－12－8 | 生产厂二 | 2 | D00012 | 1133139682 | aa@sql. com | 重庆广州路 |
| 503003 | 彭华 | 女 | 1969－12－9 | 生产厂三 | 6 | D00013 | 1133139683 | ph@sql. com | 广东南海大学城 |
| 202001 | 忻国 | 男 | 1978－12－10 | 财务部 | 2 | D00014 | 1133139684 | xg@sql. com | 广州增城 |
| 205001 | 邢正 | 男 | 1980－2－3 | 行政部 | 2 | D00015 | 1133222348 | xz@sql. com | 广州西关 |
| 203002 | 王伟 | 男 | 1978－12－11 | 技术部 | 3 | D00016 | 1133139685 | aw@sql. com | 深圳光明路 |
| 201002 | 陈飞飞 | 男 | 1990－8－25 | 市场部 | 3 | D00017 | 1391394542 | cff@sql. com | 广州白云区九龙镇 |
| …… | | | …… | | | | | | …… |

图 0—2　员工资料

部门资料

| 编　号 | 名　称 | 经　理 |
|---|---|---|
| 101 | 董事长办公室 | 101002 |
| 102 | 总经理办公室 | 102003 |
| 103 | 审计部 | 103005 |
| 104 | 工会 | 104002 |
| 201 | 市场部 | 201002 |
| 202 | 财务部 | 202001 |
| 203 | 技术部 | 203002 |
| 204 | 开发部 | 105006 |
| 205 | 行政部 | 205001 |
| 203 | 电脑部 | 206008 |
| 501 | 生产厂一 | 501001 |
| 502 | 生产厂二 | 502001 |
| 503 | 生产厂三 | 503003 |
| …… | | …… |

图 0—3　部门资料

电脑资料

| 标识 | 操作系统 | CPU | 内存 | 硬盘 | 购买日期 | 状态 |
|---|---|---|---|---|---|---|
| D00001 | XP | AMD 速龙 | 512 | 80G | 2007-1-1 | 正常 |
| D00002 | Windows2000 | Intel P4 | 256 | 40G | 2006-1-2 | 不正常 |
| D00003 | Vista | Intel P E2200 | 2G | 120G | 2009-1-3 | 正常 |
| D00004 | Windows2003 | Intel P E5300 | 1G | 100G | 2007-1-4 | 正常 |
| D00005 | XP | Intel C E3200 | 512 | 80G | 2007-1-5 | 正常 |
| D00006 | XP | AMD 速龙 | 1G | 80G | 2007-1-6 | 正常 |
| D00007 | Vista | Intel C2Duo | 2G | 120G | 2009-11-7 | 正常 |
| D00008 | XP-SP2 | AMD 速龙 | 1G | 80G | 2007-1-8 | 正常 |
| D00009 | XP-SP3 | Intel E4300 | 1G | 100G | 2007-1-9 | 正常 |
| D00010 | Windows2003 | Intel C2Duo | 1G | 80G | 2007-1-10 | 正常 |
| D00011 | Linux | Intel P4 | 512 | 40G | 2007-1-11 | 正常 |
| D00012 | XP | Intel P E5300 | 512 | 50G | 2007-1-12 | 正常 |
| D00013 | Linux | Intel P E5300 | 1G | 40G | 2007-1-13 | 正常 |
| D00014 | XP | AMD 速龙 5000 | 1G | | 2008-2-12 | 正常 |
| D00015 | XP | AMD 速龙 5000 | 1000M | | 2008-2-12 | 正常 |
| D00016 | XP | AMD 速龙 5000 | 512 | | 2008-2-12 | 正常 |
| D00017 | XP | AMD 速龙 5000 | 1G | | 2008-2-12 | 正常 |
| …… | …… | | | | | |

图 0—4　电脑资料

按部门分类统计表

2009.11.30

| 部门名称 | 驾驶证 | 行驶证 | 卫生许可证 | 税务登记证 | …… | 小　计 |
| --- | --- | --- | --- | --- | --- | --- |
| 集团 | 23 | | 4 | 23 | | 553 |
| 生产部 | 3 | | 43 | | | 80 |
| 小车队 | 5 | 3 | | | | 120 |
| 董办 | 3 | 2 | | | …… | 12 |
| 技术部 | | | 51 | | | 60 |
| …… | | …… | | …… | …… | |
| 总计 | 200 | 100 | 553 | 7 | | 812 |

图 0—5　按部门分类统计表

即将过期证照统计表

2009.12.30

| 管理人 | 驾驶证 | 行驶证 | 卫生许可证 | 税务登记证 | …… | 小　计 |
| --- | --- | --- | --- | --- | --- | --- |
| 王大力 | 5 | | 4 | 2 | | 12 |
| 张东 | 3 | | 3 | | | 13 |
| 李四 | 1 | 3 | | | | 13 |
| 黄英 | 2 | 2 | | | …… | 12 |
| | | | 7 | | | 21 |
| …… | | …… | | …… | …… | |
| 总计 | 19 | 7 | 15 | 7 | | 50 |

图 0—6　即将过期证照统计表

待审证照一览表

2008.12.10

| 号码 | 名称 | 类别 | 初领日期 | 最新审核日期 | 过期日期 | 管理人 | 所属部门 | 存放地点 |
| --- | --- | --- | --- | --- | --- | --- | --- | --- |
| 001323 | 集团营业执照 | 营业执照 | 1992-5-18 | 2007-1-23 | 2009-1-22 | 王大力 | 集团 | 总部 |
| 352021 | 粤北厂税务 | 税务登记证 | 1992-5-19 | 2003-3-28 | 2009-1-27 | 张东 | 财务部 | 粤北厂 |
| 200154 | 三厂卫生许可证 | 卫生许可证 | 1997-5-22 | 2003-5-21 | 2009-1-20 | 朱君 | 技术部 | 三厂 |
| 013658 | 养生茶批文 | 产品批文 | 2002-12-23 | 2006-12-20 | 2008-12-30 | 小龙 | 技术部 | 产品开发部 |
| 086231 | 一厂卫生许可证 | 卫生许可证 | 1999-8-25 | 2007-2-2 | 2009-1-31 | 朱君 | 技术部 | 一厂 |
| …… | | | …… | | | | | …… |

图 0—7　待审证照一览表

## 0.3　新的解决方案

1. 主要措施

根据存在问题，结合企业信息化建设的一般发展规律，小华向集团领导提交了整改方案，包括以下几条措施。

（1）必须使用功能更强大的数据库来管理证照业务。

（2）为了避免重复输入，将现有 Excel 文件中的证照资料转入数据库中，并对转入的数据进行规范化处理。如图 0—8、图 0—9 所示。

**图 0—8　Excel 文件转入数据库**

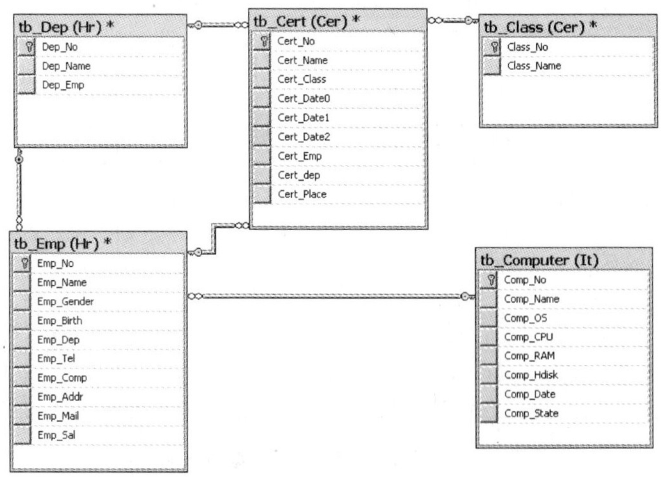


**图 0—9　数据关系图**

（3）利用数据库强大的功能，提前若干天，由数据库自动将即将过期的证照资料通过网络通知相关的管理人员。如图 0—10、图 0—11 所示。

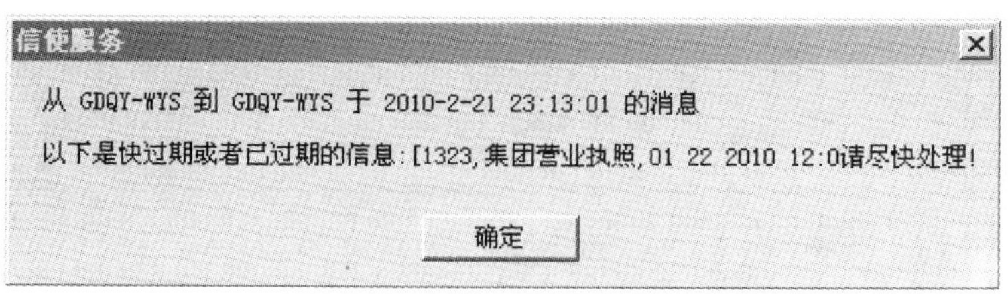


图 0—10　弹屏通知

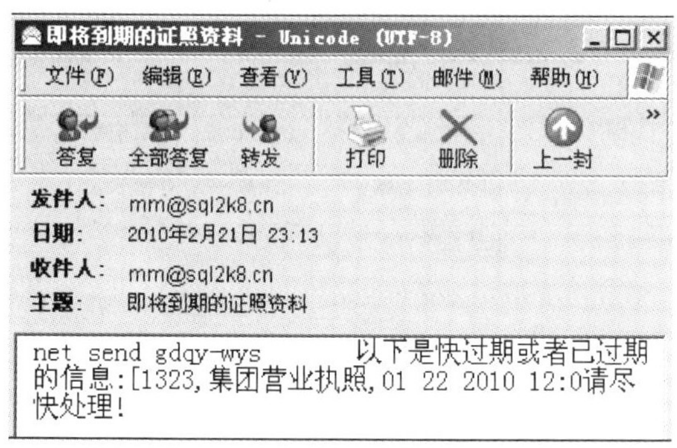


图 0—11　邮件通知

（4）办公室老刘负责对证照的统一管理，主要是更新和制作相关报表，通过数据库完成，以达到事半功倍的效果，如图 0—12 所示。

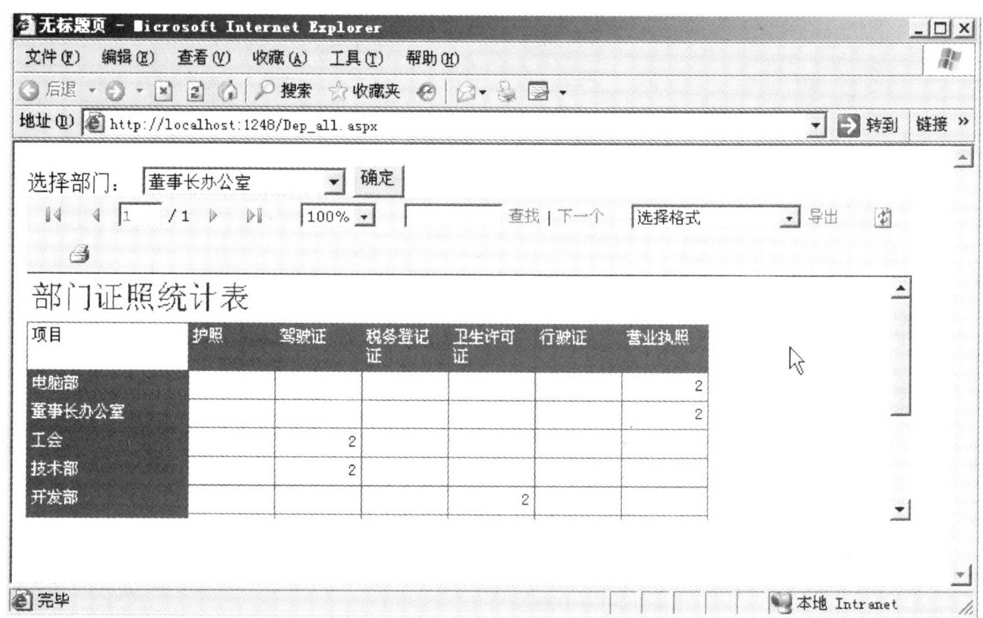


部门证照统计表

| 项目 | 护照 | 驾驶证 | 税务登记证 | 卫生许可证 | 行驶证 | 营业执照 |
|---|---|---|---|---|---|---|
| 电脑部 | | | | | | 2 |
| 董事长办公室 | | | | | | 2 |
| 工会 | | 2 | | | | |
| 技术部 | | 2 | | | | |
| 开发部 | | | | 2 | | |

图 0—12　证照统计表

（5）开发证照应用程序，集团员工通过该程序对证照进行自助查询，而不是找办公室老刘查询。如图 0—13 所示。

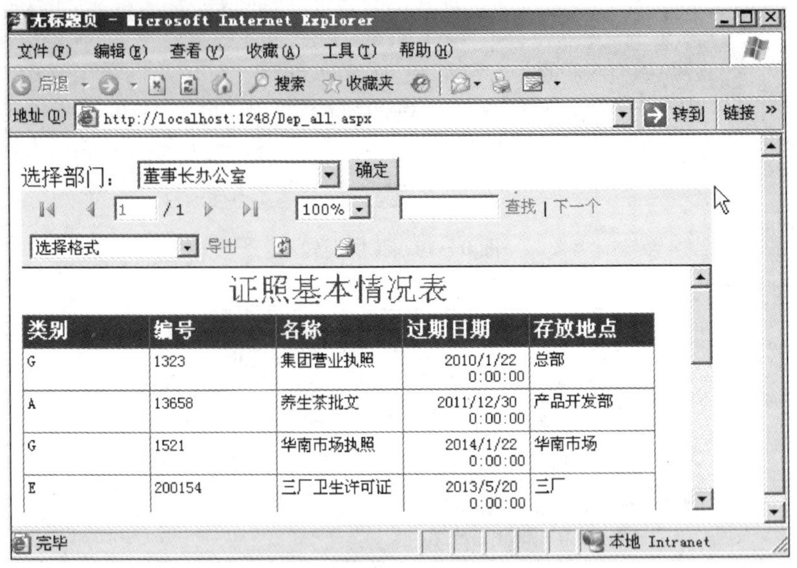


**图 0—13 通过浏览器自助查询**

2. 实施计划

小华的整改方案，很快获得领导的批准。小华进一步做出实施计划，如表 0—1 所示。总体来说，将该证照项目分为 10 个小的子项目，每个子项目完成后，证照项目也就可以交付使用了。

**表 0—1 证照项目实施计划表**

| 序号 | 名 称 | 工作目标 | 涉及主要知识 | 计划时间（课时） |
|---|---|---|---|---|
| 1 | 环境部署 | 在现有环境安装配置 SQL Server 2008 | SQL Server 2008 的软硬件需求、安装、配置 | 4 |
| 2 | 创建证照项目数据库 | 根据工作环境创建数据库 | 数据库文件结构及创建方法 | 4 |
| 3 | 创建证照项目数据表和组织表数据 | 规范证照数据，创建相关数据表，导入数据 | 数据类型、表、数据导入 | 6 |
| 4 | 查询证照项目数据 | 按不同查询要求写出相应的 SQL 语句 | SQL 的查询语句 | 8 |
| 5 | 实现证照项目数据完整性 | 建立各种约束和触发器确保数据准确完整 | 约束、触发器 | 8 |
| 6 | 视图在证照项目中的应用 | 通过视图优化证照管理功能 | 视图 | 4 |
| 7 | 部署存储过程和函数 | 将通用的功能模块化 | SQL 语句，存储过程，函数 | 8 |
| 8 | 证照项目智能化 | 证照到期自动提醒 | SQL 语句，网络，代理 | 8 |

续前表

| 序号 | 名　称 | 工作目标 | 涉及主要知识 | 计划时间（课时） |
| --- | --- | --- | --- | --- |
| 9 | 开发证照应用程序 | 开发应用程序便于对证照的管理和查询 | C♯开发工具、网络 | 8 |
| 10 | 项目拓展 | SQL 语句的总结，对项目的展望 | 综合应用 | 2 |

接下来，我们将与小华一起，共同完成 A 公司证照管理项目的设计任务。

# 子项目 1　环境部署

## 情境描述

公司上下都认同电脑部小华的整改意见，都知道数据库能提高公司的证照管理水平，但对什么是数据库，有哪些数据库，如何部署数据库管理环境，都一无所知。

如果不解决这些问题，显然对小华工作的开展极为不利。俗话说得好“万事开头难”，小华知难而进，我们来看看小华是如何解决这些问题的。

为了确保证照管理项目的顺利进行，必须消除人们心中的疑虑，加深对数据库的认识和理解。而且必须尽快将环境搭建起来，首战只能成功，不能失败。

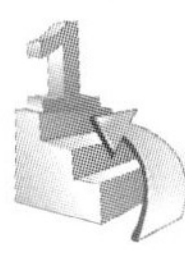

## 任务分析

为了解决好情境描述中的内容，较好地完成任务，小华制定了如表 1—1 所示的任务。

表 1—1　　各过程任务表

| 过程 | 名称 | 任务内容 | 方法 | 目标 |
|---|---|---|---|---|
| 1 | 选择合适的数据库管理系统 | 了解数据库的基础知识、流行的数据库产品，并从中选择一个满足要求的产品 | 讲解 | 选择一个先进、易用、好管理、功能强大的数据库管理系统 |
| 2 | 做好安装 SQL Server 准备 | 了解 SQL Server 2008 的软硬件要求，并做好准备 | 举例说明 | 为 SQL Server 2008 的安装准备好软硬件环境 |
| 3 | 安装 SQL Server 2008 | 了解 SQL Server 2008 的安装步骤和方法 | 虚拟机中演示 | 安装 SQL Server 2008 企业版 |
| 4 | 认识 SQL Server 2008 主要工具 | 了解 SQL Server 2008 的结构和主要工具 | 边讲边练 | 为证照项目部署开发环境 |

# 任务 1.1　选择合适的数据库管理系统

## 任务目标

根据你对数据库的认识及企业网络环境，选择一个适合自己使用并满足开发要求的数据库管理系统。

### 1.1.1　认识数据库

1. 关系型数据库

数据库（DB，Database）是按照一定的模型（Model）来组织、描述和存储数据(Data)的。数据库系统的发展已经有近百年的历史，按数据模型的发展分，共有三代，第一代是网状、层次型；第二代是关系型，比较成熟并得到广泛的应用；第三代是面向对象模型，是以后的发展方向。

什么是关系型呢？简单地说，就是把数据用二维表来进行存储和管理。我们的 Excel 文件中的工作表就是一个二维表，如图 1—1 所示。水平的一行（Row）称为记录（Record），表示一个具体的对象；垂直的一列（Column）称为列或字段或属性（Attribute），表示对象的属性；列标题（如“号码”）称为字段名或列名或域名（Field）。其中“号码”这一属性可以唯一标识一个具体的证照，称为主键（PK，Primary Key）。

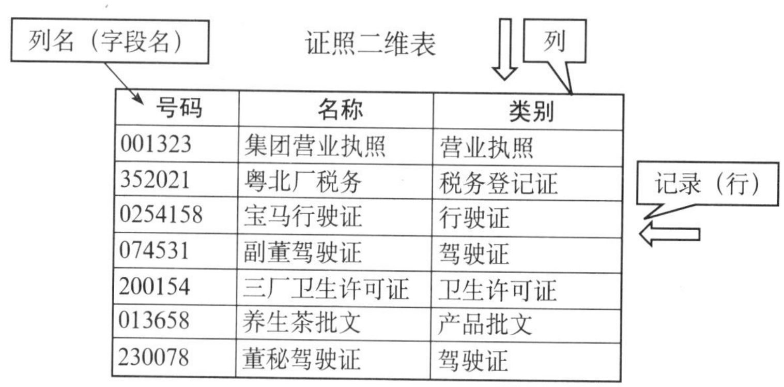


| 号码 | 名称 | 类别 |
| --- | --- | --- |
| 001323 | 集团营业执照 | 营业执照 |
| 352021 | 粤北厂税务 | 税务登记证 |
| 0254158 | 宝马行驶证 | 行驶证 |
| 074531 | 副董驾驶证 | 驾驶证 |
| 200154 | 三厂卫生许可证 | 卫生许可证 |
| 013658 | 养生茶批文 | 产品批文 |
| 230078 | 董秘驾驶证 | 驾驶证 |

**图 1—1　证照二维表**

2. E-R 图

对于证照这一客观存在的事物，按照概念模型的理论，也称之为实体（Entity），实体所具有的特征，如“名称”、“类别”，称之为属性。一般用长方形来表示实体，用椭圆形来表示实体的属性，这样就可以绘制实体及其属性图，如图 1—2 所示。

事物是普遍联系的，实体之间的联系是用 E-R 图来表示的。在 E-R 图中，长方形表示实体，菱形表示联系，联系的类型有三种：一对一（1∶1），一对多（1∶$n$），多对多（$m$∶$n$）。一个部门只有一个经理，这是 1∶1 关系；一个部门包含多名员工，这是 1∶$n$ 关系；员工与证照的关系是 1∶$n$ 关系（假设一名员工可以管理多个证照，一个证照都可以被不同的员工所管理。）。图 1—3 是表示这些关系的 E-R 图。

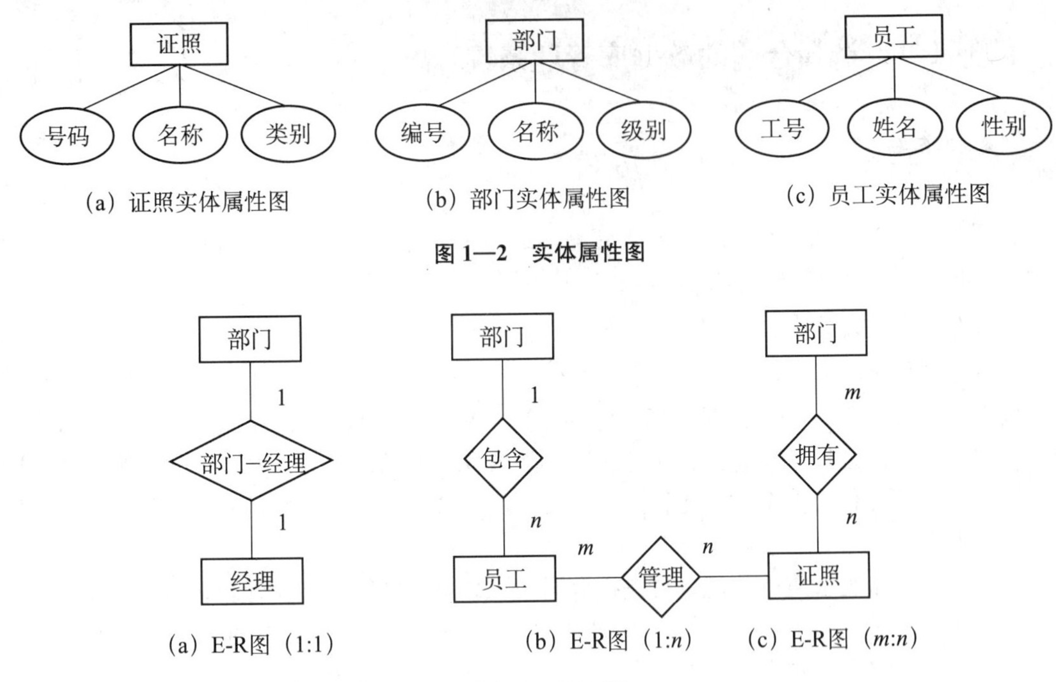

(a) 证照实体属性图　(b) 部门实体属性图　(c) 员工实体属性图

**图 1—2　实体属性图**

(a) E-R图（1:1）　(b) E-R图（1:*n*）　(c) E-R图（*m*:*n*）

**图 1—3　E-R 图**

### 1.1.2　选择数据库管理系统

数据库管理系统品牌非常多，以下是较常见的 9 种数据库。

1. DB2

作为关系数据库领域的开拓者和领航人，IBM 在 1977 年完成了 System R 系统的原型，1980 年开始提供集成的数据库服务器——System/38，随后是 SQL/DSforVSE 和 VM，其初始版本与 System R 研究原型密切相关。DB2 for MVS V1 在 1983 年推出。该版本的目标是提供这一新方案所承诺的简单性，数据不相关性和用户生产率。1988 年 DB2 for MVS 提供了强大的在线事务处理（OLTP）支持，1989 年和 1993 年分别以远程工作单元和分布式工作单元实现了分布式数据库支持。最近推出的 DB2 Universal Database 6. 1 则是通用数据库的典范，是第一个具备网上功能的多媒体关系数据库管理系统，支持包括 Linux 在内的一系列平台。

2. Oracle

Oracle 前身叫 SDL，由 Larry Ellison 和另两个编程人员在 1977 年创办的，他们开发了自己的拳头产品，在市场上大量销售。1979 年，Oracle 公司引入了第一个商用 SQL 关系数据库管理系统。Oracle 公司是最早开发关系数据库的厂商之一，其产品支持最广泛的操作系统平台。目前 Oracle 关系数据库产品的市场占有率名列前茅。

3. Informix

Informix 在 1980 年成立，目的是为 UNIX 等开放操作系统提供专业的关系型数据库产品。公司的名称 Informix 便是取自 Information 和 UNIX 的结合。Informix 第一个真正支持 SQL 语言的关系数据库产品是 Informix SE（Standard Engine）。Informix SE 是在当时的微机 UNIX 环境下主要的数据库产品。它也是第一个被移植到 Linux 上的商业数据库产品。

4. Sybase

Sybase公司成立于1984年，公司名称“Sybase”取自“system”和“database”的相结合。Sybase公司的创始人之一Bob Epstein是Ingres大学版（与System/R同时期的关系数据库模型产品）的主要设计人员。公司的第一个关系数据库产品是1987年5月推出的Sybase SQL Server 1.0。Sybase首先提出Client/Server数据库体系结构的思想，并率先在Sybase SQL Server中实现。

5. SQL Server

1987年，微软和IBM合作开发完成OS/2，IBM在其销售的OS/2 Extended Edition系统中绑定了OS/2 Database Manager，而微软产品线中尚缺少数据库产品。为此，微软将目光投向Sybase，同Sybase签订了合作协议，使用Sybase的技术开发基于OS/2平台的关系型数据库。1989年，微软发布了SQL Server 1.0版，目前的最新版本是SQL Server 2008。

6. PostgreSQL

PostgreSQL是一种特性非常齐全的自由软件的对象——关系型数据库管理系统（ORDBMS），它的很多特性是当今许多商业数据库的前身。PostgreSQL最早开始于BSD的Ingres项目。PostgreSQL的特性覆盖了SQL-2/SQL-92和SQL-3。首先，它包括了可以说是目前世界上最丰富的数据类型的支持；其次，目前PostgreSQL是唯一支持事务、子查询、多版本并行控制系统、数据完整性检查等特性的唯一的一种自由软件的数据库管理系统。

7. MySQL

MySQL是一个小型关系型数据库管理系统，开发者为瑞典MySQL AB公司。在2008年1月16号被Sun公司收购。目前MySQL被广泛地应用在Internet上的中小型网站中。由于其体积小、速度快、总体拥有成本低，尤其是开放源码这一特点，许多中小型网站为了降低网站总体拥有成本而选择了MySQL作为网站数据库。MySQL的官方网站的网址是：www.mysql.com

8. Access

美国Microsoft公司于1994年推出的微机数据库管理系统，具有界面友好、易学易用、开发简单、接口灵活等特点，是典型的新一代桌面数据库管理系统。其主要特点如下：

（1）完善地管理各种数据库对象，具有强大的数据组织、用户管理、安全检查等功能。

（2）强大的数据处理功能，在一个工作组级别的网络环境中，使用Access开发的多用户数据库管理系统具有传统的XBASE（DBASE、FoxBASE的统称）数据库系统所无法实现的客户服务器（Client/Server）结构和相应的数据库安全机制，Access具备了许多先进的大型数据库管理系统所具备的特征，如事务处理/出错回滚能力等。

（3）可以方便地生成各种数据对象，利用存储的数据建立窗体和报表，可视性好。

（4）作为Office套件的一部分，可以与Office集成，实现无缝链接。

（5）能够利用Web检索和发布数据，实现与Internet的链接。Access主要适用于中小型应用系统，或作为客户机/服务器系统中的客户端数据库。

9. FoxPro数据库

FoxPro数据库最初由美国Fox公司于1988年推出，1992年Fox公司被Microsoft公司收购后，相继推出了FoxPro 2.5、ForPro 2.6和Visual FoxPro等版本，其功能和性能有了较大的提高。FoxPro 2.5、ForPro 2.6 分为 DOS 和 Windows 两种版本，分别运行于 DOS 和 Windows 环境下。FoxPro 比 FoxBASE 在功能和性能上又有了很大的改进，主要是引入了窗口、按钮、列表框和文本框等控件，进一步提高了系统的开发能力。

以上数据库属于微软公司的产品有三个：SQL Server、Access、FoxPro，其中甲骨文公司的 Oracle 占有较高的市场份额。但由于 MySQL 的成本优势，成长势头不错，尤其是基于 Linux 平台的。

10. 结论

总地来说，微软公司的 SQL Server 较为普及，与 Windows 系列操作系统能保持无缝链接。我们的证照项目按适当领先的原则，选择微软 SQL Server 2008 作为我们的数据库管理系统。选择 SQL Server 2008 的另一个理由是我们的网络环境是基于微软产品的解决方案。SQL Server 2008 具有以下优点：

（1）安全、可靠、高效的企业级数据管理平台。

（2）先进、一体化的商业智能平台。

（3）具有扩展性和灵活性的开发平台。

（4）与 Microsoft. NET Framework 集成。

（5）支持 XML Web Services。

（6）与 Office 2007 完美结合。

（7）先进的云计算。

## 任务 1.2　做好安装 SQL Server 准备

### 任务目标

为安装 SQL Server 2008 做好一切准备，以确保下一步 SQL Server 2008 安装的顺利进行。

### 1.2.1　了解 SQL Server 2008 版本

SQL Server 2008 是一个全面的数据库平台，使用集成的商业智能（BI）工具提供了企业级的数据管理。SQL Server 2008 数据库引擎为关系型数据和结构化数据提供了更安全可靠的存储功能，使用户可以构建和管理用于业务的高可用和高性能的数据应用程序。

SQL Server 2008 数据引擎是本企业数据管理解决方案的核心。此外 SQL Server 2008 结合了分析、报表、集成和通知功能。这使我们可以构建和部署经济有效的 BI 解决方案，帮助我们通过记分卡、Dashboard、Web services 和移动设备将数据应用推向业务的各个领域。

与 Microsoft Visual Studio、Microsoft Office System 以及新的开发工具包（包括 Business Intelligence Development Studio）的紧密集成使 SQL Server 2008 与众不同。无论是开发人员、数据库管理员、信息工作者还是决策者，SQL Server 2008 都可以提供创新的解决方案，使我们从数据中更多地获益。

下面是 SQL Server 2008 主流版本的介绍。

1. SQL Server 2008 Enterprise Edition（企业版）

SQL Server 2008 企业版是一个全面的数据管理和业务智能平台，为关键业务应用提供了企业级的可扩展性、数据仓库、安全、高级分析和报表支持。这一版本将为用户提供更加坚固的服务器和执行大规模在线事务处理。

2. SQL Server 2008 Standard Edition（标准版）

SQL Server 2008 标准版是一个完整的数据管理和业务智能平台，为部门级应用提供了最佳的易用性和可管理性。

3. SQL Server 2008 Workgroup Edition（工作组版）

SQL Server 2008 工作组版是一个值得信赖的数据管理和报表平台，用以实现安全的发布、远程同步和对运行分支应用的管理能力。这一版本拥有核心的数据库特性，可以很容易地升级到标准版或企业版。

更加详细信息请参阅 http://msdn.microsoft.com/zh-cn/library/ms143506.aspx。

### 1.2.2 确认 SQL Server 2008 的软硬件要求

1. 硬件要求

(1) 监视器。SQL Server 图形工具需要 VGA 或更高分辨率：分辨率至少为 1 024×768 像素。

(2) 定点设备。需要 Microsoft 鼠标或兼容的指点设备。

(3) CD 或 DVD 驱动器。通过 CD 或 DVD 媒体进行安装时需要相应的 CD 或 DVD 驱动器。

(4) 其他主要硬件要求如表 1—2 所示。

**表 1—2**

| 硬件 / 位数 | 处 理 器 | 内 存 | 硬 盘 |
|---|---|---|---|
| 32 位 | Pentium Ⅲ兼容处理器或速度更快的处理器<br>速度 1.0GHz 以上 | 最低 512MB<br>建议 2GB 以上 | 根据安装组件变化，建议 2GB 以上 |
| X64 位 | AMD Opteron、AMD Athlon 64、支持 Intel EM64T 的 Intel Xeon 和支持 EM64T 的 Intel Pentium Ⅳ，速度 2.0GHz 以上 | 最低 512MB<br>建议 2GB 以上 | 根据安装组件变化，建议 2GB 以上 |
| IA64 位 | Itanium<br>速度 1.0GHz 以上 | 最低 512MB<br>建议 2GB 以上 | 根据安装组件变化，建议 2GB 以上 |

2. 软件要求

各个版本对软件也有一定的要求，大部分组件可从 Microsoft 网站下载。

(1) SQL Server 安装程序安装该产品所需的以下软件组件：

- Microsoft Windows. NET Framework 3.0 以上。
- Microsoft Windows Installer 3.1 以上。
- Microsoft SQL Server 本机客户端。
- Microsoft SQL Server 安装程序支持文件。

(2) 主流操作系统与 SQL Server 2008 主要版本的兼容情况如表 1—3 所示。

表 1—3

| 版本<br>OS | 企业版 | 标准版 | 工作组版 |
|---|---|---|---|
| Windows XP Professional | 不兼容 | 兼容 | 兼容 |
| Vista | 不兼容 | 兼容 | 兼容 |
| Windows Server 2003 | 兼容 | 兼容 | 兼容 |
| Windows Server 2008 | 兼容 | 兼容 | 兼容 |

3. 结论

小华根据这些信息，做出如下决定。

（1）小华的桌面计算机使用的是 Windows XP Professional 操作系统，所以用来安装 SQL Server 2008 标准版，主要从事项目的开发、调试工作。

（2）电脑部有一台配置较好，负荷较低的服务器，运行着 Windows Server 2003 企业版，用来安装 SQL Server 2008 企业版，以满足证照项目的后台运行和管理工作。

### 1.2.3 确定安装实例

SQL Server 实例是一组数据库功能的集合，是安装成功后数据库服务器的名称，有如下两种实例。

1. 默认实例

如果安装默认实例，那么数据库服务器名就是计算机的网络名称，SQL Server 服务的默认实例名为 MSSQLSERVER。

2. 命名实例

如果安装命名实例，那么数据库服务器名由计算机网络名和实例名两部分组成，格式是：计算机名 \ 实例名。

一台机可以安装多个实例，各个实例可以有不同的设置，且相互独立。

小华准备安装 SQL Server 2008 的计算机未安装过 SQL Server 实例，因此，小华决定使用默认实例。

### 1.2.4 创建 SQL Server 2008 服务账户

SQL Server 安装成功后，以服务的形式运行在 Windows 中，其形式如图 1—4 所示。

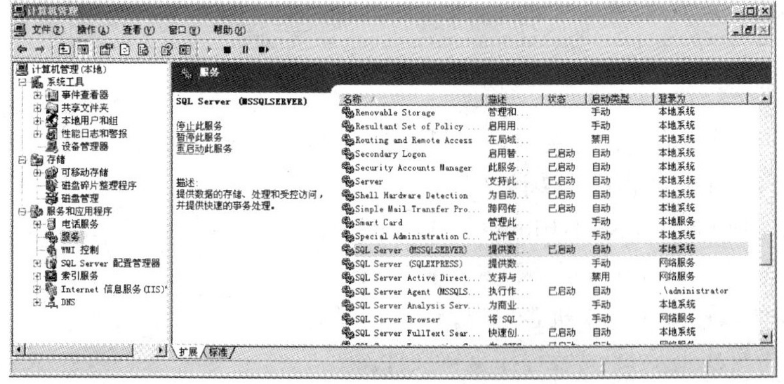


图 1—4　计算机中的服务

从图中可以看出，每一个服务必须有一个服务账户与之对应（图1—4中的“登录为”列），SQL Server 2008共有五种服务，在安装之前，必须规划好这些服务的服务账户，小华的规划如表1—4所示。

表1—4

| 服务 | 描述 | 小华的配置 |
|---|---|---|
| SQL Server | 数据库引擎 | SQL |
| SQL Server代理 | 用于作业、监视、自动化 | SQL |
| Analysis Services | OLAP和数据挖掘 | SQL |
| Report Server | 报表服务 | SQL |
| SQL Server Browser | 名称解析服务 | SQL |

其中，SQL是要安装SQL Server 2008的计算机中的用户名，为了确保其有足够的权限，将其作为组Administrators中的成员。小华这样做的好处是：服务账户明确。当然还可以用内置的特殊账户Local Service，但微软不推荐使用内置账户Network Service。

### 1.2.5 确定排序规则

排序规则就是确定一组数据如何排列的问题，如操练时队员按从高到矮排列。

对于简体中文来说，可采用排序规则“Chinese_PRC_Stroke_CS_AI_WS”，它由两部分构成：前半部分是指本排序规则所支持的字符集，Chinese_PRC指针对大陆简体字UNICODE的排序规则；后半部分即后缀的含义如表1—5所示。

表1—5

| 字符 | 描述 | 小华的配置 |
|---|---|---|
| Stroke | 按笔画排序 | 默认 |
| CI（CS） | 是否区分大小写，CI不区分，CS区分 | CS |
| AI（AS） | 是否区分重音，AI不区分，AS区分 | AI |
| KI（KS） | 是否区分假名类型，KI不区分，KS区分 | User_SQL |
| WI（WS） | 是否区分全半角，WI不区分，WS区分 | WS |

## 1.3 安装SQL Server 2008

### 任务目标

安装SQL Server 2008分为两部分，第一部分前导组件，分别是Microsoft.NET Framework和Windows Installer，第二部分才是SQL Server 2008，本任务的目标是安装SQL Server 2008默认实例。

### 1.3.1 安装前导组件

1. 安装Windows Installer 3.1

要安装Windows Installer 3.1，必须根据机器硬件的配置情况选择安装包，请参照表

1—6 选择合适的安装软件。

**表 1—6**

| 标识 | 芯片 | 路　径 | 位数 |
|---|---|---|---|
| X86 | 基于 X86 指令集 | x86\redist\Windows Installer\x86\instmsi45. exe | 32 |
| X86_64 | Intel 的 EM64T Xeon 和 AMD 64 位 Opteron | x64\redist\Windows Installer\x64\instmsi45. exe | 64 |
| IA64 | Intel 的 Itanium | ia64\redist\Windows Installer\ia6\instmsi45. exe | 64 |

安装过程比较简单，运行相应的程序即可完成 Windows Installer 3. 1 的安装任务。

2. 安装 Microsoft. NET Framework 3. 5

相应的安装程序位于软件媒体中，相对应的详细路径如表 1—7 所示。

**表 1—7**

| 标识 | 芯片 | 路　径 | 位数 |
|---|---|---|---|
| X86 | 基于 X86 指令集 | x86 \ redist \ DotNetFrameworks \ dotNetFx 35setup. exe | 32 |
| X86_64 | Intel 的 EM64T Xeon 和 AMD 64 位 Opteron | x86_64\redist\DotNetFrameworks\dotNet-Fx35setup. exe | 64 |
| IA64 | Intel 的 Itanium | ia64 \ redist \ DotNetFrameworks \ dotNetFx 35setup. exe | 64 |

其安装界面如图 1—5 所示。

图 1—5　安装 Microsoft. NET Framework 3. 5

### 1.3.2　安装 SQL Server 2008

安装 SQL Server 2008，从运行软件介质中的 Setup 程序开始，可以完成计划、安装、维护、工具、资源、高级、选项等功能。

1. 安装计划

如图 1—6 所示，可进行如下工作：硬件和软件要求、安全文档、联机发行说明、系统配置检查器、安装升级顾问、联机安装帮助、故障转移群集和升级文档等。

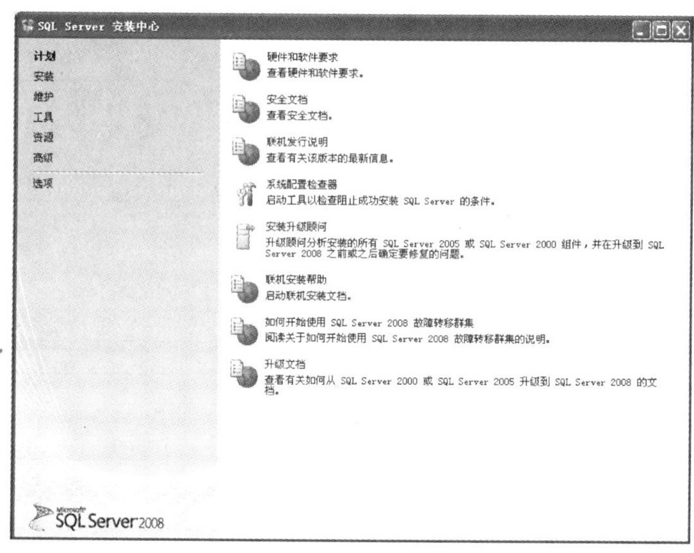


图 1—6　安装计划

2. 安装类别

如图 1—7 所示，可以选择安装类别，如全新安装、群集安装、群集节点安装和升级安装等。我们这里选择第一项，即全新 SQL Server 独立安装或向现有安装添加功能。

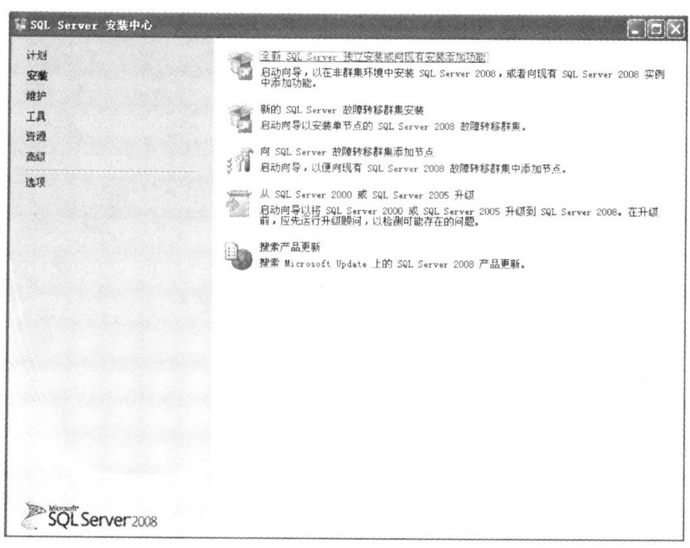


图 1—7　安装类别

3. 选择组件

接下来要输入产品密钥和选择安装功能组件等，如图 1—8 所示，我们安装全部功能。

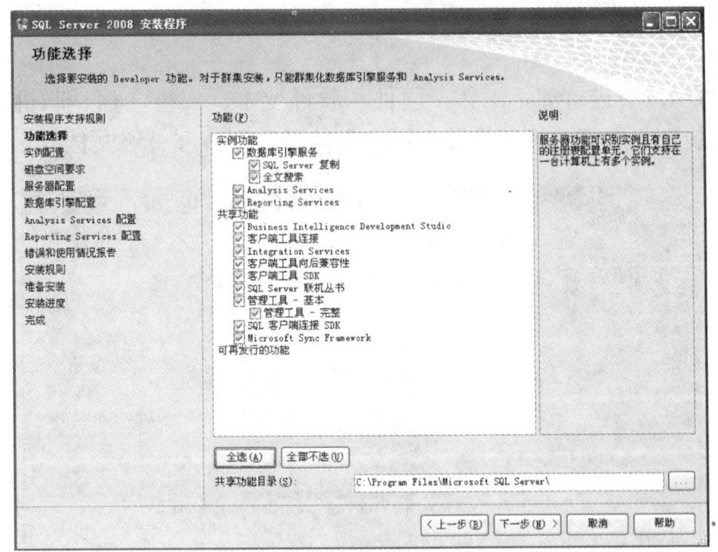


**图 1—8 选择安装组件**

4. 实例配置

完成 SQL Server 实例的配置，我们选择默认实例，如图 1—9 所示。

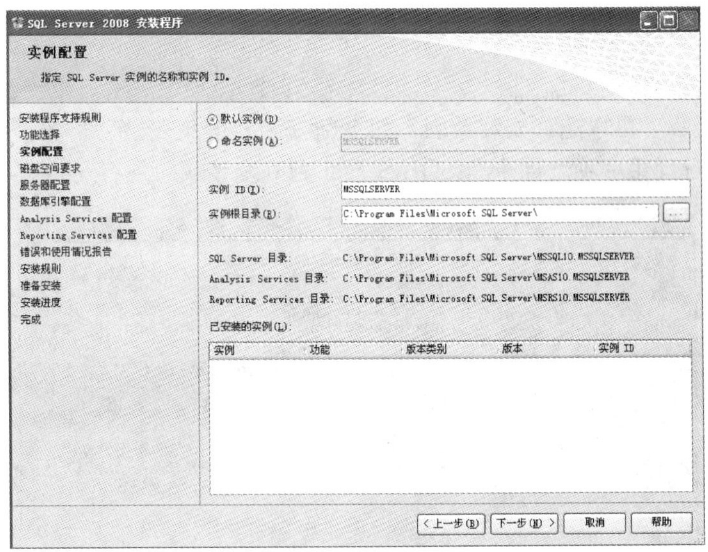


**图 1—9 配置实例**

5. 服务器配置

完成 SQL Server 2008 各服务的启动类型等，常用的服务可选择自动启动（如 Database Engine），否则设为手动启动，如图 1—10 所示。

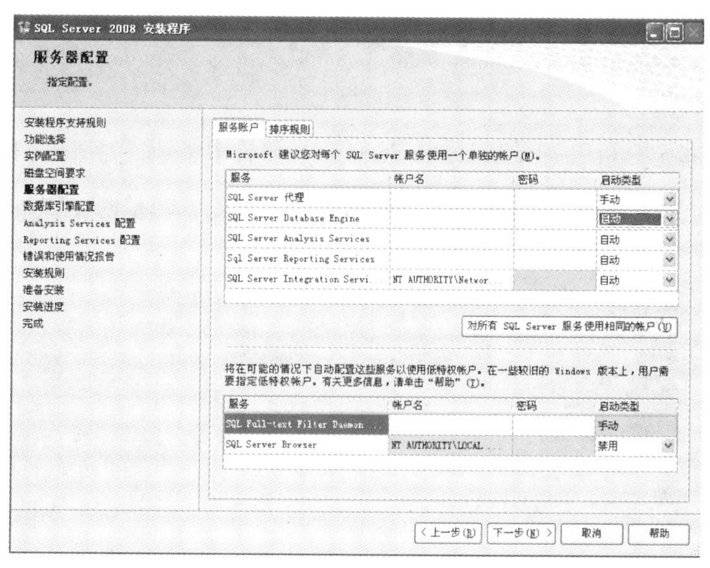


图 1—10　服务器配置

6. 数据库引擎配置

配置数据库的验证模式，我们选择混合模式，以满足不同环境的需要，如图 1—11 所示。混合模式包括 Windows 身份验证和 SQL Server 身份验证。Windows 身份验证是指用户在输入 Windows 操作系统的用户名和密码后，如果该用户有合适的权限（Windows 管理员组的成员自动获得此权限，其他的可通过指派获得），再进入 SQL Server 时就不需要输入用户名和密码了。在 SQL Server 身份验证模式下，用户要进入 SQL Server 时必须输入用户名和密码，在安装了非 Windows 操作系统（如 Linux）和 Internet 环境下，必须使用此模式。所以建议选择混合模式。

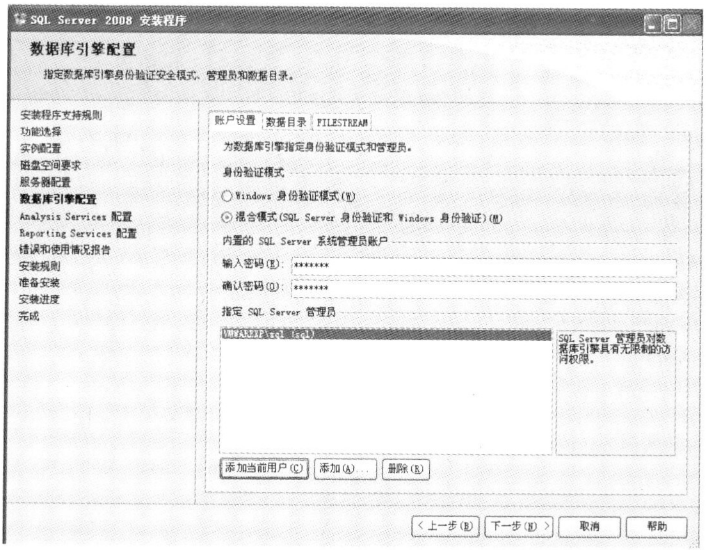

图 1—11　数据库引擎配置

然后，指定内置的 SQL Server 管理员账户（即 sa）密码，同时添加当前用户作为 SQL Server 的管理员。

7. 分析服务配置

按表 1—4，指定分析服务（Analysis Services）的管理账号，如图 1—12 所示。

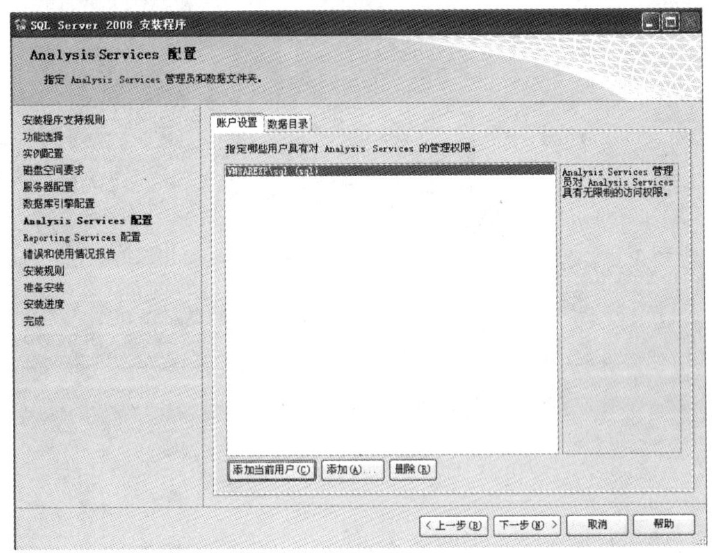


图 1—12　分析服务配置

8. 报表服务配置

配置报表服务（Reporting Services）的模式，如图 1—13 所示。

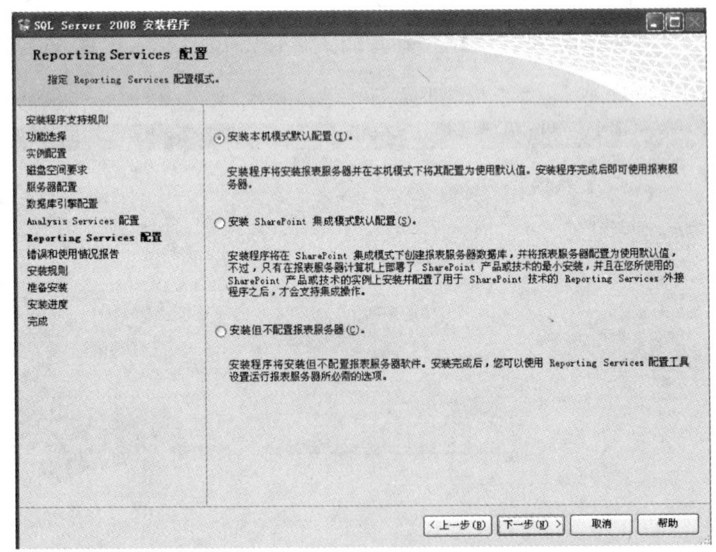


图 1—13　配置报表服务模式

9. 完成安装

如没有意外发生，则将完成安装任务，其摘要日志也相应地保存在本地硬盘中，如图

1—14 所示。如果安装不成功，系统将提示出错原因，必须按提示信息排除故障，直到安装成功。

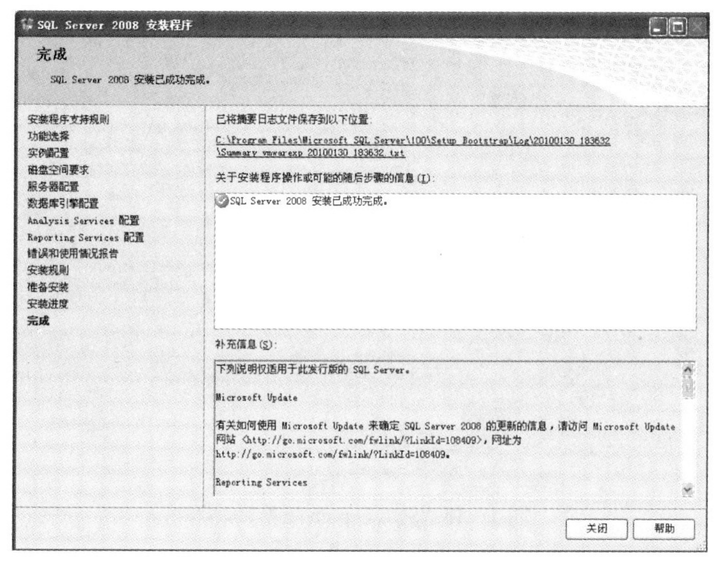


图 1—14　完成安装任务

## 1.4　认识 SQL Server 2008 主要工具

### 任务目标

到目前为止，我们已经完成了 SQL Server 2008 的环境部署，接下来必须来认识 SQL Server 2008 的各种工具，为以后利用这些工具从事项目开发做好准备。

### 1.4.1　SQL Server 配置管理器

这个工具主要用来配置和管理 SQL Server 2008 的各种服务，进行路径如图 1—15 所示。进入后，出现如图 1—16 所示的界面。

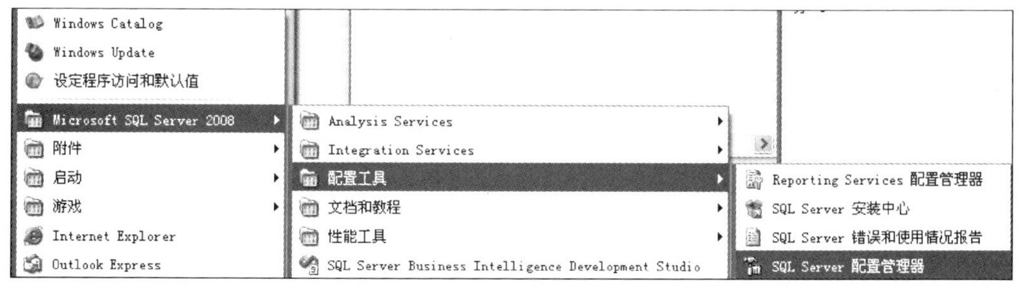


图 1—15　配置管理器进入路径

在这个界面里，列出了所安装的 SQL Server 服务及其运行状态，右击想要管理的服务名称，可以对其进行管理，如重新启动、暂停、查看属性等。

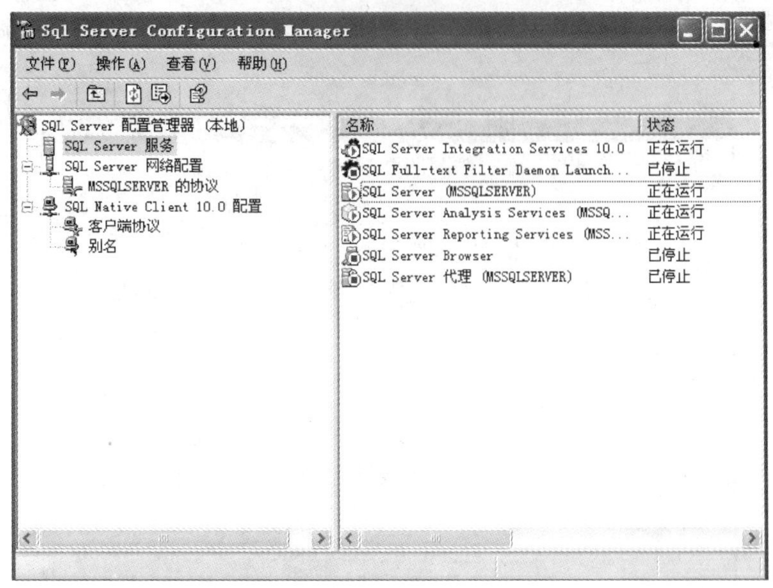


**图 1—16　SQL Server 配置管理器**

### 1.4.2　SQL Server Management Studio

这个工具称为管理控制台，是我们从事开发的主要工具，进入路径如图 1—17 所示。

**图 1—17　SQL Server Management Studio**

进入后出现如图 1—18 所示的界面，要求进行身份验证才可以进入。有两种身份验证方法，一种 Windows 身份验证，只要登录到 Windows 系统的用户是 Administrators 里的成员或其他有权登录到数据库的用户，可以采用这一验证方法，无须输入密码，可以直接进入。另一种验证方法称为 SQL Server 身份验证，如果登录到 Windows 系统的用户无权登录到数据库，或者正在使用其他非 Windows 系统，可以选择这一方法，必须提供 SQL Server 登录名和密码。其中“sa”为系统登录名，是整个 SQL Server 权限最高的登录。

登录成功后，即出现如图 1—19 所示的界面。箭头 1 指向的是对象资源管理器，在资源树中列出了 SQL Server 中的各种资源对象（如数据库），在后面的任务中将经常利用它来从事各种操作。箭头 2 指向的是查询分析器，通过单击左上角的“新建查询”按钮创建，主要用来输入各种 SQL 语句，是用户与数据库通过语言（SQL）进行交流的地方。箭头 3 指向的是解决方案资源管理器，解决方案可以通过“文件”菜单创建。更多的窗口可通过菜单“视图”进行勾选。

图 1—18　连接到服务器

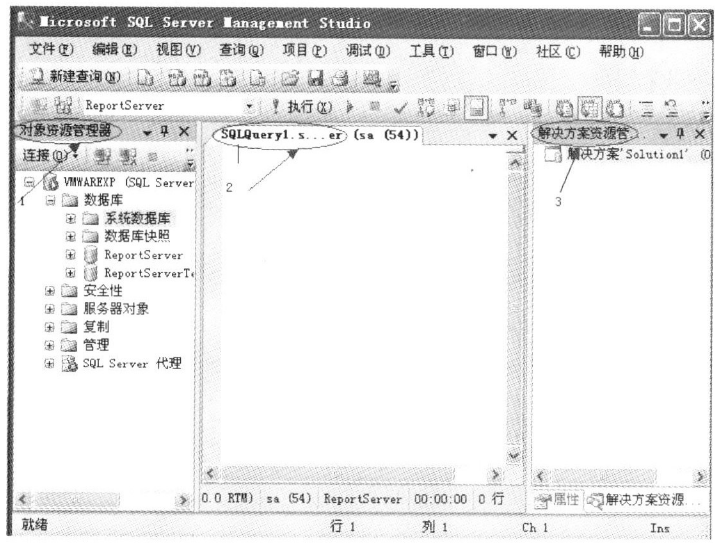


图 1—19　登录成功界面

### 1.4.3　SQL 语言

SQL 语言是指 Structure Query Language 的缩写，绝大多数的数据库管理系统都使用 SQL，而且大同小异，如 Oracle 的 SQL 称为 PL/SQL，SQL Server 2008 中的 SQL 语言是 Transact-SQL 语言，是一种数据定义、操作和控制语言，它与 C++、VB、Java 等差别很大，但却是所有数据库管理系统的核心，如果学不好 SQL，也就不能谈论学好了数据库。

Transact-SQL 语言主要组成部分有如下几种（更加详细的信息请参考附录 A 和 SQL Server 2008 帮助）。

1. 数据定义语言 DDL

数据定义语言（DDL，Data Definition Language），主要用来管理数据库中的对象，包括：

- Create 对象名（创建数据库对象）。

- Alter 对象名（修改数据库对象）。
- Drop 对象名（删除数据库对象）。

2. 数据操纵语言 DML

数据操纵语言（DML，Data Manipulation Language），主要用来操纵数据库数据，可以更改数据和检索信息，包括：

- Select（检索数据）。
- Insert（插入数据）。
- Update（更改数据）。
- Delete（删除数据）。

3. 数据控制语言 DCL

数据控制语言（DCL，Data Control Language），主要用来改变与数据库用户或角色有关的权限，包括：

- Grant（授予权限）。
- Deny（拒绝访问）。
- Revoke（回收权限）。

4. 系统存储过程

系统存储过程（System Stored Procedure），是一组 Transact-SQL 语句的集合，它提供了一种封装任务的方法，具有强大的编程功能，分为用户存储过程和系统存储过程。系统存储过程就是 SQL Server 提供给用户使用的存储过程，例如：

- SP_Tables（返回可以查询的对象列表）。
- XP_CMDShell（执行 Shell 命令）。

5. 一些附加的语言元素

与其他语言一样，SQL 语言有自己的语法元素，包括：

- 批处理命令。
- 注释语句。
- 标识符。
- 数据类型。
- 变量。
- 系统函数。
- 运算符。
- 表达式。
- 流控制语言元素。
- 保留关键字。

## 项目小结

本子项目主要了解流行的主流数据库产品，重点介绍了 Microsoft SQL Server 2008 的主要特点、主要版本、对软硬件的要求。主要任务是安装 Microsoft SQL Server 2008 企业版，要求对 Microsoft SQL Server 2008 有一个总体上的认识。

## 课外实训

1. Microsoft SQL Server 2008 系统有哪几个版本，请上网搜索，并列出各版本对软硬件的要求。

2. 在自己的计算机上安装 Microsoft SQL Server 2008 企业版（可在虚拟机上安装）。

# 子项目 2　创建证照项目数据库

## 情境描述

A 公司已经部署了 SQL Server 2008 数据库管理系统，证照资料保存在 Excel 文件中，服务器的硬盘配置如图 2—1 所示。

| 名称 | 类型 | 总大小 | 可用空间 |
|---|---|---|---|
| 系统盘 (C:) | 本地磁盘 | 19.5 GB | 1.73 GB |
| 数据盘1 (D:) | 本地磁盘 | 39.0 GB | 19.7 GB |
| 数据盘2 (E:) | 本地磁盘 | 39.0 GB | 18.7 GB |
| 工具 (F:) | 本地磁盘 | 63.4 GB | 9.46 GB |
| 共享文件 (G:) | 本地磁盘 | 71.7 GB | 22.4 GB |

**图 2—1　硬盘配置**

如何根据这一情况，创建一个数据库，为 Excel 文件转入数据库系统做好准备，并能满足证照数据的录入、修改、查询等。

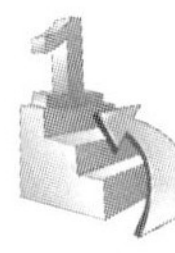

## 任务分析

为了达到用数据库管理证照数据的目的，首先必须搞清楚以下问题：

1. 数据库是什么样子的？
2. 数据库保存在哪里？
3. 如何创建一个 SQL Server 2008 的数据库？

然后，完成两个任务：

1. 了解数据库的构成。
2. 按实际情况创建数据库。

## 任务 2.1　使用图形工具创建数据库

### 任务目标

根据服务器的硬盘配置情况，使用图形工具创建用户数据库，以满足证照资料管理的需要。

### 2.1.1　数据库的组成

1. 数据库类型

SQL Server 2008 的数据库分为系统数据库和用户数据库。系统数据库在 SQL Server 2008 安装完成后就已创建，用户数据库由用户创建，用于保存用户数据。图 2—2 中，包含四个系统数据库（distribution、master、msdb 和 tempdb）和若干个用户数据库（如 db_Cerf）。

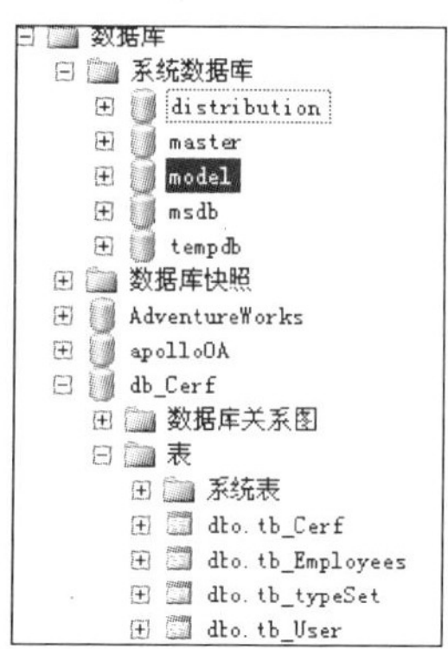


图 2—2　数据库

系统数据库的名称及其主要功能如表 2—1 所示。

表 2—1　系统数据库的名称和主要功能

| 系统数据库名称 | 主要功能 |
| --- | --- |
| Master | 记录 SQL Server 2005 的所有系统级信息，如登录账户 |
| Model | 模板数据库，作为创建用户数据库时的模板 |
| Msdb | 代理服务使用的数据库，主要用于调度、警报和作业 |
| Tempdb | 临时数据库，系统运行时用于保存临时数据 |
| Distribution | 分发数据库，用于数据库复制（只有配置了复制功能后才由系统自动建立） |

2. 数据库的文件组成

每个数据库至少由一个数据文件和日志文件组成，如图 2—3 所示。

数据库文件(F):

| 逻辑名称 | 文件类型 | 文件组 | 初始大小(MB) | 自动增长 | 路径 |
| --- | --- | --- | --- | --- | --- |
| db_Cerf_Data | 数据 | PRIMARY | 2 | 增量为 10%，不限制增长 ... | E:\证照\Certification' |
| db_Cerf_Log | 日志 | 不适用 | 4 | 增量为 10%，不限制增长 ... | E:\证照\Certification' |

图 2—3　数据库的文件组成（单个数据文件）

随着数据库的增长，可以添加数据文件，如图 2—4 所示，日志文件只能有一个。

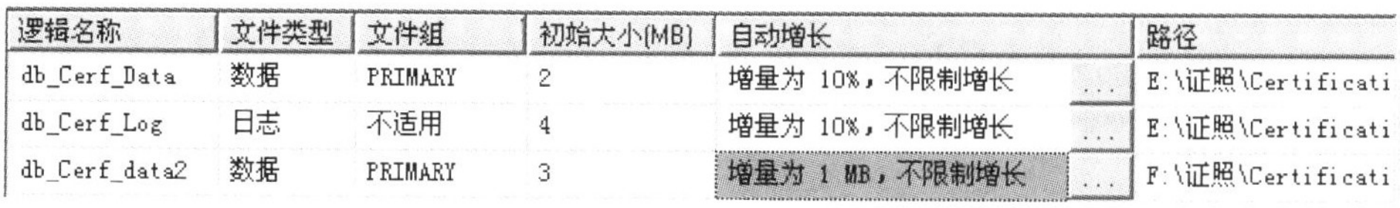

| 逻辑名称 | 文件类型 | 文件组 | 初始大小(MB) | 自动增长 | 路径 |
| --- | --- | --- | --- | --- | --- |
| db_Cerf_Data | 数据 | PRIMARY | 2 | 增量为 10%，不限制增长 ... | E:\证照\Certificati |
| db_Cerf_Log | 日志 | 不适用 | 4 | 增量为 10%，不限制增长 ... | E:\证照\Certificati |
| db_Cerf_data2 | 数据 | PRIMARY | 3 | 增量为 1 MB，不限制增长 ... | F:\证照\Certificati |

图 2—4　数据库的文件组成（多个数据文件）

不同的数据文件可以分成不同的文件组（类似于文件夹与文件的关系），如图 2—5 所示。

| 逻辑名称 | 文件类型 | 文件组 | 初始大小(MB) | 自动增长 | 路径 |
|---|---|---|---|---|---|
| db_Cerf_Data | 数据 | PRIMARY | 2 | 增量为 10%，不限制增长 ... | E:\证照\Certification |
| db_Cerf_Log | 日志 | 不适用 | 4 | 增量为 10%，不限制增长 ... | E:\证照\Certification |
| db_CerfData2 | 数据 | SECOND | 3 | 增量为 1 MB，不限制增长 ... | F:\证照\..... |
| db_CerfData3 | 数据 | PRIMARY | 3 | 增量为 1 MB，不限制增长 ... | F:\证照\..... |

**图 2—5　数据库的文件组成（多个文件组）**

表 2—2 列出了数据库的文件构成。

**表 2—2　数据库的文件构成**

| 类　型 | 扩展名 | 作　用 | 说　明 |
|---|---|---|---|
| 主要数据文件 | MDF | 保存数据库中的数据 | 有且只有一个 |
| 次要数据文件 | NDF | 保存数据库中的数据 | 0 或多个 |
| 日志文件 | LDF | 记录所有对数据库的操作，这些操作当系统出现故障时可恢复数据库数据 | 有且只有一个，最好与数据文件存放在不同的物理硬盘中 |
| 文件组 | 无 | 用于对多个数据文件进行分组 | 1 个或多个 |

3. 创建数据库的参数

在 2.1.1 中，我们已经了解了数据库的文件组成，接下来认识数据库各个参数的意义，以便在创建数据库时能做出相应的选择，如表 2—3 所示。

**表 2—3　数据库参数**

| 参数名 | 说　明 | 建　议 |
|---|---|---|
| 主文件（主要数据文件） | 默认文件名：数据库名称 . mdf<br>默认路径：安装路径 \ MSSQL \ DATA | 存放于非系统磁盘分区中 |
| 辅助文件（次要数据文件） | 可选<br>默认文件名：数据库名称 . ndf<br>默认路径：安装路径 \ MSSQL \ DATA | 保存在与主文件不同的物理磁盘和文件组中 |
| 事务日志（日志文件） | 默认文件名：数据库名称 . ldf | 有且只有一个，最好与数据文件存放在不同的物理硬盘中 |
| 大小 | 指定每个数据文件和日志文件的大小，初始大小与 model 数据库中使用的值相同 | 根据要保存的数据的大小确定文件大小 |
| 文件增长 | 指定文件的增长方式 | 启用“自动增长” |
| 最大值 | 指定文件可增长的最大值 | 建议根据硬盘配置和业务数据的具体情况指定最大值 |
| 排序规则 | 指定数据的排序规则 | 取默认值 |

### 2.1.2　创建证照项目数据库

1. 基本情况分析

我们的证照数据的初始大小约为 5M，以后以每周约 20M 的速度增长，SQL Server 2005 服务器硬盘配置如图 2—6 所示。

可以根据表 2—3 所示的参数来规划证照数据库。

(1) C:盘为系统盘，F:盘为工具盘，G:盘为共享文件盘，因此可选择 D:盘和 E:盘作

| 名称 | 类型 | 总大小 | 可用空间 |
| --- | --- | --- | --- |
| 系统盘 (C:) | 本地磁盘 | 19.5 GB | 1.73 GB |
| 数据盘1 (D:) | 本地磁盘 | 39.0 GB | 19.7 GB |
| 数据盘2 (E:) | 本地磁盘 | 39.0 GB | 18.7 GB |
| 工具 (F:) | 本地磁盘 | 63.4 GB | 9.46 GB |
| 共享文件 (G:) | 本地磁盘 | 71.7 GB | 22.4 GB |

图 2—6　硬盘配置

为数据库的存储位置。

(2) 增长速度为每周 20M，即每年约 1GB，可以不需要辅助文件，将主文件安排在 D：盘，初始大小为 5M。

(3) 事务日志保存在与数据文件不同的盘区，即 E：盘，可防止因硬件故障的数据丢失。

(4) 最大值定义为硬盘可用空间的一半以内，这里可取 5～8G。

(5) 其他可取默认值。

2. 创建数据库

根据场景中的描述，创建证照项目数据库 db_Cert。

(1) 打开 SQL Server Management Studio，如图 2—7 所示。

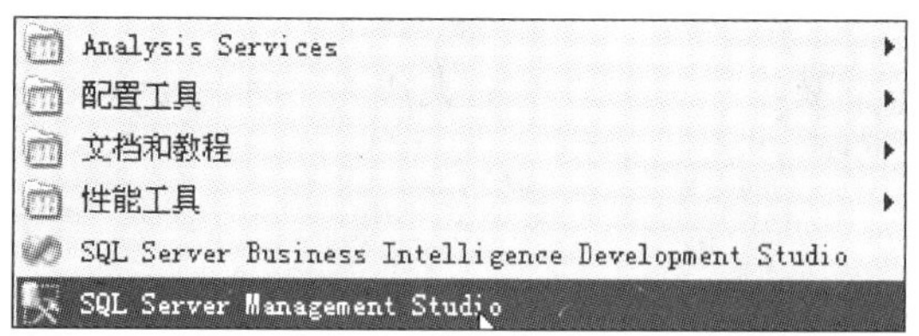


图 2—7　SQL Server Management Studio

(2) 在图 2—8 中，右击数据库，在弹出的菜单中选择“新建数据库”。

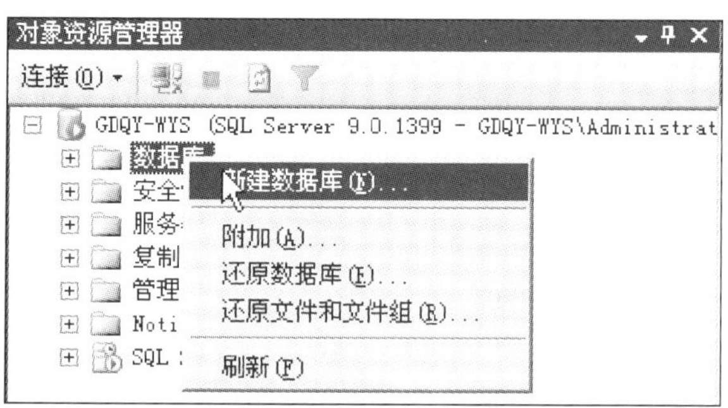


图 2—8　新建数据库

(3) 在弹出的窗口中，按图 2—9 所示输入参数值。

数据库文件 (F):

| 逻辑名称 | 文件类型 | 文件组 | 初始大小(MB) | 自动增长 | | 路径 |
| --- | --- | --- | --- | --- | --- | --- |
| DB_Cert | 数据 | PRIMARY | 5 | 增量为 1 MB，不限制增长 | ... | d:\data\Cert.mdf |
| DB_Cert_log | 日志 | 不适用 | 1 | 增量为 10%，不限制增长 | ... | e:\data\Cert.ldf |

图 2—9　输入数据库参数值

（4）然后单击“确定”按钮，并在对象资源管理器中确认已成功创建数据库 db_Cert，如图 2—10 所示。

**图 2—10　新建的数据库 db_Cert**

**任务实战**

创建数据库 DB1

使用图形工具创建一个数据库 DB1，初始大小为 8M，数据文件与日志文件保存在不同的磁盘中。

### 2.1.3　配置数据库

我们已成功创建了证照数据库，但在进行具体的操作之前，最好先配置好事务日志，因为事务日志记录了对数据库的各种操作。这样，当系统出现故障时就可以利用事务日志来恢复数据。为了更好地配置事务日志，我们先来看看下面一个场景。

1. 事务日志概述

（1）场景。

因为公司部门功能的调整，对证照 a 作如下处理：

- 由原管理人 x 尽快对 a 作审核更新。
- 审核更新一旦完成，改由 y 管理。
- 将所属部门由 u 转到部门 v。

也就是说，为了完成对证照 a 的处理，我们必须完成上面三个操作。一般情况下，是没有问题的。但一旦其中的任一操作出现故障，我们希望将证照 a 恢复到原来的状态。

（2）分析。

数据库中有个概念叫事务，上面场景中的每个操作都被称作事务，并且被保存到数据库的事务日志中。当系统出现故障时，事务日志能将数据恢复到故障点。事务就是一个或多个 SQL 语句，当全部成功执行时，对数据库的修改被提交（Commit）到数据库，当有一个失败时，事务内所有的修改被取消或回滚（Rollback）。表 2—4 列出了事务的特性。

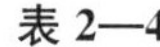

表 2—4 事务的 ACID 特性

| 特 性 | 说 明 |
|---|---|
| 原子性（Atomicity） | 事务内的操作要么全部完成，要么全部不完成 |
| 一致性（Consistency） | 事务总是使数据处于一致的状态 |
| 隔离性（Isolation） | 事务运行时与其他数据库活动隔离；其他并发进行的数据库活动对该事务没有影响 |
| 持久性（Durability） | 事务一旦提交成功，结果将永久保存在存储设备中，即使系统出现故障 |

事务又可分为显示事务和隐式事务，如表 2—5 所示。

表 2—5 事务的分类

| 事务类型 | 说 明 | 例 子 |
|---|---|---|
| 显示事务 | 在事务的开始和结束，必须明确显示地定义 | Begin Transaction<br>操作 1、操作 2……<br>Commit Transaction |
| 隐式事务 | 无须定义，执行后自动提交 | Alter Table，Create，Delete，Drop，Fetch，Grant，Insert，Open，Revoke，Select，Truncate Table，Update |

一个正常的数据库是允许多个用户同时访问的。如果有必要（如数据库出现故障或需要维护），我们也可以将数据库设置为单用户访问，甚至设为只读。

2. 配置证照数据库

为了使证照数据库能正常工作并且有最好的故障还原能力，我们按表 2—6 对数据库进行配置。

表 2—6 数据库的选项

| 选项 | 配置值 | 说 明 |
|---|---|---|
| 恢复模式 | 完整 | 数据还原能力从低到高依次是：简单→大容量日志→完整 |
| 数据库为只读 | False | 特殊情况可设置只读 True |
| 限制访问 | Multiple | 可以单用户（Single）、多用户（Multi）、特殊用户（Sysadmin）三种配置 |
| 其他选项 | 默认 | 使用默认值即可 |

具体的操作步骤如下。

（1）在 SQL Server Management Studio 中的对象资源管理器中，右击数据库名称 db_Cert，在弹出的菜单中单击属性，如图 2—11 所示。

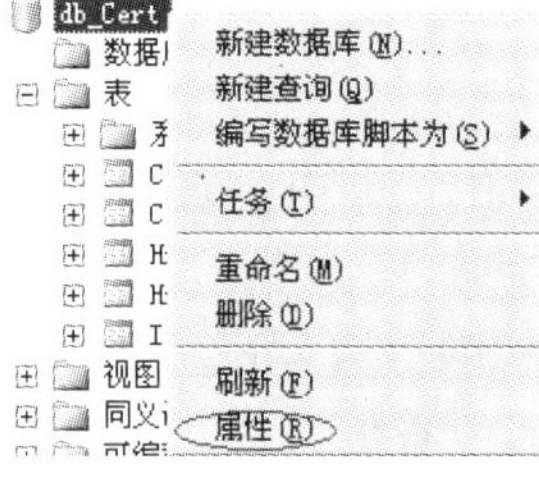


图 2—11 右击数据库

(2) 在弹出的窗口中单击选项，按表 2—6 修改各选项的配置值，如图 2—12 所示。

当然，这些选项的默认值是从模板数据库 Model 中带过来的，只要修改了 Model 数据库中选项的值，以后新建的数据库其选项的配置值就与 Model 数据库的保持一致了。

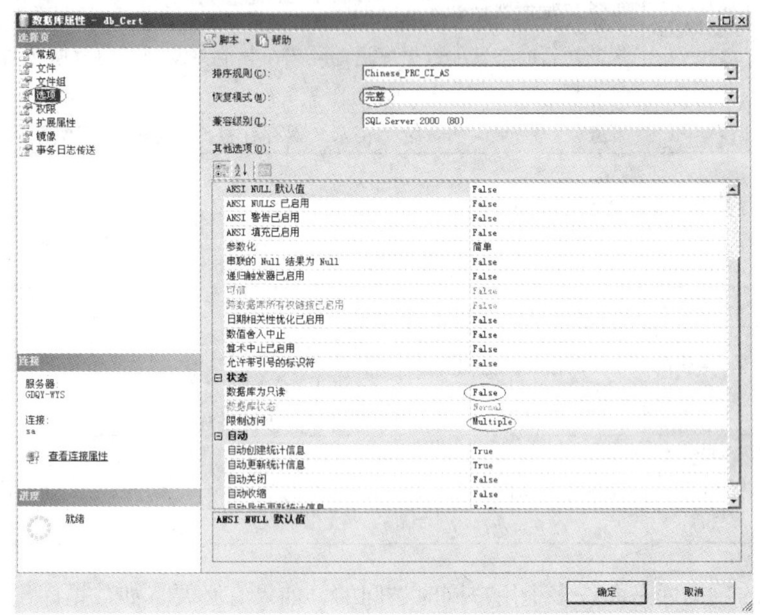

图 2—12 配置数据库选项

**任务实战**

配置数据库为单用户访问

将新建的数据库的“限制访问”配置为 Single。

## 2.2 使用 SQL 语句创建数据库

### 任务目标

根据对数据库的认识及企业网络环境，利用数据库语言 SQL 语句创建符合要求的数据库。

### 2.2.1 生成创建数据库 SQL 语句

1. 场景

有一天，电脑部小华收到通知：由于公司业务的不断发展，有几家分支机构必须创建数据库，请尽快完成。

小华立即查阅了这几家分支机构的服务器配置情况，发现数据库服务器的配置完全相同，如何尽快完成任务，小华已经心中有数。

2. 分析

虽然我们可以用图形化工具来帮分支机构创建数据库，方法是远程连接到分支机构的服务器上，再按任务 1 中的方法进行操作，但是，这种方法将使工作效率大为降低。这是因为远程连接受带宽限制，图形化工具运行可能不够流畅；同时，因为有多家分支机构，所以相同的操作必须操作多遍，这样既影响速度又容易出错。

考虑到需要创建数据库的服务器配置相同，因此可以先在一家创建数据库，并确认无误后，再将此数据库的创建过程生成 SQL 语句，最后将此 SQL 语句分发到其他分支机构，成功执行后，数据库也就创建完毕。

3. 完成步骤

我们以上一节任务 1 中所创建的数据库为例，来形成所对应的 SQL 语句。具体操作如下。

（1）在 SQL Server Management Studio 的对象资源管理器中，右击数据库名称 db_Cert，在弹出的菜单中依次单击“编写数据库脚本为（S）”→“CREATE 到（C）”→“新查询编辑器窗口”，如图 2—13 所示。

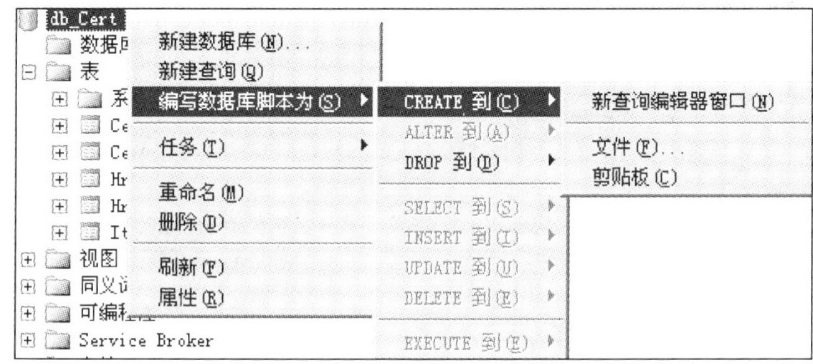


**图 2—13　创建数据库脚本**

（2）在查询窗口中会产生以下脚本。

```
USE[master]
GO
/******对象:Database[db_Cert]  脚本日期:11/24/2009 20:35:17******/此
CREATE DATABASE[db_Cert]ON PRIMARY
(NAME = N'db_Cerf_Data',FILENAME = N'E:\证照\Certification\Data\db_Cerf_Data.MDF',SIZE = 1984KB,
MAXSIZE = UNLIMITED,FILEGROWTH = 10%)
LOG ON
(NAME = N'db_Cerf_Log',FILENAME = N'E:\证照\Certification\Data\db_Cerf_Log.LDF',SIZE = 3840KB,
MAXSIZE = UNLIMITED,FILEGROWTH = 10%)
COLLATE Chinese_PRC_CI_AS
GO
```

以上代码将创建如图 2—3 所示的数据库，数据库名称为 db_Cert，主文件位于主文件组中，逻辑名称为 db_Cerf_Data，物理名为 E:\证照\Certification\Data\db_Cerf_Data. MDF，初始大小为 1984KB，最大尺寸为没有限制，尺寸按 10%的比例增长。事务日志的逻辑名称为 db_Cerf_Log，物理名为 E:\证照\Certification\Data\db_Cerf_Log. LDF，初始大小为 3840KB，最大尺寸为没有限制，按 10％比例增长。排序规则为 Chinese_PRC_CI_AS。

## 任务实战

使用 Create 语句创建数据库

在 SQL Server Management Studio 的“帮助”菜单中单击“索引”，在“查找”文本框中输入“CREATE DATABASE”，如图 2—14 所示，然后仔细阅读 Create Database 的语法和示例。

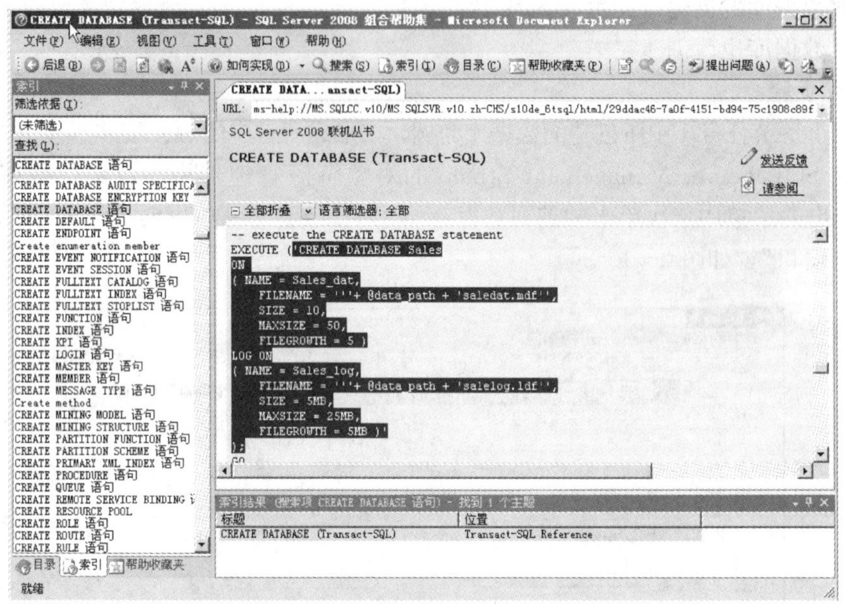

图 2—14　Create Database 的帮助

在图 2—14 中，选中的代码如下，为了便于读者理解，编者加上注释，请据此按表 2—7 创建一个新的数据库。

```
CREATE DATABASE Sales  --数据库的名字为 Sales
ON                     -- 以下括号内是数据文件的有关信息
( NAME = Sales_dat,    --逻辑名字
    FILENAME = "' + @data_path + 'saledat.mdf",
                       --物理名字,@data_path 是变量
    SIZE = 10,         --初始大小 10M
    MAXSIZE = 50,      --最大空量 50M
    FILEGROWTH = 5 )   --增长方式:按 5M 增长
LOG ON                 --以下括号内是日志文件的信息
(NAME = Sales_log,     --逻辑名
    FILENAME  = "' + @data_path + 'salelog.ldf",
                       --物理名
    SIZE = 5MB,        --初始大小
    MAXSIZE = 25MB,    --最大大小
    FILEGROWTH = 5MB)  --增长方式
```

表 2—7　　数据库的参数

| 参　数 | | 参数值 | 说　明 |
|---|---|---|---|
| 数据库名 | | db_Test1 | |
| 数据文件 | 逻辑名字 | Test1_dat | |
| | 物理名字 | E:\database\Test1Dat. mdf | 路径可根据实际情况调整 |
| | 初始大小 | 5MB | |
| | 最大大小 | 20MB | |
| | 增长方式 | 5 MB | |
| 日志文件 | 逻辑名字 | Test1_log | |
| | 物理名字 | D:\database\Test1Log. ldf | 路径可根据实际情况调整 |
| | 初始大小 | 2 | 默认单位是 MB |
| | 最大大小 | 10 | |
| | 增长方式 | 5% | 5 表示 5MB，5%就是百分之 5 |

### 2.2.2　使用 Alter Database 语句修改数据库

1. 场景

因为不同的分支机构业务量不同，数据库的增长速度也不同，其中有些分支机构的数据文件增长较快，已差不多占了硬盘空间的 70%。为了解决这一问题，做到未雨绸缪，公司决定统一为每个分支机构添加硬盘，并为各数据库添加辅助文件，并将辅助文件保存到新添加的硬盘中。

2. 分析

添加硬盘可以由分支机构人员完成，添加辅助文件则由电脑部小华负责。为了提高效率，采用 SQL 语句的形式。

为了较好地协调新旧硬盘的数据分配，可采取以下方法。

（1）新增文件组 Second。

（2）统一新增硬盘的盘符为 F。

（3）将新增的辅助文件保存到 F:盘，并属于文件组 Second。

（4）采用 Alter Database 语句实现以上功能。

Alter Database 具有如下的语法形式：

```
ALTER DATABASE database_name
{
    <add_or_modify_files>
  | <add_or_modify_filegroups>
  | <set_database_options>
  | MODIFY NAME = new_database_name
  | COLLATE collation_name
}
```

3. 操作步骤

（1）增加文件组 Second

```
ALTER DATABASE [db_Cert]
```

```
ADD FILEGROUP [SECOND]
```

（2）在文件组中添加辅助文件，指定了初始大小、增长比例和物理文件名。

```
ALTER DATABASE [db_Cert]
ADD FILE
( NAME = N'db_Cerf_Data2',FILENAME = N'f:\证照\Data2\db_Cerf_data2.mdf\db_Cerf_Data2.ndf',
SIZE = 3072KB ,FILEGROWTH = 1024KB )
TO FILEGROUP [SECOND]
```

**任务实战**

使用 Alter Database 语句

在建立的数据库中执行示例中的代码（要根据实际情况修改相并代码），然后采用图形化工具（数据库的属性）查看代码的执行效果。

## 2.3 数据库的简单管理

**任务目标**

能使用图形化工具和 SQL 语句完成数据库的简单管理任务：重命名、删除、分离和附加。

### 2.3.1 使用图形化工具管理数据库

1. 数据库的重命名和删除

（1）任务内容。将数据库 db1 重命名为 db_test，然后将其删除。

（2）分析。可以使用图形化工具和 SQL 语句来完成，这里使用图形化工具来完成这一任务。

（3）完成过程。

1）重命名。在对象资源管理器中右击数据库名字 db1，在弹出的菜单中，单击重命名，如图 2—15 所示，然后输入新的数据库名称：db_test。

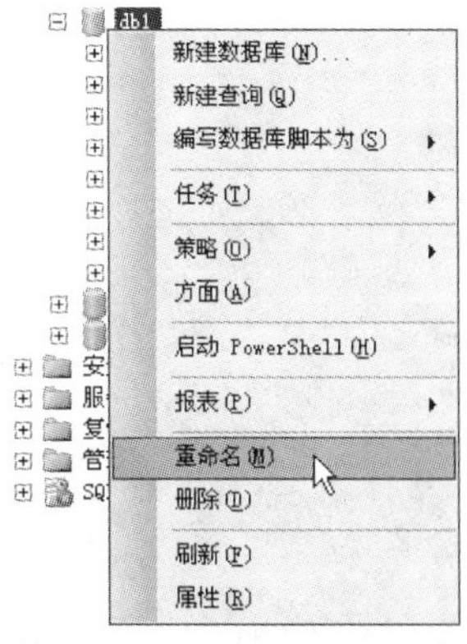


图 2—15　重命名数据库

2）删除数据库。在对象资源管理器中右击数据库名字 db _ test，在弹出的菜单中，单击删除，如图 2—16 所示，即可完成数据库的删除任务。

**图 2—16　删除数据库**

2. 数据库的分离和附加

（1）场景。

近来，移动办公和家中办公在 IT 行业较为流行，这既可以减少社会交通压力，又可以节省路上的时间。接下来的一周，负责数据库开发的小华，获准在家中办公。因此，小华决定以最快的速度将证照数据库部署到家中的计算机里。

（2）分析。

可以采用两种方法来完成这一任务，一是备份和还原，二是分离和附加，第二种方法更加简单快捷，所以我们采用分离和附加的方法来完成这一任务。

（3）完成过程。

1）分离。分离就是将数据库文件和数据库管理系统分开，使我们可像复制其他 Excel 文件一样将数据库相关文件（数据文件和日志文件）复制到其他媒介上，如 U 盘。分离数据库需要对数据库有独占访问权限。如果要分离的数据库正在使用当中，则必须先将该数据库设置为 SINGLE _ USER 模式以获取独占访问权限，然后才能对其进行分离。

分离之前，必须记下要分离的数据库的相关文件的存储位置。可以通过右击数据库名称，在弹出的菜单中选择属性，然后在“文件”选项卡中查看，如图 2—17 所示。

记下图 2—17 中的路径和文件名后，就可以开始对数据库进行分离。操作方法是在对象资源管理器右击数据库名称，在弹出的菜单中依次选择任务、分离，如图 2—18 所示，然后在弹出的菜单单击“确定”按钮即可。分离成功后，即可将数据库相关的文件复制到移动存储设备中。

2）附加。将移动存储设备中的数据库文件复制到目标计算机的合适位置（最好不要与系统盘同区，并且建立一个文件夹），即可进行附加。在对象资源管理器中，右击“数据库”，在弹出的菜单中选择“附加”，如图 2—19 所示。然后系统弹出一个新的窗口，如图 2—20 所示，单击“添加”按钮，选择要附加的数据库的数据文件 db _ Cert. Mdf，系统会自动找到相应的日志文件，确认无误后，单击“确定”按钮，完成附加任务。

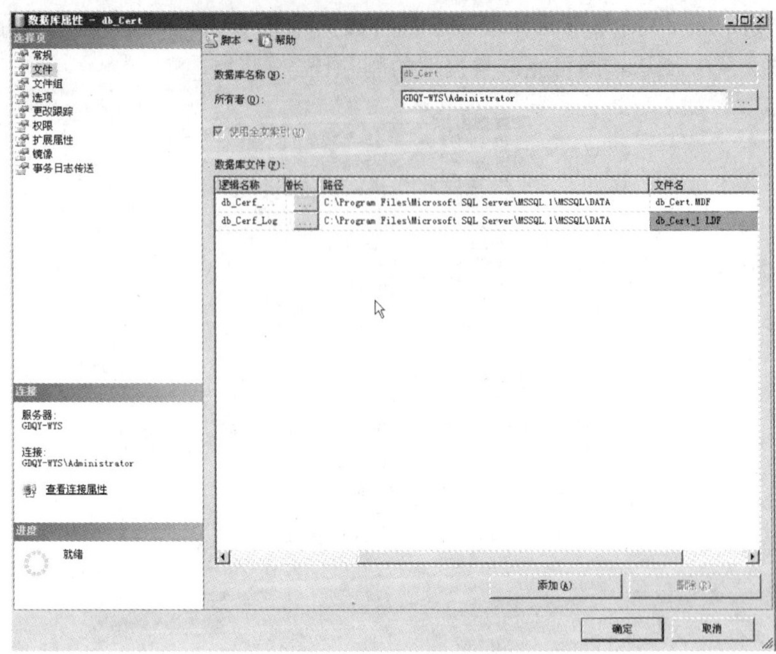


图 2—17　数据库文件属性

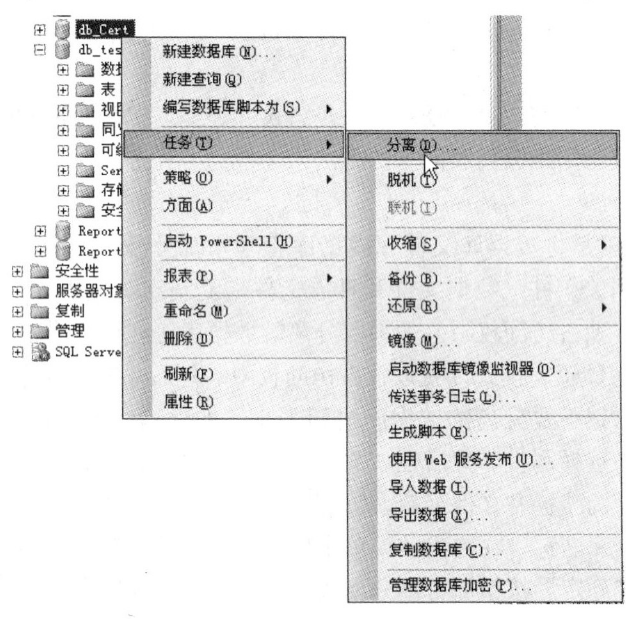


图 2—18　分离数据库

## 任务实战

数据库的简单管理

将机房中的一个数据库进行分离，然后将其相关文件复制到自己的计算机中，并进行附加。

（1）设置数据库名称是 my_db1。

（2）查看相关文件的位置。

（3）分离数据库。
（4）复制相关文件。
（5）附加数据库。

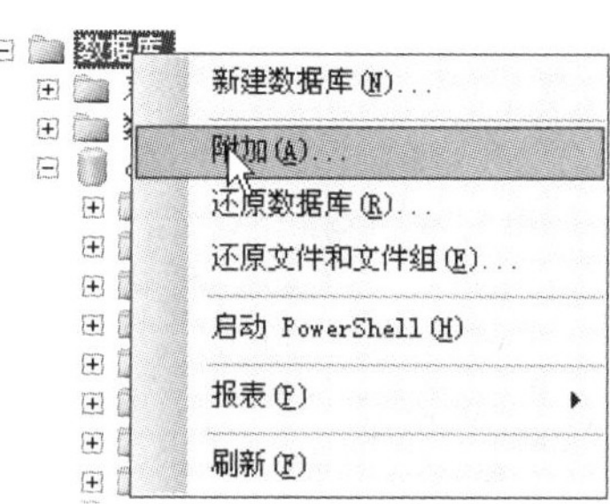


图 2—19　附加菜单

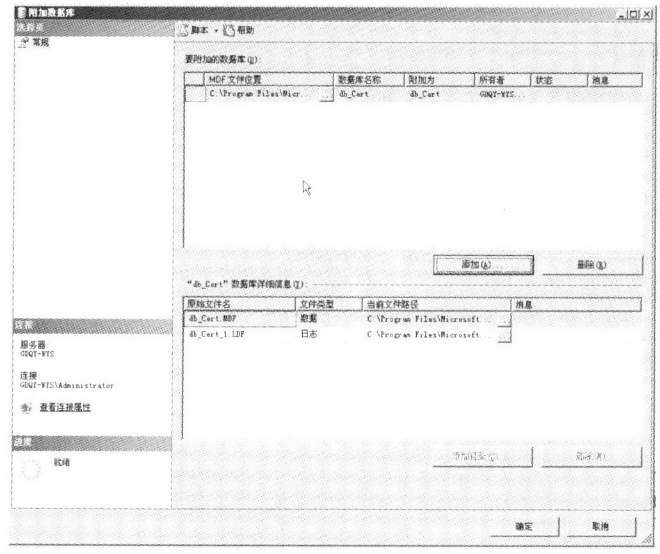

图 2—20　附加数据库

## 2.3.2　使用 SQL 语句管理数据库

在接下来的任务中，我们不使用图形化工具，而是使用 SQL 语句来管理证照数据库。

1. 使用 SQL 语句管理证照数据库

（1）数据库的重命名。将证照数据库 db_cert 改为 db_certification。

```
USE master
go
SP_RENAMEDB 'db_cert','db_certification'
```

（2）数据库的删除。删除数据库 db_cert。

```
USE master
GO
```

```
DROP DATABASE db_cert
```

（3）数据库的分离。使用存储过程 sp_detach_db。

```
USE master;
ALTER DATABASE db_cert
SET SINGLE_USER                                    --改为单用户,即独占
GO
--以下语句也可以写成以下形式,使用 sp_dboption 存储过程
exec sp_dboption db2,single_user,ture
EXEC sp_detach_db 'db_cert'                        --分离数据库
```

（4）数据库附加。使用存储过程 sp _ attach _ db。

```
EXEC sp_attach_db @dbname = N'db2',
    @filename1 = N'C:\MSSQL\Data\db2_Data.mdf',     --数据文件
    @filename2 = N'C:\MSSQL\Data\db2_log.ldf'       --日志文件
```

2. 数据库的简单管理

使用 SQL 语句进行数据库的简单管理。

（1）创建一个数据库 db_1。

```
CREATE DATABASE
```

（2）数据库的重命名。将 db_1 改为 db_test。

```
SP_REANEDB
```

（3）数据库的分离。

```
USE master
Go
ALTER DATABASE db_test
SET ____________________
Go
Exec ____________'db_test'
```

（4）数据库附加。

```
Exec sp_attach_db @dbname = ________,
@filename1 = ________________,
__________ = __________
```

（5）数据库的删除。删除 db_test。

```
____________ DATABASE ____________
```

3. 讨论和实验

（1）数据库的文件组成及各参数的含义。

（2）如果一个用户数据库已经差不多用完整个硬盘的空间，你新增了一个硬盘，计划旧数据还保留在原硬盘，而新数据保存到新硬盘，如何实施。

（3）在空白处填写最适合的内容，以完善下列语句。

1）创建一个名为 company 的用户数据库。其数据文件的初始大小为 10MB，无最大限制，以 10%的速度增长。日志文件的初始大小为 1MB，最大为 5MB，以 1MB 的速度增长。

```
CREATE DATABASE company
ON PRIMARY
(NAME = company_data, FILENAME = 'd:\mssql\data\company.mdf',
SIZE = ____________,
MAXSIZE = ____________,
FILEGROWTH = ____________)
LOG ON
(NAME = company_log, FILENAME = 'd:\mssql\data\company.ldf',
SIZE = ____________,
MAXSIZE = ____________,
FILEGROWTH = ____________)
```

2）将 company 数据库设置为只读状态。

```
EXEC sp_dboption 'company', '____________', FALSE
```

3）将数据库 company 的初始分配空间大小扩充到 20MB。

```
ALTER DATABASE company
MODIFY FILE
(NAME company_data, SIZE = ____________)
```

4）给 company 用户数据库改名为 corporation。

```
EXEC sp_dboption 'company', 'single user'
EXEC ____________'company', 'corporation'
EXEC sp_dboption 'corporation', 'single user', ______
```

5）删除 corporation 数据库。

```
____________ corporation
```

## 项 目 小 结

本项目的任务是采用图形工具和 SQL 语句创建用户数据库。重点要理解数据文件和日志文件的关系，根据实际情况配置数据库参数。

# 子项目 3　创建证照项目数据表和组织表数据

## 情境描述

A 公司已经部署了 SQL Server 2008 数据库管理系统，并创建了相应的数据库，现进入数据表的创建和表数据的组织工作。

根据现有 Excel 文件中的资料，本项目需要的数据如表 3—1 所示。

**表 3—1　　证照项目相关数据**

| 数据名称 | 归口管理部门 | 说　明 |
| --- | --- | --- |
| 证照资料 | 档案室 | 证照档案，是本项目的主要数据 |
| 部门资料 | 人事部 | 证照档案“所属部门”项，是本项目的相关数据 |
| 员工资料 | 人事部 | 证照档案“管理人”项，是本项目的相关数据 |
| 计算机资料 | 电脑部 | 证照档案“管理人”项对应的管理人所使用的电脑，是本项目的相关数据 |

根据这些情况，如何建立科学规范的数据表和组织表数据？

我们知道，数据库（DB，Database）是按照一定的模型（Model）来组织、描述和存储数据（Data）的。因此，在将 Excel 文件中的证照资料转储到数据库之前，我们必须事先设计好数据模型和结构，这样在进行 Excel 到数据库的转储时，数据才能对号入座，达到科学规范高效管理数据的目的和效果。

要做好数据库设计，必须按照这样的顺序来进行：概念设计→逻辑设计→物理设计。

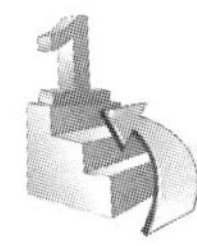

## 任务分析

根据以上的分析，可得出本子项目要完成的任务如表 3—2 所示。

**表 3—2　　各过程任务表**

| 过程 | 名　称 | 任务内容 | 方　法 | 目　标 |
| --- | --- | --- | --- | --- |
| 1 | 概念设计 | 分析 Excel 数据和证照管理需求，画出 E-R 图 | 边讲边练 | 画出证照项目 E-R 图 |

续前表

| 过程 | 名 称 | 任务内容 | 方 法 | 目 标 |
| --- | --- | --- | --- | --- |
| 2 | 逻辑设计 | 将 E-R 图转换为关系模式 | 举一反三 | 设计证照项目关系模式 |
| 3 | 物理设计 | 用数据库系统工具按逻辑结构创建相应的数据表 | 演示与练习 | 创建证照项目相关数据表 |
| 4 | 数据导入 | 将 Excel 文件中的数据转入数据库 | 示范操作 | 避免重复输入，提高工作效率 |
| 5 | 数据完善 | 对从 Excel 转入到数据库的数据进行修改 | 分析，示范，操作 | 实现从 Excel 管理到数据库管理的转变 |

## 任务 3.1 概念设计

### 任务目标

分析 Excel 文件中各有关资料，画出证照项目 E-R 图。

#### 3.1.1 找实体及其属性

概念设计就是把现实世界中的客观对象抽象为某一种信息结构，这种信息结构不依赖某一数据库管理系统（DBMS），或者说对任一个 DBMS 都适用，它的主要任务是找出实体及这些实体的属性。

1. 找实体

对图 3—1 中所示的证照资料进行分析，我们很容易找出如表 3—3 所示的实体。

实体找出来后，接下来的工作就是找出各实体的属性。当然实体的属性可繁可简，要有所取舍，大的原则就是要满足管理的需要，这可从需求分析得到。需求分析的方法也多种多样，如咨询有经验的相关人员、顶岗实习、分析报表等。以下举例说明。

2. 找实体的属性

（1）任务观摩。

找出实体后，接下来的工作就是找出证照项目各实体的属性。

如果我们对某些证照不熟悉，千万不能想当然，而要进行调查。尽可能将各种证照拿来观察，并逐一登记其属性，最后进行抽象和归纳。在学校里，有校园卡、借书证等，而在企业里就有卫生许可证、税务登记证、营业执照、产品批文等，只要对这些证照进行观察、对比，最后就可归纳、抽象出共性，构成实体的属性。如表 3—4 所示。同理可得出其他实体的属性分别如表 3—5、表 3—6、表 3—7、表 3—8 所示。

证照资料一览表

| 号码 | 名称 | 类别 | 初领日期 | 最新审核日期 | 过期日期 | 管理人 | 所属部门 | 存放地点 |
|---|---|---|---|---|---|---|---|---|
| 001323 | 集团营业执照 | 营业执照 | 1992-5-18 | 2007-1-23 | 2010-1-22 | 王大力 | 集团 | 总部 |
| 352021 | 粤北厂税务 | 税务登记证 | 1992-5-19 | 2000-3-28 | 2010-3-27 | 张东 | 生产部 | 粤北厂 |
| 0254158 | 宝马行驶证 | 行驶证 | 1999-11-20 | 2004-8-17 | 2010-8-16 | 李四 | 小车队 | 李司机 |
| 074531 | 副董驾驶证 | 驾驶证 | 1992-5-21 | 2008-8-12 | 2012-8-11 | 黄英 | 董办 | 副董 |
| 200154 | 三厂卫生许可证 | 卫生许可证 | 1997-5-22 | 2003-5-21 | 2013-5-20 | 朱君 | 技术部 | 三厂 |
| 013658 | 养生茶批文 | 产品批文 | 2002-12-23 | 2006-12-20 | 2011-12-30 | 小龙 | 技术部 | 产品开发部 |
| 230078 | 董秘驾驶证 | 驾驶证 | 2001-6-24 | 2001-6-1 | 2013-5-31 | 黄英 | 董办 | 董秘 |
| 086231 | 一厂卫生许可证 | 卫生许可证 | 1999-8-25 | 2007-2-2 | 2012-1-31 | 朱君 | 技术部 | 一厂 |
| 90866 | 饮品批文 | 产品批文 | 1992-5-26 | 2005-10-20 | 2010-10-19 | 小龙 | 产品开发部 | 产品开发部 |
| 001521 | 华南市场执照 | 营业执照 | 2008-5-27 | 2009-1-23 | 2014-1-22 | 王大力 | 行政部 | 华南市场 |
| 440213 | 华东税务 | 税务登记证 | 1992-5-28 | 2007-2-21 | 2012-2-20 | 张东 | 财务部 | 华东市场财务 |
| 024668 | 越野行驶证 | 行驶证 | 2007-11-29 | 2009-5-20 | 2014-5-19 | 李四 | 小车队 | 汤司机 |
| 025843 | 董事长护照 | 护照 | 2002-1-31 | 2008-2-28 | 2013-12-27 | 杨钱 | 总部 | 董办 |

……

**图 3—1　证照资料一览表**

表 3—3　　实体表

| 名　称 | 说　明 |
|---|---|
| 证照 | 描述现实世界中一个个的证照信息 |
| 人员 | 管理证照的人员，这里指公司的员工 |
| 部门 | 证照或人员所属的部门 |
| 计算机 | 这个是推理出来的，因为每一位员工都在使用计算机，所有的计算机都属于企业内部网 |
| 类别 | 表示证照种类名称 |

表 3—4　证照属性表

| 属性 | 说　明 |
| --- | --- |
| 编号 | 每一个证照都有唯一编号，关键字 |
| 名称 | 表明证照的名称，如驾驶证、税务登记证、护照 |
| 发证日期 | 表明证照是什么时候发的 |
| 审核日期 | 证照发出以后，需要定期进行审核 |
| 有效期限 | 表明证照的有效期，有的指明从某年某月某日到某年某月某日，有的指明是几年 |
| 发证机关 | 表示颁发证照的单位 |
| 管理人 | 管理证照的人员，不同的证照可能有不同的管理人员 |

当然某些证照还有其他的一些属性，如营业执照中的经营范围、汽车行驶证中的车牌号和发动机号等，这些属性与本项目不存在相关性，所以我们在这里并不列出。

表 3—5　人员属性表

| 属性 | 说　明 |
| --- | --- |
| 工号 | 每一个员工都有一个编号，关键字 |
| 姓名 | 员工姓名 |
| 性别 | 员工性别 |
| 出生日期 | 出生年月日 |
| 工资级别 | 员工的工资级别 |
| 电话 | 联系电话 |
| 邮箱 | 电子邮箱 |
| 联系地址 | 联系地址 |

想一想，员工还有什么属性。

表 3—6　部门属性表

| 属性 | 说　明 |
| --- | --- |
| 编号 | 编号，关键字 |
| 名称 | 部门名称 |
| 经理姓名 | 每一个部门有一个经理 |

想一想，经理姓名与实体员工有何关系。

表 3—7　计算机属性表

| 属　性 | 说　明 |
| --- | --- |
| 标识 | 局域内计算机的标识，也就是计算机名，关键字 |
| 操作系统 | 计算机所安装的操作系统 |
| CPU | 计算机的 CPU 配置 |
| 内存 | 内存大小等 |
| 硬盘 | 硬盘大小等情况 |
| 购买日期 | 购买时间 |
| 状态 | 使用状态 |

表 3—8　　　　类别属性表

| 属性 | 说　明 |
| --- | --- |
| 编号 | 类别编号，关键字 |
| 类别名称 | 类别名，如驾驶证、税务登记证 |

（2）工作任务。

联系身边的实体（如教室、学员、教师、课本），找出这些实体的属性。

3. 画实体属性图

用矩形来表示实体，用椭圆形来表示实体的属性。可以用 Word 字编辑器，也可以用 Visio 等工具进行绘制。如图 3—2 所示。

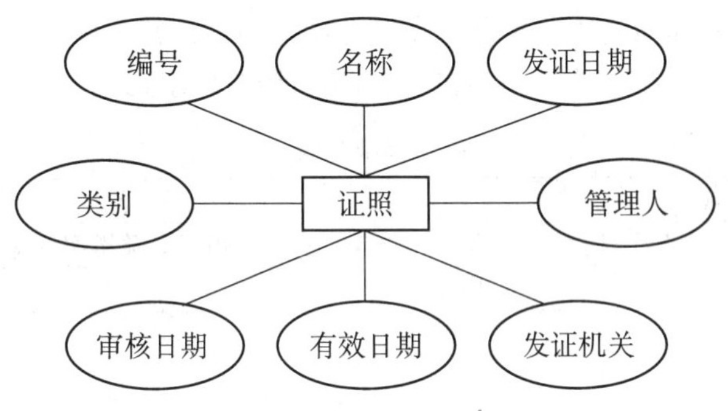


图 3—2　证照实体属性图

**任务实战**

画出部门实体和类别实体的属性图。

### 3.1.2　找出实体间的联系

1. E-R 图

现实世界中，事物是相互联系的。在我们的证照项目中，各实体之间也存在着联系。找实体时主要是找名词，而找关系时主要是要找动词。如“人员管理证照”中的动词“管理”就构成了实体“人员”和实体“证照”之间的关系。类似的还有“类别包含证照”、“人员使用计算机”、“部门包含人员”、“证照归属部门”等。

实体间的联系用 E-R 图表示：E（Entity）表示实体，用矩形□表示；R（Relation）表示联系，用菱形◇表示。联系分为以下三类。

（1）1 对 1 联系（1∶1）。两个实体间是 1 对 1 的联系，如一个班级只有一个班长，一个部门只有一个经理，一个公司只有一个总经理等。

（2）1 对多联系（1∶$n$）。设有实体集 A 和 B，如果 A 中的每个实体，B 中都有 $n$（$n\geq 0$）个实体与之对应；B 中的每个实体，A 对最多有一个实体与之对应。就称 A 与 B 的联系是 1 对多联系，简写为 1∶$n$。如班级与学生，就是 1 对多联系，因为一个班级包含多名学生，任一个学生肯定属于某一个班级。部门与员工也是 1∶$n$ 联系。

（3）多对多联系（$m$∶$n$）。对于实体集 A 和 B，任一方中的实体，都可以从另一方中找到多个实体与之对应，则称 A 和 B 是多对多联系。学生与课程就是多对多联系，因为一个学生可以学习多门课程，一门课程可以有多名学生学习。

2. 画出证照项目各实体间的联系图

(1) 任务名称：画出证照项目 E-R 图。

(2) 完成步骤。

1) 列出相关的实体，本项目的实体主要有：证照、类别、部门、人员和计算机。

2) 找出实体间的联系。

- 类别与证照，1∶$n$。
- 部门与证照，1∶$n$。
- 证照与人员，$m$∶$n$。
- 人员与计算机，1∶1。
- 部门与人员，1∶$n$。

3) 画出 E-R 图如图 3—3 所示。

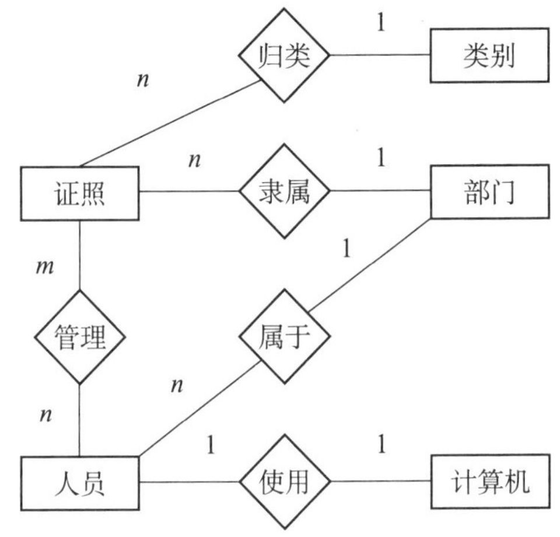


**图 3—3　证照项目 E-R 图**

这是一个简化的 E-R 图，还可以在各个实体中添加属性。

**任务实战**

画 E-R 图

联系身边的实体（如教室、学员、教师、课本），画出 E-R 图。

## 任务 3.2　逻辑设计

### 任务目标

逻辑设计的任务是，将概念设计的结果转换为关系模型，再将转换过来的关系数据模型进行优化。本任务的目标就是将 E-R 图转换为数据库系统所支持的关系模式，并为下一任务——物理设计做好准备。

### 3.2.1 将E-R图转换为关系模型

1. 转换原则

将E-R图转换为关系模型就是要将实体、实体属性和实体间的联系转换为关系模式。这里介绍几种常用并行之有效的方法，一边介绍一边完成任务。

（1）一个实体转换为一个关系模式。

这是最普遍也最简单的方法，实体的属性即是关系的属性，实体的关键字即是关系的关键字。

（2）一个 $m:n$ 联系转换为一个关系模式。

联系的每个实体的关键字以及联系本身的属性全部转换成关系模式的属性，其关键字为联系间各实体关键字的组合。

（3）一个 $1:n$ 联系转换为一个独立的关系模式，也可以与 $n$ 端对应的关系模式合并。

如果转换为一个独立的关系模式，则与该联系相连的各实体的关键字以及联系本身的属性均转换为关系的属性，而关系的关键字为 $n$ 端实体的关键字。一般来说，应该首选与 $n$ 端对应的关系模式合并，以减少关系的个数。

（4）一个 $1:1$ 联系转换为一个独立的关系模式，也可与任一端对应的关系模式合并。

这种方法是 $1:n$ 联系的特例，设想 $n=1$ 即可。

2. 证照项目的逻辑设计

我们按照上面介绍的方法来进行本项目的逻辑设计。

（1）一个实体转换成一个关系模式，本项目共有五个实体，于是得到如下五个关系模式（粗体加下划线部分为关键字）。

证照（<u>**编号**</u>，名称，发证日期，审核日期，有效期限，发证机关，类别，管理人）。

人员（<u>**工号**</u>，姓名，性别，出生日期，工资级别，电话，邮箱，联系地址）。

部门（<u>**编号**</u>，名称，经理姓名）。

计算机（<u>**标识**</u>，操作系统，CPU，内存，硬盘，购买日期，状态）。

类别（<u>**编号**</u>，类别名称）。

（2）一个 $m:n$ 联系转换为一个关系模式，本项目有一个 $m:n$ 联系，即证照-人员联系，表示一个人可以管理多个证照，一个证照可以由不同的人员来负责管理，管理的角色分为“主管”和“候补”。

- 找出实体的关键字，证照、编号，人员、工号。
- 确定联系的属性，管理角色。
- 得出关系模式：管理（证照、编号，人员、工号，管理角色）。

（3）$1:n$ 联系。本项目共三个 $1:n$ 联系，即部门-人员，部门-证照，类别-证照，有两种转换方法。

第一种，一个联系对应一个关系模式，得到如下三个关系模式。

部门-人员（<u>**部门编号**</u>，<u>**人员工号**</u>，职位）。

部门-证照（<u>**部门编号**</u>，<u>**证照编号**</u>）。（注意，此联系没有属性）

类别-证照（<u>**类别编号**</u>，<u>**证照编号**</u>）。（注意，此联系没有属性）

第二种，与 $n$ 端对应的关系模式合并，得到三个新的关系模式（这也是我们采用的模式）。

证照（**编号**，名称，发证日期，审核日期，有效期限，发证机关，类别编号，部门编号，管理人编号）。

人员（**工号**，姓名，性别，出生日期，工资级别，电话，邮箱，联系地址，部门编号，职位）。

（4）1∶1联系。本项目有一个1∶1联系，即是人员-计算机，如果按独立的关系模式来处理，得到关系模式为，人员-计算机（**人员编号**，**计算机编号**），反过来也可以，计算机-人员（**计算机编号**，**人员编号**）。

本项目采取合并的方法，将其合并到人员关系模式中，即：

人员（**工号**，姓名，性别，出生日期，工资级别，电话，邮箱，联系地址，部门编号，职位，计算机标识号）。

**任务实战**

逻辑设计

在3.1.2的工作任务中，你已经完成一个E-R图，请对其进行逻辑设计。

### 3.2.2 优化关系模型

数据库逻辑设计的结果不是唯一的。为了进一步提高数据库应用系统的性能，通常以规范化理论为指导，还应该适当地修改、调整数据模型的结构，这就是数据模型的优化。

1. 优化方法

数据库模型的优化方法有以下几种。

（1）确定数据依赖。

对于各个关系模式之间的数据依赖进行极小化处理，消除冗余的联系。按照数据依赖的情况对关系模式逐一进行分析，考查是否存在部分依赖、传递依赖和多值依赖等。按照需求分析阶段得到的各种应用对数据处理的要求，分析对于这样的应用环境这些模式是否合适，确定是否要对它们进行合并或分解。

（2）对关系模式进行必要的分解。

数据库设计人员为了判断关系模式的优劣，预测关系模式可能出现的问题，需要对关系模式进行必要的分解，使数据库设计工作有严格的质量保障。

2. 证照项目逻辑设计的优化

数据优化是个大课题，我们这里不做深入的探讨，而是通过分析一个实例，希望对读者有所启发。

首先，我们来观察这个关系模式：计算机（标识，操作系统，CPU，内存，硬盘，购买日期，状态），其属性“标识”是指合法的计算机名称，其取值范围比较明确，同理，“购买日期”和“状态”也是如此。而其他属性就有所不同，以“操作系统”为例，一个完整的属性值应该包括三个部门，即：公司名称＋操作系统名称＋版本号，如Microsoft＋Windows XP Professional＋2002 service pack 2，但往往又被不同的别名所代替，如XP、Windows XP、WinXP等，这对数据的完整性和规范性是不利的。

接下来，我们要找出解决这一问题的方法。解决的方法就是将属性“操作系统”提取出来，建立一个新的关系模式，操作系统（编号，品牌，名称，版本号），相应的，计算机的关系模式变更为：计算机（标识，操作系统编号，CPU，内存，硬盘，购买日期，状态）。

**任务实战**

优化关系模式

优化关系模式，计算机（<u>标识</u>，操作系统编号，CPU，内存，硬盘，购买日期，状态）。

## 任务 3.3　物理设计

### 任务目标

物理设计的任务是，将逻辑设计的结果在具体的数据库管理系统（DBMS）中进行实现。本任务的目标就是将关系模式转换为数据表（其他部分在后续任务中完成）。

### 3.3.1　认识数据类型和表

1. 类型和表简介

关系型主要的特征就是用二维表来管理和存储数据，在 Excel 文件中用工作表（Sheet）来表示，在数据库中用表（Table）来表示，表是数据库中最重要的数据对象，是通过行和列来组织和存储数据的。

不同的实体有着各种各样的属性，不同的属性，有着不同的属性值，不同的属性值有着不同的类型，如日期、金额等，这就是数据类型。数据类型定义了数据库表中的每个列的数据类别和长度。表 3—9 是 SQL Server 2008 提供的数据类型列表。

**表 3—9**　　　　系统数据类型

| 数据类型 | SQL Server 系统提供的数据类型 | 说　明 |
|---|---|---|
| 整数 | Int | 一般整数，占 4 个字节 |
| | Bigint | 大整数，占 8 个字节 |
| | Smallint | 小整数，占 2 个字节 |
| | Tinyint | 微整数，占 1 个字节 |
| 精确数据 | Decimal[(p[,s])] | p 表示总位数，s 表示小数位数，占 2～17 字节 |
| | nuberic[(p[,s])] | p 表示总位数，s 表示小数位数，占 2～17 字节 |
| 近似数据 | Float[(n)] | 浮点，所占字节取决于 n 的值 |
| | Real | 实数，占 4 字节 |
| 货币 | Money | 金额，占 8 字节 |
| | Smallmoney | 小金额，占 4 字节 |
| 日期和时间 | Datetime | 日期，24 小时制，带秒小数，占 8 字节 |
| | Smalldatetime | 小日期，不带秒小数（始终为 0），占 4 字节 |
| 非 Unicode 字符 | Char[(n)] | 固定长（n 值）字符，占 0～8000 字节 |
| | Varchar[(n)] | 不定长字符，最长为 n，占 0～8000 字节 |
| | Varchar（max） | 大值数据类型，占 0～2G 字节 |
| | Text | 文本，占 0～2G 字节 |

续前表

| 数据类型 | SQL Server 系统提供的数据类型 | 说　明 |
|---|---|---|
| Unicode 字符 | nchar[(n)] | 固定长（n 值）字符，占 0～8000 字节（4000 字符） |
| | Nvarchar[(n)] | 不定长字符，最长为 n，占 0～8000 字节（4000 字符） |
| | Nvarchar（max） | 大值数据类型，占 0～2G 字节 |
| | Ntext | 文本，占 0～2G 字节 |
| 二进制 | Binary[(n)] | 固定长度二进制数据，n 取 1～8000，占 1～8000 字节 |
| | Varbinary[(n)] | 固定长度二进制数据，n 取 1～8000，占 1～8000 字节 |
| | Varbinary（max） | 大值二进制数，可存 2^31～1 个字节的数据 |
| 图像 | Image | 图像数据，占 0～2G |
| 全局标识符 | Uniqueidentifier | 唯一值，占 16 字节 |
| XML | Xml | 占 0～2G |
| 特殊 | Bit | 位数据类型，取 0 或 1，或者空值 null |
| | Cursor | 只能用于 output 参数 |
| | Timestamp | 时间戳，值是唯一的 |
| | Sysname | 与 nvarchar（128）功能相同 |
| | Table | 其功能类似于临时表 |
| | Hierarchyid | 层次数据类型 |
| | Sql_variant | 变体数据类型 |

2. 确定本项目的数据类型

根据表 3—9，确定证照项目中各关系模式属性数据类型如表 3—10。

**表 3—10　　证照项目各属性数据类型**

| 关系模式 | 属性 | 列名 | 数据类型 | 说　明 |
|---|---|---|---|---|
| 证照 | 编号 | Cert_No | Varchar(10) | 不定长字符类型，因为编号长度不固定 |
| | 名称 | Cert_Name | Nvarchar(20) | 用 Unicode，因为值包含中文 |
| | 发证日期 | Cert_Date0 | Smalldatetime | 用小日期，因为不需要精确到 0.001 秒 |
| | 审核日期 | Cert_Date1 | Smalldatetime | |
| | 有效期限 | Cert_Date2 | Smalldatetime | |
| | 发证机关 | Cert_Org | Nvarchar(30) | |
| | 类别编号 | Cert_Class | Char(12) | 编号长度固定，不含中文 |
| | 部门编号 | Cert_Dep | Char(16) | |
| | 管理人 | Cert_Emp | Char(10) | |
| | 存放地点 | Cert_Place | Nvarchar(30) | 包含中文，不定长 |
| 人员 | 工号 | Emp_No | Char(10) | |
| | 姓名 | Emp_Name | Nchar(10) | 包含中文，长度较固定 |
| | 性别 | Emp_Gender | Nchar(1) | |
| | 出生日期 | Emp_Birth | Smalldatetime | |
| | 工资级别 | Emp_Sal | Smallint | |
| | 电话 | Emp_Tel | Varchar(11) | |
| | 邮箱 | Emp_Mail | Varchar(20) | |
| | 联系地址 | Emp_Addr | Nvarchar(30) | |
| | 部门编号 | Emp_Dep | Char(16) | 必须与部门中的编号保持一致 |
| | 职位 | Emp_Pos | Nchar(10) | |
| | 计算机标识号 | Emp_Comp | Nvhar(10) | 计算机名字可以包含中文，必须与计算机中的标识保持一致 |

续前表

| 关系模式 | 属性 | 列名 | 数据类型 | 说 明 |
| --- | --- | --- | --- | --- |
| 部门 | 编号 | Dep_No | Char(16) | |
| | 名称 | Dep_Name | Varchar(20) | |
| | 经理姓名 | Dep_Emp | Char(10) | 要与员工编号保持一致 |
| 计算机 | 标识 | Comp_no | Nchar(10) | |
| | 操作系统 | Comp_OS | Nvarchar(20) | |
| | CPU | Comp_CPU | Varchar(15) | 描述 CPU 的配置 |
| | 内存 | Comp_RAM | Int | 输入内存容量（MB） |
| | 硬盘 | Comp_Hdisk | Int | 输入硬盘容量（GB） |
| | 购买日期 | Comp_Date | Smalldatetime | |
| | 状态 | Comp_State | Nchar(10) | |
| 类别 | 编号 | Class_No | Char(2) | 与证照中的编号保持一致（类型和长度） |
| | 名称 | Class_Name | Nchar(10) | |

3. 创建架构

（1）架构简介。

在对象资源管理器中，每个表前面都有一个标识，如 dbo、Hr，这个标识称为架构（Schema），同一架构内不可能有同名的表，同一个数据库内不同的架构中可以有同名的表。架构是数据库对象的命名空间，它定义了一个边界，边界内的所有名称都是唯一的，架构在数据库内也是唯一的。一个数据库对象的完全限定名称的形式为：server. database. schema. object，即：数据库服务器名称．数据库名称．架构名称．对象名称，在一个数据库内，可简写为 schema. object。

（2）创建架构。

根据情境描述中的表 3—1，我们确定本项目需要三个架构，如表 3—11 所示。接下来我们按表 3—11 来创建本项目所需的架构。

**表 3—11　　本项目架构**

| 数据表 | 归口部门 | 架构名称 |
| --- | --- | --- |
| 证照资料 | 档案室 | Cer |
| 证照类别 | 档案室 | Cer |
| 部门资料 | 人事部 | Hr |
| 员工资料 | 人事部 | Hr |
| 计算机资料 | 电脑部 | It |

方法一：使用图形工具。

在对象资源管理器中，右击证照数据库下的安全性，就可以创建架构了，如图 3—4 所示，输入架构名称为 Cer，架构所有者为 dbo，单击“确定”按钮，完成架构的创建。

方法二：使用 SQL 语句。

```
CREATE SCHEMA Cer2 AUTHORIZATION dbo
```

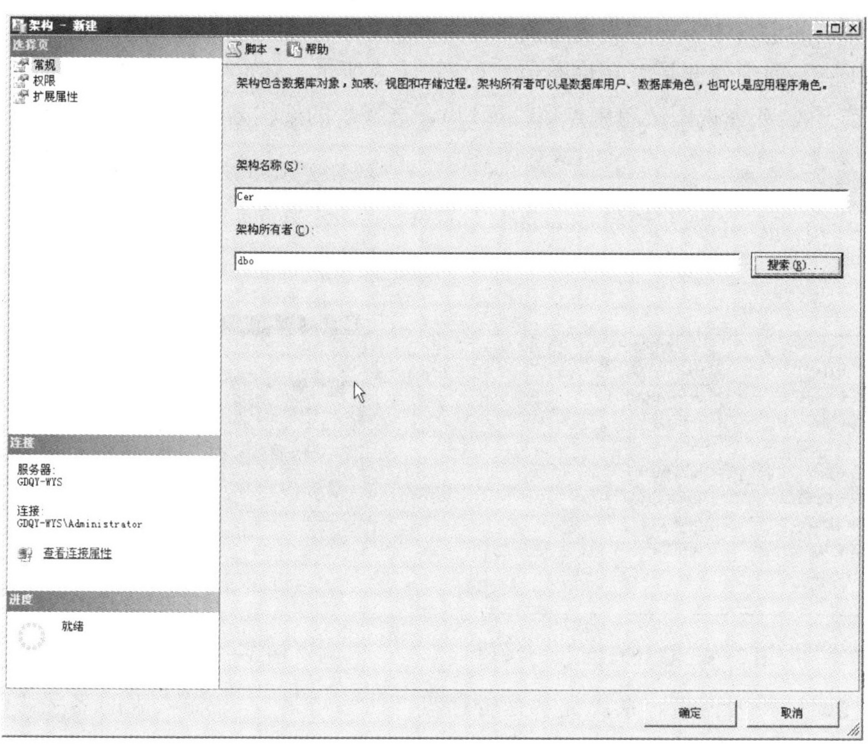


图 3—4　创建架构

## 任务实战

创建其他架构

创建本项目的其他两个架构 Hr 和 IT，把它们的所有者都指定为 dbo。

### 3.3.2　用图形工具创建数据表

(1) 打开 SQL Server Management Studio。

(2) 在对象资源管理器中展开证照数据库 DB_Cert，右击表，在弹出的菜单中选择“新建表”，如图 3—5 所示。

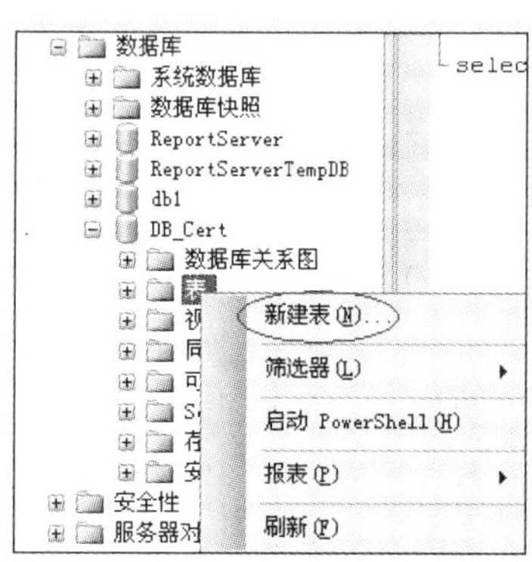


图 3—5　新建表的菜单

（3）弹出的窗口中，在“列名”列中输入列名，在“数据类型”列中选择数据类型，在“允许 Null 值”列中勾选是否允许空值，如图 3—6 所示。还必须在表的属性窗口（如没有该窗口，按 F4。或在视图菜单中点属性窗口），选择表的架构名称 Cer，如图 3—7 所示。

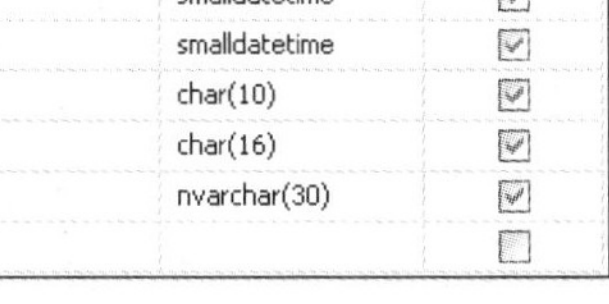

| 列名 | 数据类型 | 允许 Null 值 |
|---|---|---|
| Cert_No | varchar(10) | ☐ |
| Cert_Name | nvarchar(20) | ☑ |
| Cert_Class | char(12) | ☑ |
| Cert_Date0 | smalldatetime | ☑ |
| Cert_Date1 | smalldatetime | ☑ |
| Cert_Date2 | smalldatetime | ☑ |
| Cert_Emp | char(10) | ☑ |
| Cert_dep | char(16) | ☑ |
| Cert_Place | nvarchar(30) | ☑ |
| | | ☐ |

图 3—6　设计表

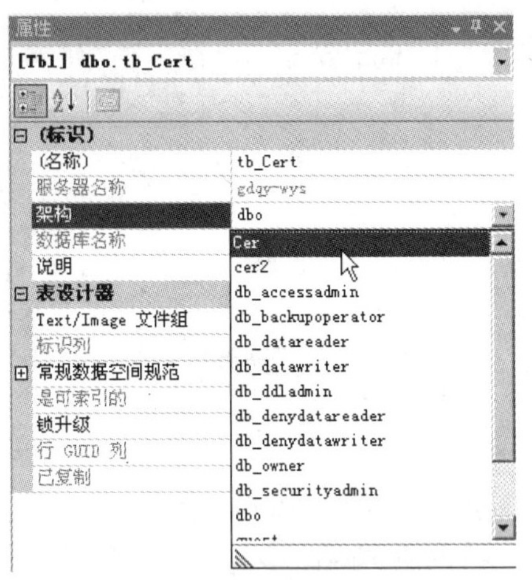


图 3—7　表的属性窗口

（4）完成后关闭窗口，系统提示是否存盘，回答“是”，并输入表的名字“tb_Cert”，即可完成证照数据表的创建任务。

（5）以后如果需要对表进行修改，可右击表的名字，在弹出的菜单中选择“设计”，如图 3—8 所示，即可进入表的设计界面（与创建时的界面一样）。

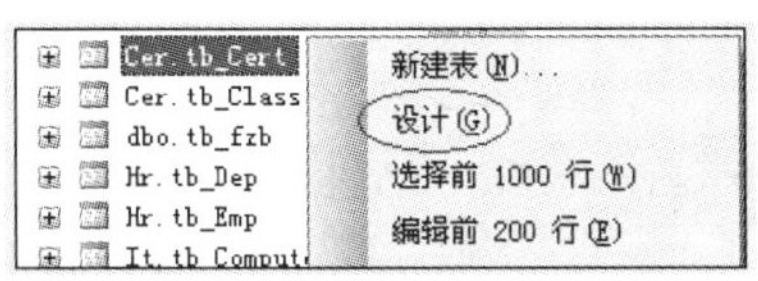


图 3—8　修改表的进入路径

## 任务实战

创建人员表

按表 3—10，使用图形工具创建人员数据表，使其结构如图 3—9 所示，指定架构名称为 Hr。

| 列名 | 数据类型 | 允许 Null 值 |
|---|---|---|
| Emp_No | char(10) | ☐ |
| Emp_Name | nchar(10) | ☑ |
| Emp_Gender | nchar(1) | ☑ |
| Emp_Birth | smalldatetime | ☑ |
| Emp_Dep | char(16) | ☑ |
| Emp_Tel | varchar(11) | ☑ |
| Emp_Comp | nchar(10) | ☑ |
| Emp_Addr | nchar(30) | ☑ |
| Emp_Mail | varchar(20) | ☑ |
| Emp_Sal | smallint | ☑ |
| | | ☐ |

图 3—9　人员表

2. 创建其他数据表

按表 3—10，完成本项目所有数据表的创建任务。

（1）证照类别表结构如图 3—10 所示，架构名称为 Cer。

| 列名 | 数据类型 | 允许 Null 值 |
|---|---|---|
| Class_No | char(12) | ☐ |
| Class_Name | nchar(10) | ☑ |
| | | ☐ |

图 3—10　证照类别表

（2）部门表结构如图 3—11 所示，架构名称为 Hr。

| 列名 | 数据类型 | 允许 Null 值 |
|---|---|---|
| Dep_No | char(16) | ☐ |
| Dep_Name | varchar(20) | ☑ |
| Dep_Emp | char(10) | ☑ |
| | | ☐ |

图 3—11　部门表

（3）计算机表结构如图 3—12 所示，架构名称为 It。

| 列名 | 数据类型 | 允许 Null 值 |
|---|---|---|
| Comp_No | nchar(10) | ☐ |
| Comp_Name | nchar(20) | ☑ |
| Comp_OS | nvarchar(20) | ☑ |
| Comp_CPU | varchar(15) | ☐ |
| Comp_RAM | int | ☑ |
| Comp_Hdisk | int | ☑ |
| Comp_Date | smalldatetime | ☑ |
| Comp_State | nchar(10) | ☑ |
| | | ☐ |

图 3—12　计算机表

### 3.3.3　用 SQL 语句创建数据表

SQL 语言是数据库独有的语言，图形化工具作为初级入门时使用，好多场合我们需要用 SQL 语言与数据库打交道，在此任务中，我们用 SQL 语句来创建数据表。

1. 系统产生的 SQL 语句

为了能对创建数据表的 SQL 语句有一个感性的认识，我们先来让系统产生创建表的 SQL 语句。

（1）在 SQL Server Management Studio 中，打开对象资源管理器，依次展开数据库、DB_Cert、表。

（2）右击证照数据表 tb_Cert，在弹出菜单中，按图 3—13 所示进行操作。

图 3—13　编写表脚本

（3）切换到查询窗口，则可看到如下 SQL 语句（也称脚本）。

```
SET ANSI_NULLS ON
```

```
GO
SET QUOTED_IDENTIFIER ON
GO
SET ANSI_PADDING ON
GO
CREATE TABLE [Cer].[tb_Cert](
[Cert_No] [varchar](10) NOT NULL,
[Cert_Name] [nvarchar](20) NULL,
[Cert_Class] [char](12) NULL,
[Cert_Date0] [smalldatetime] NULL,
[Cert_Date1] [smalldatetime] NULL,
[Cert_Date2] [smalldatetime] NULL,
[Cert_Emp] [char](10) NULL,
[Cert_dep] [char](16) NULL,
[Cert_Place] [nvarchar](30) NULL
) ON [PRIMARY]
GO
SET ANSI_PADDING OFF
GO
```

（4）简单的分析。

1）从简单的说起，GO 就是执行的意思。

2）SET 参数名 ON（OFF），就是对一些参数的设置，ON 为打开，OFF 为关闭。具体的参数含义可通过帮助获得，这些设置对创建数据表来说，格式是固定的。

3）中间部分是创建数据表的主体，这里使用 Create 语句，属于数据定义语句（DDL），一般来说，不区分大小写（大写部分是关键字）它的通用格式如下：

```
CREATE TABLE
    [database_name . [ schema_name ] . |schema_name . ] table_name
        ({<column_definition>|<computed_column_definition>
            |<column_set_definition>}
        [<table_constraint>][,...n ] )
    [ON {partition_scheme_name (partition_column_name )|filegroup
        |"default" }]
    [ {TEXTIMAGE_ON {filegroup|"default" } ]
    [FILESTREAM_ON {partition_scheme_name|filegroup
        |"default" } ]
    [ WITH (<table_option>[,...n ] ) ]
```

2. 编写创建数据表的 SQL 语句

创建人员表的 SQL 脚本如下，--后面的文字是注释，需认真体会。

```
Create Table Hr.tb_Emp              --表的名字
(
Emp_No char(10) not null,           --工号,不能为空,每一列用逗号隔开
```

```
Emp_Name nchar(10) null,           --姓名,允许为空
Emp_Gender nchar(1) null,          --性别
Emp_Brith smalldatetime null,      --生日
Emp_Dep char(16) null,             --部门代号
Emp_Tel varchar(11) null,          --电话
Emp_Comp nchar(10) null,           --计算机标识名
Emp_Addr vvarchar(30) null,        --联系地址
Emp_Sal smallint null              --最后一列不加逗号
) ON Primary                       --表示此表存于数据库的主要文件组
```

## 任务实战

创建表

（1）写出创建计算机表的 SQL 脚本。

```
CREATE IT.tb_Computer
(
Comp_No nchar(10),
__________,
__________,
… …
)
```

（2）创建本项目其他数据表的 SQL 语句。

3. 小组活动

在本次的小组活动中，我们来学习 Alter Table 语句的使用。为了修改现有数据表的结构，比如增加减少一个列或改变一个列的数据类型，我们除了使用图形化工具之外，还可以使用 Alter Table 语句。

（1）创建一个同学通讯录数据表，包括编号、姓名、QQ 号、地址、电话。

```
Create Table Hr.tb_Classmates
(
Id Char(10),
Name Nchar(10),
QQ Char(20),
Addr char(20),
Tel char(11)
)
```

（2）增加一列：电子邮箱（eMail）。

```
Alter Table Hr.tb_Classmates
Add eBox varchar(30)
```

（3）查询一下，验证是否增加成功。

```
SELECT * FROM Hr.tb_Classmates
```

（4）将地址列改为可变长数据类型 Varchar（30）。

```
Alter Table Hr.tb_Classmates
Alter Column Addr varchar(30)
```

## 任务 3.4 组织证照数据

### 任务目标

经过物理设计阶段后，我们已经在数据库管理系统中部署了数据架构，具备了向架构填充数据的条件。为了避免数据的重复录入，我们的目标是将现有的 Excel 文件中的数据转入到我们的数据库管理系统中，并按数据库的标准进行规范，这也是很多信息化系统在初建阶段必须面临的任务。

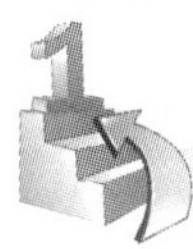

### 任务分析

Excel 中的工作表和数据库中的数据表，都是以二维表来表示数据，在结构上存在着共性，所以它们是可以互相转换的。然而，数据库对数据的管理，更加科学、严密和规范，两者存在着质的区别。它们的共性，使从 Excel 数据到数据库数据的转换成为可能，使我们可以减少重复录入数据的工作；它们的区别，使我们必须对转换到数据库中的数据作进一步的规范化处理。

### 3.4.1 使用向导引入 Excel 数据

我们现有的 Excel 文件，在项目总览中已作介绍，主要包括四个工作表，分别是证照资料、部门资料、计算机资料和人员资料，我们利用导入向导将这些数据引入到数据库的数据表中。

1. 任务名称

将工作表“证照资料”转换到数据库的 tb_Cert 数据表中。

2. 操作步骤

（1）在对象资料管理器中，右击证照数据库，在弹出的菜单中依次选择“任务”、“导入数据”，如图 3—14 所示。在弹出的窗口中单击“下一步”按钮。

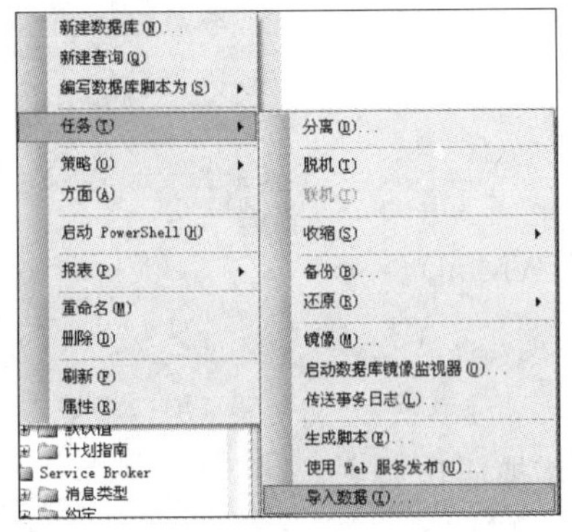


图 3—14 数据导入进入路径

（2）在弹出的窗口中，选择数据源为 Microsoft Excel，Excel 文件路径，勾选首行包含列名称，如图 3—15 所示，然后单击“下一步”按钮。

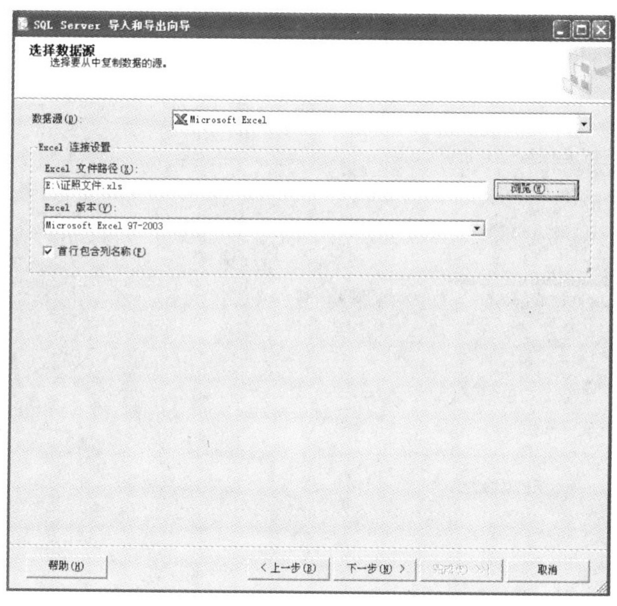


图 3—15 选择数据源

（3）在弹出的窗口中，选择目标数据源为 Microsoft OLE Provider for SQL Server，选择相应的数据库服务器名称、身份验证方式、数据库名称，如图 3—16 所示，完成后单击“下一步”按钮。

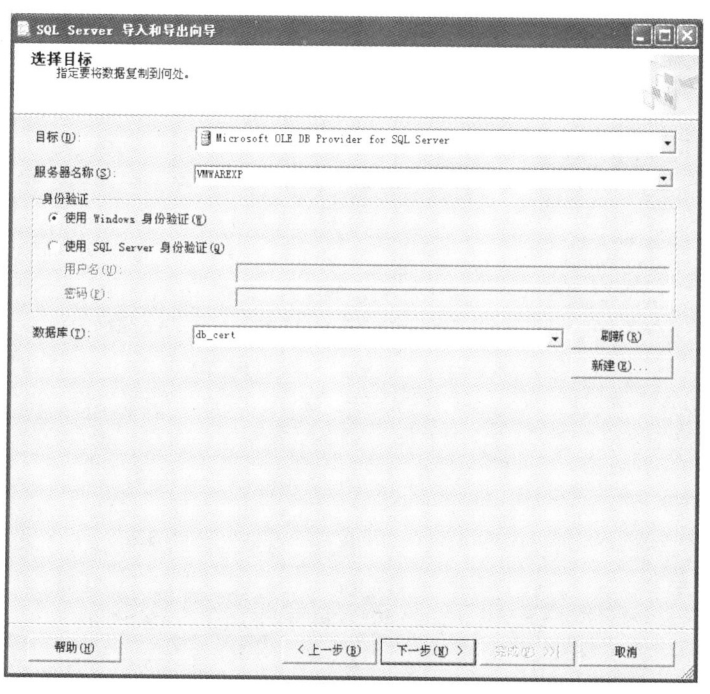


图 3—16 选择目标

（4）在弹出的窗口中，选中“复制一个或多个表或视图的数据”，如图 3—17 所示，然后单击“下一步”按钮。

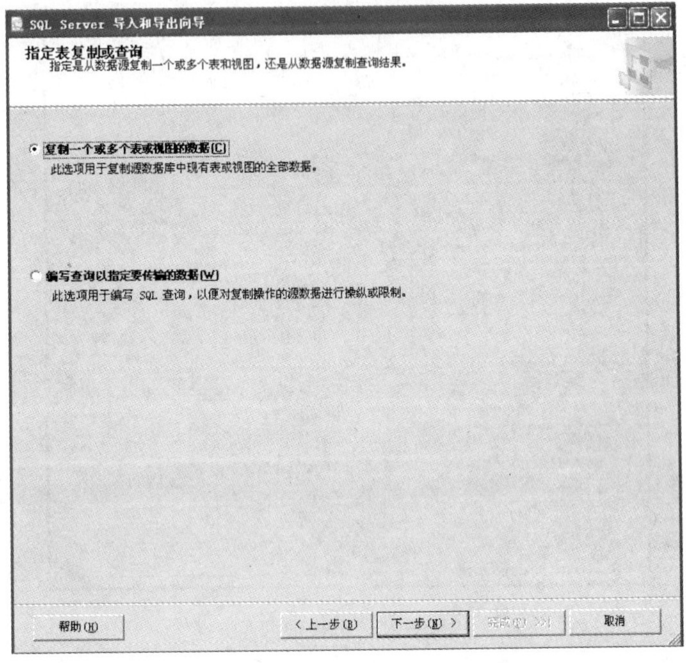


**图 3—17　指定表复制**

（5）在弹出的窗口的表和视图列中勾选证照，在目标列中选中对应的数据表 Cer. tb_Cert，如图 3—18 所示。再单击“编辑映射”按钮。

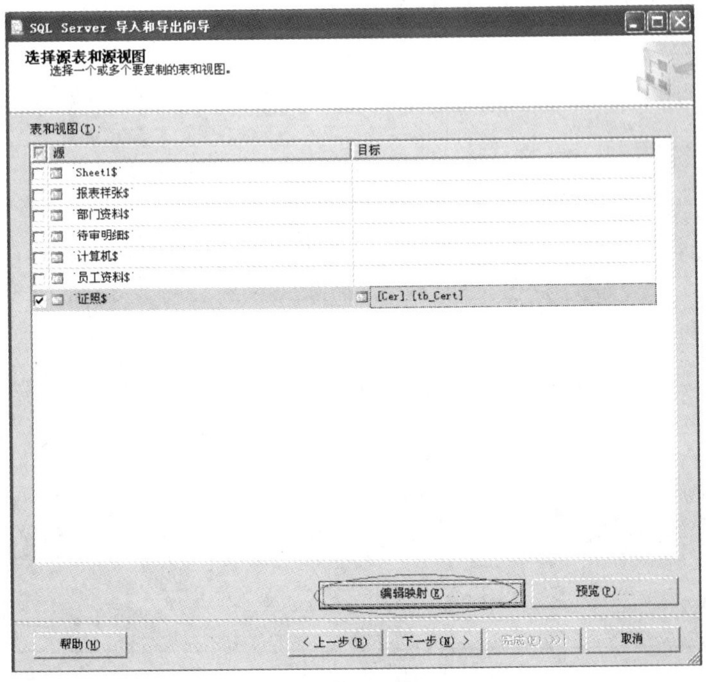


**图 3—18　选择源表**

(6) 弹出如图 3—19 所示的窗口，在源和目标中选择对应的列，单击“确定”按钮后，再在图 3—18 中单击“下一步”按钮。

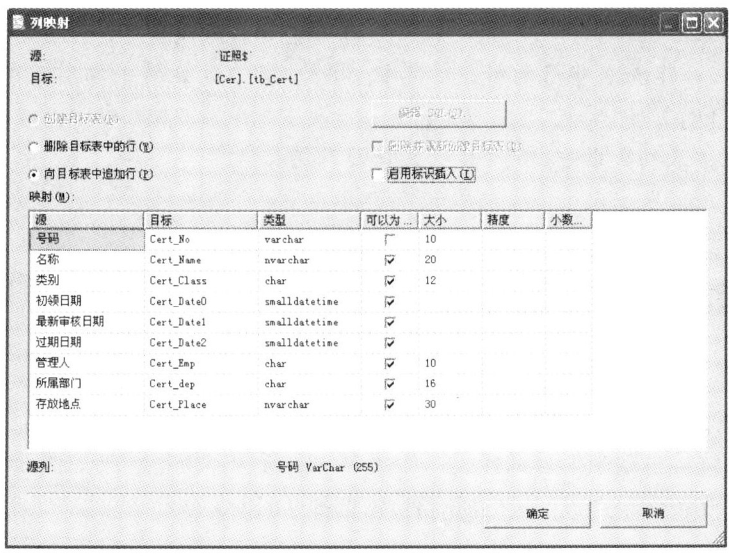


图 3—19　编辑列映射

(7) 在弹出的窗口中单击“下一步”按钮，并选择立即运行，如无错误，则运行成功后退出，如出现错误，系统会报告出错的原因，可根据提示信息查出错误，并纠正，直到完成。图 3—20 所示为成功的界面。

图 3—20　成功导入数据

**任务实战**

导入员工资料

（1）将工作表“员工资料”转换到数据库的 Tb_Emp 数据表中。

（2）将其他工作表（部门资料、计算机资料）中的数据转换到对应的数据表（Tb_Computer、Tb_Dep）中。

（3）试将数据表的数据导出到 Excel 文件的工作表中。

### 3.4.2 快速浏览表数据

数据转入后，我们可以通过下面两种方法对数据表中的数据进行快速浏览，以确认数据是否完整。

1. 使用图形化工具浏览数据

在对象资源管理器中，右击表的名称，在弹出的菜单中选择“选择前 1000 行”，如图 3—21 所示。系统将自动产生查询代码，如图 3—22 所示。执行结果如图 3—23 所示。Top 1000 表示前 1000 条记录，查询表的所有列和记录，可以写为：

```
Select * from db_cert. Cer. tb_cert
```

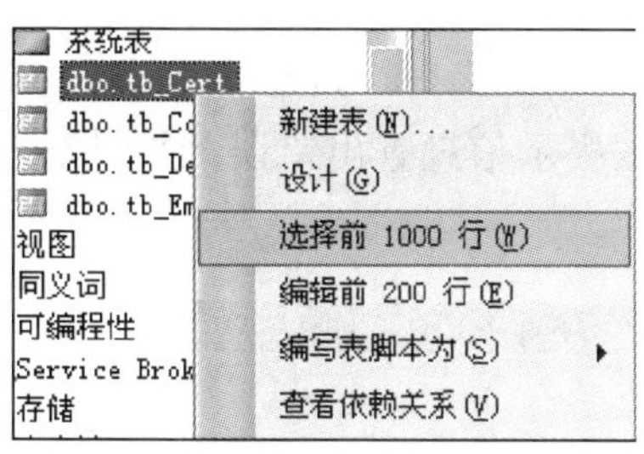


图 3—21 查询表中的数据

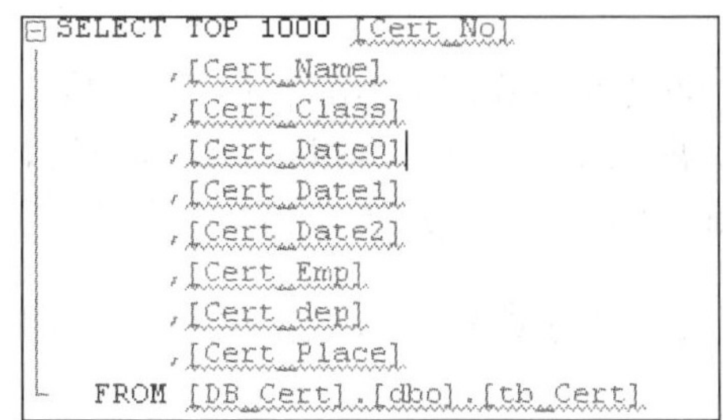


图 3—22 查询脚本

结果 | 消息

| | Cert_No | Cert_Name | Cert_Class | Cert_Date0 | Cert_Date1 | Cert_Date2 | Cert_Emp | Cert_dep | Cert_Place |
|---|---|---|---|---|---|---|---|---|---|
| 1 | 001323 | 集团营业执照 | 营业执照 | 1992-05-18 00:00:00 | 2007-01-23 00:00:00 | 2010-01-22 00:00:00 | 张大力 | 董事长办公室 | 总部 |
| 2 | 352021 | 粤北厂税务 | 税务登记证 | 1992-05-19 00:00:00 | 2000-03-28 00:00:00 | 2010-03-27 00:00:00 | 李大个 | 总经理办公室 | 粤北厂 |
| 3 | 0254158 | 宝马行驶证 | 行驶证 | 1999-11-20 00:00:00 | 2004-08-17 00:00:00 | 2010-08-16 00:00:00 | 苗苗 | 审计部 | 李司机 |
| 4 | 074531 | 副董驾驶证 | 驾驶证 | 1992-05-21 00:00:00 | 2008-08-12 00:00:00 | 2012-08-11 00:00:00 | 蒂蒂 | 工会 | 副董 |
| 5 | 200154 | 三厂卫生许可证 | 卫生许可证 | 1997-05-22 00:00:00 | 2003-05-21 00:00:00 | 2013-05-20 00:00:00 | 雨滴 | 市场部 | 三厂 |
| 6 | 013658 | 养生茶批文 | 产品批文 | 2002-12-23 00:00:00 | 2006-12-20 00:00:00 | 2011-12-30 00:00:00 | 威威 | 财务部 | 产品开发部 |

图 3—23 证照表查询结果

2. 使用 SQL 语句浏览数据

单击工具栏中的“新建查询”，然后在查询窗口输入查询语句，然后按 F5 或单击执行按钮，就能得到如图 3—24 所示的结果。

```
use DB_Cert
go
select * from Hr. tb_emp        --查询员工资料
select * from Hr. tb_dep        --查询部门资料
```

我们必须想办法将这一结果集直接插入到类别表中，但是这一结果集的编号是不可访问的，也就是说这一结果集只有一列数据，而我们的类别表有两列，相差一列数据。如果我们将类别编号改为自动编号，在插入数据时就可以不提供列值，其值由系统自动编排，这样我们就可以方便地从证照表中轻松地将数据转入到类别表中了。

修改类别表的类别编号为自动编号的方法如图3—27所示，将数据类型改为int，再将其属性改为标识，标识种子为1，表示从1开始，标识增量为1，表示每次递增1。

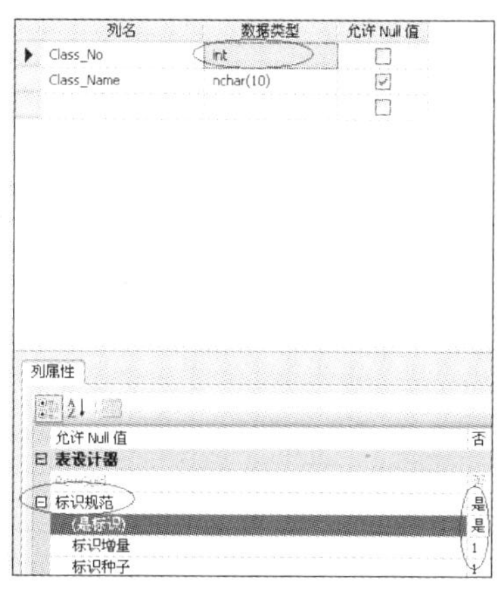

图3—27　修改类别编号

修改并保存成功后，向该表插入数据时，就不能提供类别编号了，因为该编号是由系统自动完成的。例如，我们执行语句：

```
Insert Into Cer.tb_Class(Class_Name) Values('税务登记证')    --插入一行,只提供类别名称
select * from Cer.tb_Class                                  --查询表中的数据
```

其结果如图3—28所示。

|  | Class_No | Class_Name |
|---|---|---|
| 1 | 1 | 税务登记证 |

图3—28　类别表的数据

这样我们就具备了通过证照类别表中的类别名称直接插入到类别表的条件。这种将一个表中的某些列的数据插入到另一个表中的做法，在生产实践中经常用到。完成步骤如下：

（1）任务内容。将证照表中的证照类别名称插入到类别表中。

（2）分析。该表的数据，就是证照表中所有的类别（必须清除重复的数据）

（3）完成步骤。

第一步，清除类别表中的所有记录，否则可能会产生重复，并验证执行结果。

```
DELETE FROM Cer.tb_Class
```

第二步，查询证照表中所有的类别名称，要求不能重复，并验证执行结果。

```
SELECT DISTINCT cert_Class FROM Cer.tb_cert
```

第三步，插入数据。

```
INSERT INTO Cer.tb_Class(class_Name)          --其值由下一语句的执行结果提供
```

```
SELECT DISTINCT cert_Class FROM Cer.tb_cert      --执行结果值插入到 tb_Class 表中
```

第四步，验证结果，执行以下语句，将可得到目前证照表已有的所有类别名称。如图3—29 所示。

```
SELECT * FROM Cer.tb_Class_
```

结果 | 消息

| | Class_No | Class_Name |
|---|---|---|
| 1 | 2 | 备案 |
| 2 | 3 | 护照 |
| 3 | 4 | 驾驶证 |
| 4 | 5 | 税务登记证 |
| 5 | 6 | 卫生许可证 |
| 6 | 7 | 行驶证 |
| 7 | 8 | 营业执照 |
| 8 | 9 | Z |

**图 3—29　证照类别表**

## 任务实战

将证照表中的部门名称插入到部门表中

（1）确定部门表的结构。

```
Select * From Hr.tb_Dep
```

执行以上语句，得到结果是：包含三列，依次是部门编号：_____________，部门名称：_____________，经理姓名：_____________。

（2）从证照表中查出部门名称。

```
Select Cer_Dep From Cer.tb_Cert
```

执行以上语句，得到结果是：共有_________条记录？有重复的吗？_________。

（3）使用语句清除重复的记录。

```
Select Distinct Cer_Dep From Cer.tb_Cert
```

执行以上语句，得到结果是：共有_________条记录？有重复的吗？_________。

（4）将（3）的执行结果插入到部门表中，这里只提供部门名称。

```
Insert Into Hr.tb_Dep(Dep_Name)
Select Distinct Cer_Dep From Cer.tb_Cert
```

**注意：** 如果以上语句不能执行，可能是因为部门编号不能为空，可使用 Alter Table 语句暂时允许部门编号可以为空。（Alter Table cer.tb_Dep alter column Dep_No char(16) null）

执行以上语句，得到结果是：共有_________条记录被插入？

（5）验证一下部门表中的记录。

```
Select * From Hr.tb_Dep
```

执行以上语句，得到结果是：共有________条记录。

（6）加入部门编号。按图 3—24 加入部门编号。

```
Update Hr.tb_Dep set Dep_No = '101' Where Dep_Name = N'董事长办公室'
……
```

也可右击表，在弹出的菜单中选择编辑前 200 行，然后直接进行修改。

（7）删除表中的所有数据。

```
Delete ________________________。
```

（8）再从 Excel 中重新导入部门表数据，并验证导入的数据是完整的。

---

3. 将证照表中类别名称修改为类别编号

我们已成功地将证照表中的类别名称插入到类别表中，然而，证照表中依然保存着类别名称，按照我们在逻辑设计中的结论，应该将这个类别名称改为类别编号，该编号对应着相应的类别名称。这需要用到 Update 语句，而且要比前面的复杂一点，是要用一个表的数据去 Update 另一个表中的数据，下面举例说明。

（1）任务名称：用类别表中的类别编号代替证照表中的类别名称。

（2）实施过程。

第一步，找到这两个表的关联字段，这里是 Cer.tb_Class 的类别名称（Class_Name）和 Cer.tb_Cert 的类别名称（Cert_Class），注意，不是类别编号，因为此时证照表中并未有类别编号数据。

第二步，确定源表（提供数据的表）和目标表（需要更新的表），显然，源表是 Cer.tb_Class，目标表是 Cer.tb_Cert。

第三步，确定源列和目标列，源列就是源表中提供数据的列，即 Cer.tb_Class.Class_No；目标列就是目标表中需要更新的列，这里是 Cer.tb_Cert.Cert_Class。

第四步，按下面形式书写 SQL 语句。

UPDATE 目标表 SET 目标列＝源列 FROM 源表 WHERE 源表．关联字段＝目标表．关联字段，即：

```
UPDATE Cer.tb_Cert SET Cert_Class  = Cer.tb_Class.Class_Name
FROM Cer.tb_Class WHERE Cer.tb_Cert.Cert_Class  = Cer.tb_Class.Class_Name
```

如果为源表起个别名（Alias），还可以简化。

UPDATE 目标表 SET 目标列＝源列 FROM 源表 别名 WHERE 源表．关联字段＝目标表．关联字段

```
UPDATE Cer.tb_Cert SET Cert_Class  = Cls.Class_Name
FROM Cer.tb_Class Alias WHERE Cer.tb_Cert.Cert_Class  = Cls.Class_Name
```

第五步，验证结果，检查修改后的数据是否符合要求。如图 3—30 所示。

4. 实验与交流

（1）将证照表中的部门名称改为部门编号。

1）认识此类语句的一般形式。设有 A（a1，a2）、B（b1，b2）两表，当 a1＝b1 时，用

b2 更新 a2，那么语句的形式是。

Update A Set A. a2＝B. b2 From B Where A. a1＝B. b1

2）本任务中，A＝（　　），a1＝（　　），a2＝（　　）；B＝（　　），b1＝（　　），b2＝（　　）。

3）因此，真正的语句是：

Update ____________ Set ____________ From Hr. tb_Dep

Where ____________ ＝ ____________

（2）将证照表中的管理人改为管理人编号。

1）根据（1）1）中的形式，写出如下内容。

本任务中，A＝（　　），a1＝（　　），a2＝（　　）；B＝（　　　），b1＝（　　），b2＝（　　）。

2）写出真正的语句如下。

Update ________________________________________________________________

________________________________________________________________________。

3）使用查询语句验证效果。

```
Select * From Cer. tb_Cert
```

| | Cert_No | Cert_Name | Cert_Class | Cert_Date0 | Cert_Date1 | Cert_Date2 | Cert_Emp | Cert_dep | Cert_Plac |
|---|---|---|---|---|---|---|---|---|---|
| 1 | 001323 | 集团营业执照 | 8 | 1992-05-18 00:00:00 | 2007-01-23 00:00:00 | 2010-01-22 00:00:00 | 张大力 | 董事长办公室 | 总部 |
| 2 | 352021 | 粤北厂税务 | 5 | 1992-05-19 00:00:00 | 2000-03-28 00:00:00 | 2010-03-27 00:00:00 | 李大个 | 总经理办公室 | 粤北厂 |
| 3 | 0254158 | 宝马行驶证 | 7 | 1999-11-20 00:00:00 | 2004-08-17 00:00:00 | 2010-08-16 00:00:00 | 苗苗 | 审计部 | 李司机 |
| 4 | 074531 | 副董驾驶证 | 4 | 1992-05-21 00:00:00 | 2008-08-12 00:00:00 | 2012-08-11 00:00:00 | 蓉蓉 | 工会 | 副董 |
| 5 | 200154 | 三厂卫生许可证 | 6 | 1997-05-22 00:00:00 | 2003-05-21 00:00:00 | 2013-05-20 00:00:00 | 雨滴 | 市场部 | 三厂 |
| 6 | 013658 | 养生茶批文 | 2 | 2002-12-23 00:00:00 | 2006-12-20 00:00:00 | 2011-12-30 00:00:00 | 威威 | 财务部 | 产品开发 |
| 7 | 230078 | 董秘驾驶证 | 4 | 2001-06-24 00:00:00 | 2001-06-01 00:00:00 | 2013-05-31 00:00:00 | 刘一一 | 技术部 | 董秘 |
| 8 | 086231 | 一厂卫生证 | 6 | 1999-08-25 00:00:00 | 2007-02-02 00:00:00 | 2012-01-31 00:00:00 | 小杰 | 开发部 | 一厂 |
| 9 | 90866 | 饮品批文 | 2 | 1992-05-26 00:00:00 | 2005-10-20 00:00:00 | 2010-10-19 00:00:00 | 小龙 | 行政部 | 产品开发 |
| 10 | 001521 | 华南市场执照 | 8 | 2008-05-27 00:00:00 | 2009-01-23 00:00:00 | 2014-01-22 00:00:00 | 小华 | 电脑部 | 华南市场 |
| 11 | 440213 | 华东税务 | 5 | 1992-05-28 00:00:00 | 2007-02-21 00:00:00 | 2012-02-20 00:00:00 | 健健 | 生产厂一 | 华东市场 |
| 12 | 024668 | 越野行驶证 | 7 | 2007-11-29 00:00:00 | 2009-05-20 00:00:00 | 2014-05-19 00:00:00 | 安安 | 生产厂二 | 汤司机 |
| 13 | 025843 | 董事长护照 | 3 | 2002-01-31 00:00:00 | 2008-02-28 00:00:00 | 2013-12-27 00:00:00 | 彭华 | 生产厂三 | 董办 |

**图 3—30　将类别名称改为类别编号后的证照数据**

## 项目小结

本项目为完成 Excel 文件到数据库的转换，共做了如下工作：概念设计、逻辑设计、物理设计、数据导入、数据查询（Select）和数据规范化（INSERT，UPDATE 和 DELETE），为后面的任务做好了准备。

# 子项目4　查询证照项目数据

## 情境描述

听说公司的证照资料已从Excel管理模式转换到数据库管理模式，各部门的相关人员都想先睹为快，于是纷纷向电脑部的小华提出各种各样的查询要求，如表4—1所示。面对名目繁多的查询任务，小华处理得有条不紊，忙得不亦乐乎。

是什么秘密武器具备如此强大的功能呢？这正是本子项目要讨论并完成的任务。

表4—1　　主要查询任务

| 查询部门 | 查询要求 |
| --- | --- |
| 财务部 | 税务登记证详细情况 |
| 行政部 | 某某车辆最近的年审时间 |
| 生产厂 | 卫生许可证什么时候需要换证 |
| 董事长办公室 | 董事长的护照什么时候过期 |
| 档案室 | 下个月到期的证照统计表 |
| | 某人负责的证照清单 |
| | 某证照的负责人的详细情况 |

我们已经将Excel文件转换成数据库，所以不能按照旧的方法去完成查询任务，而是应该采用新的方法——数据库查询。数据库查询就是用户向数据库提出问题，数据库做出回答，不过，我们必须用数据库查询语言。只要学会了数据库查询语言，采用正确的查询方法，数据库就能回答我们的查询问题。所以，我们必须先学会数据库查询语言，才能完成证照查询任务。

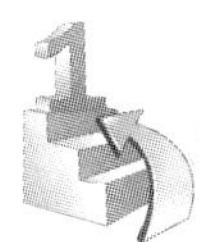

## 任务分析

根据情境描述的内容和分析，结合数据库查询的特点，我们把数据查询的任务分为以下四个子任务：

1. 使用Select语句检索数据。
2. 使用连接查询检索数据。

3. 使用嵌套查询检索数据。

4. 使用索引提高查询速度。

## 任务 4.1　使用 Select 语句检索数据

### 任务目标

利用 Select 语句从数据库中检索满足一定条件的数据，并能对检索结果做一定的处理以满足不同的需要。

### 4.1.1　如何使用 Select 语句

Select 语句是数据库应用技术的核心，学习 SQL Server 的过程中使用最多的可能就是 Select 语句。Select 语句格式中除了一些基本参数外，还有大量的选项可以用于数据查询。当我们构造 Select 语句的时候，熟悉所有的可能选项将会更有效地实现数据查询。

1. 简单查询

简单查询的语句格式：

SELECT [ALL | DISTINCT] select _ list

FROM table _ name

其中，select _ list 中用 * 表示当前表或视图的所有列；用 table _ name. * 表示指定表或视图的所有列；用 column _ name1 [[AS] column _ title1], column _ name2 [[AS] column _ title2] [, ...]或者用[column_title1＝]column_name1[, column_title2＝]column_name2[, ...]表示指定列并更改列标题。

ALL 和 DISTINCT 是 Select 语句中的可选项，用于在查询结果中清除重复行。如果想在指定的列中检索单一记录，可以使用“DISTINCT”关键字，因为 DISTNCT 将会丢弃 SELECT 指定列的重复记录；如果需要显示结果表中的重复行，可以指定“ALL”，意为保留结果表中所有的行。

**[例 4—1]** 查询证照资料表全部信息，其命令为：

```
SELECT * FROM Cer.tb_Cert
```

SQL 编辑器中输入并运行上述语句的结果如图 4—1 所示。

| | Cert_No | Cert_Name | Cert_Class | Cert_Date0 | Cert_Date1 | Cert_Date2 | Cert_Emp | Cert_dep | Cert_Place |
|---|---|---|---|---|---|---|---|---|---|
| 1 | 1323 | 集团营业执照 | G | 1992-05-18 00:00:00 | 2007-01-23 00:00:00 | 2010-01-22 00:00:00 | 101002 | 101 | 总部 |
| 2 | 13658 | 养生茶批文 | A | 2002-12-23 00:00:00 | 2006-12-20 00:00:00 | 2011-12-30 00:00:00 | 103005 | 202 | 产品开发部 |
| 3 | 1521 | 华南市场执照 | G | 2008-05-27 00:00:00 | 2009-01-23 00:00:00 | 2014-01-22 00:00:00 | 206008 | 206 | 华南市场 |
| 4 | 200154 | 三厂卫生许可证 | E | 1997-05-22 00:00:00 | 2003-05-21 00:00:00 | 2013-05-20 00:00:00 | 102004 | 201 | 三厂 |
| 5 | 230078 | 董秘驾驶证 | C | 2001-06-24 00:00:00 | 2001-06-01 00:00:00 | 2013-05-31 00:00:00 | 103007 | 203 | 董秘 |
| 6 | 24668 | 越野行驶证 | F | 2007-11-29 00:00:00 | 2009-05-20 00:00:00 | 2014-05-19 00:00:00 | 502001 | 502 | 汤司机 |
| 7 | 254158 | 宝马行驶证 | F | 1999-11-20 00:00:00 | 2004-08-17 00:00:00 | 2010-08-16 00:00:00 | 102002 | 103 | 李司机 |
| 8 | 25843 | 董事长护照 | B | 2002-01-31 00:00:00 | 2008-02-28 00:00:00 | 2013-12-27 00:00:00 | 503003 | 503 | 董办 |
| 9 | 352021 | 粤北厂税务 | D | 1992-05-19 00:00:00 | 2000-03-28 00:00:00 | 2010-03-27 00:00:00 | 102003 | 102 | 粤北厂 |
| 10 | 440213 | 华东税务 | D | 1992-05-28 00:00:00 | 2007-02-21 00:00:00 | 2012-02-20 00:00:00 | 501001 | 501 | 华东市场... |
| 11 | 74531 | 副董驾驶证 | C | 1992-05-21 00:00:00 | 2008-08-12 00:00:00 | 2012-08-11 00:00:00 | 102007 | 104 | 副董 |
| 12 | 86231 | 一厂卫生证 | E | 1999-08-25 00:00:00 | 2007-02-02 00:00:00 | 2012-01-31 00:00:00 | 104002 | 204 | 一厂 |
| 13 | 90866 | 饮品批文 | A | 1992-05-26 00:00:00 | 2005-10-20 00:00:00 | 2010-10-19 00:00:00 | 104005 | 205 | 产品开发部 |

图 4—1　例 4—1 中语句的运行结果

查询全部列，即将表中的所有列都选出来，一般有两种方法。一是简单地将目标列选项指定为 *，此时列的显示顺序与其在基表中的顺序相同；二是在 SELECT 的后面列出所有列名，不过目标列所显示顺序与其在基表中的顺序可以不同。下面的语句就说明这个问题。

```
SELECT
Cert_No,Cert_Name,Cert_Class,Cert_Date0,Cert_Date1,Cert_Date2,Cert_Emp,Cert_Dep,Cert_Place
FROM Cer.tb_Cert
```

在很多情况下，用户只对表中的一部分列值感兴趣，这时可以通过在 Select 子句中通过选项({column_name1,column_name2[, ...]}来指定要查询的目标列。各个列的先后顺序可以与表中的顺序不一致，用户可以根据应用的需要改变列的现实顺序。

**[例 4—2]** 在证照资料表中查询所有驾驶证的号码、名称、过期日期，具体命令如下：

```
SELECT Cert_No 号码, Cert_Name AS 名称, 过期日期 = Cert_Date2
FROM Cer.tb_Cert
WHERE Cert_Class  = 'C'
```

在 SQL 编辑器中运行上述语句的结果如图 4—2 所示。

| | 号码 | 名称 | 过期日期 |
|---|---|---|---|
| 1 | 230078 | 重秘驾驶证 | 2013-05-31 00:00:00 |
| 2 | 74531 | 副重驾驶证 | 2012-08-11 00:00:00 |

**图 4—2　例 4—2 中 Select 语句的运行结果**

如果在 Select 语句中有表达式或者对某列进行了运算，那么由表达式生成的列的列标题就是空白。此时，如果想要为空白列提供一个列标题，就可以通过对某一列指定一个列标题(column _ title）来实现。不过，如果被指定的列标题中包含空格，则被指定的列标题必须用双引号括起来。

使用 Select 子句在取出某个列值的同时，可以用汉字标题更改结果集中的列名，这样使得结果集更具可读性。这里，我们使用了三种形式来将汉字标题替换列名。

**[例 4—3]** 显示计算机信息表中的院系编号，查询结果中清除重复行，具体命令如下。

```
SELECT DISTINCT Comp_OS 操作系统 FROM it.tb_computer
```

在 SQL 编辑器中运行上述语句的结果如图 4—3 所示。

| | 操作系统 |
|---|---|
| 1 | Linux |
| 2 | Vista |
| 3 | Win2003 |
| 4 | Windows2000 |
| 5 | Windows2003 |
| 6 | XP |
| 7 | XP-sp2 |
| 8 | XP-SP3 |

**图 4—3　查询语句的运行结果中没有重复行**

ALL 将显示数据表中所有指定的行，包括列值重复的数据行。在没有指定的时候，这个 ALL 关键字是缺省的。下面为没有使用 DISTINCT，默认 ALL 的命令形式。

```
SELECT Comp_OS 操作系统 FROM it.tb_computer
```

在 SQL 编辑器中运行上述语句的结果如图 4—4 所示。

| | 操作系统 |
|---|---|
| 1 | XP |
| 2 | Windows2000 |
| 3 | Vista |
| 4 | Windows2003 |
| 5 | XP |
| 6 | XP |
| 7 | Vista |
| 8 | XP-sp2 |
| 9 | XP-SP3 |
| 10 | Win2003 |
| 11 | Linux |
| 12 | XP |
| 13 | Linux |
| 14 | XP |
| 15 | XP |
| 16 | XP |
| 17 | XP |

**图 4—4　查询语句的运行结果中出现重复行**

注意，DISTINCT 关键字的作用范围是整个 SELECT 列表，而不是针对某一列。上述语句显示了对院系编号检索的结果。如果在 SELECT 列表中包含了两列或者更多的列，那么显示的结果将是这两列或者更多列的唯一组合。

2. FROM 子句与 INTO 子句

Select 语句是用于查询指定的数据表、并满足指定条件的数据。Select 语句主要有五个子句提供选择，每一个子句有大量的选择项、参数等，这些子句将罗列在 SELECT 后面，而 FROM 是唯一必须的子句。以后的章节，我们针对每一个子句都将进行详细的描述。

（1）FROM 子句的语法格式

SELECT column_name1，column_name2[,...]

FROM table_name1[,table_name2,...]

FROM 子句指定 Select 语句查询的一个或多个表，最多可以指定 16 个表，每一个表名均用逗号分隔。即从指定的数据表 table_name1[,table_name2,...]的记录中，检索（SELECT）出指定的列 column_name1，column_name2[,...n]形成结果集。不过，FROM 后面的表名在两个或者两个以上时，SELECT 列表中应该采用 table_name.[column_name]形式限定列所属的表。

**[例 4—4]** 在证照资料表中查询“董事长护照”的相关号码、名称、过期日期，具体命令如下，查询结果如图 4—5 所示。

| | Cert_No | Cert_Name | Cert_Date2 |
|---|---|---|---|
| 1 | 25843 | 董事长护照 | 2013-12-27 00:00:00 |

**图 4—5　查询语句的运行结果**

```
SELECT Cer.tb_Cert.Cert_No, Cer.tb_Cert.Cert_Name, Cer.tb_Cert.Cert_Date2
FROM Cer.tb_Cert
```

```
WHERE Cer.tb_Cert.Cert_Name ='董事长护照'
```

（2）INTO 子句的语法格式

SELECT column_name1，column_name2[,... n]

[INTO new_table]

FROM table_name

在使用 Select 语句检索数据时，利用 INTO 子句在 Select 语句的运行过程中创建一个表，所创建的表中所包含的内容就是检索的结果。通常，可使用这种方法来创建临时表，以便在随后的开发过程中使用。

**[例 4—5]** 将证照资料表中查询到的结果，如“董事长护照”相关号码、名称、过期日期作为新建的临时表，具体命令如下：

```
SELECT Cer.tb_Cert.Cert_No, Cer.tb_Cert.Cert_Name, Cer.tb_Cert.Cert_Date2
INTO Cer.new_tb_Cert
FROM Cer.tb_Cert
WHERE Cer.tb_Cert.Cert_Name ='董事长护照'
```

使用 Select 和 INTO 子句创建一个新表 Cer.new_tb_Cert，该表中包含 Cert_No、Cert_Name、Cert_Date2，且这些列的内容必须满足 Cer.tb_Cert 表中 Cert_Name 为“董事长护照”的条件。这些结果不会返回给用户。

3. Where 子句

（1）Where 子句的语法格式。

SELECT column_name1,column_name2[,... n]

FROM table_name

WHERE search_condition

根据 Where 子句的搜索条件表达式（search _ condition），从 FROM 子句指定的表中找出满足条件的记录，再按 Select 子句中的目标列，选出记录中的列值形成结果集。

Where 子句中常用的查询条件包括比较、确定范围、确定集合、字符匹配、空值、多重条件等，具体如下：

1）比较，比较包括的运算符主要有<、<=、>、>=、=、<>等；

2）确定范围，包括 BETWEEN A AND B 与 NOT BETWEEN A AND B；

3）确定集合，包括 IN、NOT IN 等；

4）字符匹配，包括 LIKE、NOT LIKE；

5）空值，主要有 IS NULL、IS NOT NULL；

6）多重条件，主要有 AND、OR、NOT 等。

注意，使用 Where 子句来限制查询的范围，必须紧跟 FROM 子句之后。

（2）查询满足条件的记录

查询满足条件的记录可以通过 Where 子句来实现。Where 子句对应于关系代数中的选择，使 Where 子句中的逻辑表达式返回 True 值的记录，是符合要求的记录，将被选择出来。

**[例 4—6]** 查询证照类别为“驾驶证”的管理人、所属部门、存放地点，具体命令

如下。

```
SELECT Cert_Emp, Cert_dep, Cert_Place
FROM Cer.tb_Cert
WHERE Cert_Class = 'C'
```

在 SQL 编辑器中运行上述语句的结果如图 4—6 所示。

| | Cert_Emp | Cert_dep | Cert_Place |
|---|---|---|---|
| 1 | 103007 | 203 | 董秘 |
| 2 | 102007 | 104 | 副董 |

**图 4—6　例 4—6 中 Select 语句的运行结果**

Where 子句中的 search_condition，可以使用 BETWEEN… AND 运算符和 LIKE 操作数。例如：查询列值（column_name）或列值表达式（expression）在或不在指定范围内的记录使用下列条件。

{column_name|expression} BETWEEN value1 AND value2

{column_name|expression} [NOT] BETWEEN value1 AND value2

其中 value1 为范围的下限（低值），value2 为范围的上限（高值）。选出的记录包括边界 value1 与 value2，要求 value1<=value2。

**[例 4—7]** 查询初领日期在 1992-01-01 至 1992-12-31 的证照的名称、初领日期、存放地点，具体命令如下：

```
SELECT Cert_Name,Cert_Date0,Cert_Place
FROM Cer.tb_Cert
WHERE Cert_Date0 BETWEEN '01/01/1992' AND '12/31/1992'
```

在 SQL 编辑器中运行上述语句的结果如图 4—7 所示。

| | Cert_Name | Cert_Date0 | Cert_Place |
|---|---|---|---|
| 1 | 集团营业执照 | 1992-05-18 00:00:00 | 总部 |
| 2 | 粤北厂税务 | 1992-05-19 00:00:00 | 粤北厂 |
| 3 | 华东税务 | 1992-05-28 00:00:00 | 华东市场财务 |
| 4 | 副董驾驶证 | 1992-05-21 00:00:00 | 副董 |
| 5 | 饮品批文 | 1992-05-26 00:00:00 | 产品开发部 |

**图 4—7　例 4—7 中 Select 语句的运行结果**

字符匹配可以使用 LIKE、NOT LIKE 来进行字符串的匹配。其一般格式为：

[NOT] LIKE '<字符串>' [ESCAPE '<换码字符>']

功能是查询指定的列值与<字符串>相匹配的记录。

其中，<字符串>可以是一个由数字或字母组成的字符串，也可以是含有通配符的字符串。通配符包括‘%’、‘_’。百分号（%）代表任意长（包括长度为 0）字符串；下划线（_）代表任意单个字符。<换码字符>可以是任意字符，如 a，b，c，d…。

当 LIKE 后面的匹配串中不含有通配符时，则 LIKE 等价于=（等号），NOT LIKE 等价于!=或<>（不等号）。

**[例 4—8]** 列出存放地点的第一个字为“董”、总共为两个字的证照的名称、初领日期、存放地点，具体命令如下。

```
SELECT Cert_Name, Cert_Date0, Cert_Place
FROM Cer.tb_Cert
WHERE Cert_Place LIKE '董_'
```

在 SQL 编辑器中运行上述语句的结果如图 4—8 所示。

| | Cert_Name | Cert_Date0 | Cert_Place |
|---|---|---|---|
| 1 | 董秘驾驶证 | 2001-06-24 00:00:00 | 董秘 |
| 2 | 董事长护照 | 2002-01-31 00:00:00 | 董办 |

**图 4—8　例 4—8 中 Select 语句的运行结果**

如果用户要查询的字符串本身就含有%或 _ ，这时要使用 ESCAPE 关键字对通配符进行转义。在 ESCAPE 关键字之后可以规定希望用作扩展字符的字符，表示在字符串表达式之后的字符应该在文字上匹配。

［**例 4—9**］查询证照资料表中存放地点不为空的证照名称、初领日期、存放地点，具体命令如下：

```
SELECT Cert_Name 证照名称, Cert_Date0 初领日期, Cert_Place 存放地点
FROM Cer.tb_Cert
WHERE Cert_Place IS NOT NULL
```

在 SQL 编辑器中运行上述语句的结果如图 4—9 所示。

| | 证照名称 | 初领日期 | 存放地点 |
|---|---|---|---|
| 1 | 集团营业执照 | 1992-05-18 00:00:00 | 总部 |
| 2 | 养生茶批文 | 2002-12-23 00:00:00 | 产品开发部 |
| 3 | 华南市场执照 | 2008-05-27 00:00:00 | 华南市场 |
| 4 | 三厂卫生许可证 | 1997-05-22 00:00:00 | 三厂 |
| 5 | 董秘驾驶证 | 2001-06-24 00:00:00 | 董秘 |
| 6 | 越野行驶证 | 2007-11-29 00:00:00 | 汤司机 |
| 7 | 宝马行驶证 | 1999-11-20 00:00:00 | 李司机 |
| 8 | 董事长护照 | 2002-01-31 00:00:00 | 董办 |
| 9 | 粤北厂税务 | 1992-05-19 00:00:00 | 粤北厂 |
| 10 | 华东税务 | 1992-05-28 00:00:00 | 华东市场... |
| 11 | 副董驾驶证 | 1992-05-21 00:00:00 | 副董 |
| 12 | 一厂卫生证 | 1999-08-25 00:00:00 | 一厂 |
| 13 | 饮品批文 | 1992-05-26 00:00:00 | 产品开发部 |

**图 4—9　例 4—9 中 Select 语句的运行结果**

涉及空值查询时使用 IS NULL 或 IS NOT NULL，这里的 IS 不能用“＝”替代。

当查询条件涉及多个时，可以用逻辑运算符 AND 和 OR 来连接多个查询条件。AND 的优先级高于 OR，但是可以用括号改变优先级。

［**例 4—10**］查询员工表中工号为“101002”、性别为男的工号、姓名、出生日期、所属部门、电话、联系地址、邮箱，具体命令如下：

```
SELECT Emp_No,Emp_Name,Emp_Birth,Emp_Dep,Emp_Tel,Emp_Addr,Emp_Mail
FROM tb_Emp
WHERE Emp_No ='101002' AND Emp_Gender ='男'
```

在 SQL 编辑器中运行上述语句的结果如图 4—10 所示。

| | Emp_No | Emp_Name | Emp_Birth | Emp_Dep | Emp_Tel | Emp_Addr | Emp_Mail |
|---|---|---|---|---|---|---|---|
| 1 | 101002 | 张大力 | 1972-05-18 00:00:00 | 董事长办公室 | 1391394322 | 广州中山路 | zdl@sql.com |

图 4—10　例 4—10 中 Select 语句的运行结果

AND 运算符可以在 Where 子句中连接两个或者多个条件。AND 条件的两旁必须都为 true（真），即两个条件都同时满足的时候，这些行才将被显示。

［**例 4—11**］从员工表中选择工资级别大于等于 2 并且出生日期为 1982－1－1 之后的员工工号、姓名、出生日期和工资级别，查询结果如图 4—11 所示。

```
SELECT Emp_No,Emp_Name,Emp_Birth,Emp_Sal
FROM Hr.tb_Emp
WHERE Emp_Sal > = 2 AND Emp_Birth >'1/1/1982'
```

| | Emp_No | Emp_Name | Emp_Birth | Emp_Sal |
|---|---|---|---|---|
| 1 | 102002 | 苗苗 | 1982-04-04 00:00:00 | 3 |
| 2 | 102003 | 李大个 | 1982-05-19 00:00:00 | 2 |
| 3 | 102004 | 雨滴 | 1997-05-22 00:00:00 | 3 |
| 4 | 102007 | 蓉蓉 | 1985-03-07 00:00:00 | 2 |
| 5 | 201002 | 陈飞飞 | 1990-08-25 00:00:00 | 3 |

图 4—11　例 4—11 中 Select 语句的运行结果

这条 SQL 语句中，只有当 AND 运算符两旁的条件都为真，Select 语句才会将检索结果返回。如果其中有一个条件为假，那么就什么都没有显示。可以使用圆括号将条件括起来，虽然它们也不一定是必需的，但是括起来看起来更清晰一些，这是一个习惯的问题。例如，上例可以写成以下形式：

```
SELECT Emp_No,Emp_Name,Emp_Birth,Emp_Sal
FROM Hr.tb_Emp
WHERE (Emp_Sal > = 2) AND (Emp_Birth >'1/1/1982')
```

下面讨论运用 OR 运算符的例子，OR 可以在 Where 子句中连接两个或者两个以上的条件。但是，只要 OR 运算符两旁有一个为 true 的时候，条件就满足，目标列就会被显示。

［**例 4—12**］从员工表中查询工资级别大于等于 5 或者出生日期为 1982－12－31 之后的员工工号、姓名、出生日期和工资级别，结果如图 4—12 所示。

```
SELECT Emp_No,Emp_Name,Emp_Birth,Emp_Sal
FROM Hr.tb_Emp
WHERE Emp_Sal > = 5 OR Emp_Birth > '12/31/1982'
```

| | Emp_No | Emp_Name | Emp_Birth | Emp_Sal |
|---|---|---|---|---|
| 1 | 102004 | 雨滴 | 1997-05-22 00:00:00 | 3 |
| 2 | 102007 | 蓉蓉 | 1985-03-07 00:00:00 | 2 |
| 3 | 104002 | 小杰 | 1969-12-04 00:00:00 | 5 |
| 4 | 201002 | 陈飞飞 | 1990-08-25 00:00:00 | 3 |
| 5 | 501001 | 健健 | 1969-12-07 00:00:00 | 5 |
| 6 | 503003 | 彭华 | 1969-12-09 00:00:00 | 6 |

图 4—12　例 4—12 中 Select 语句的运行结果

［**例 4—13**］查询员工表中工资级别为 4，或为 5，或为 6 的员工工号、姓名、出生日期

和工资级别，具体命令如下。

```
SELECT Emp_No,Emp_Name,Emp_Birth,Emp_Sal
FROM Hr.tb_Emp
WHERE Emp_Sal IN (4,5,6)
```

在 SQL 编辑器中运行上述语句的结果如图 4—13 所示。

| | Emp_No | Emp_Name | Emp_Birth | Emp_Sal |
|---|---|---|---|---|
| 1 | 103007 | 刘一一 | 1969-12-03 00:00:00 | 4 |
| 2 | 104002 | 小杰 | 1969-12-04 00:00:00 | 5 |
| 3 | 501001 | 健健 | 1969-12-07 00:00:00 | 5 |
| 4 | 503003 | 彭华 | 1969-12-09 00:00:00 | 6 |

**图 4—13　例 4—13 中 Select 语句的运行结果**

从这条语句可以看出，从员工表中选择工资级别为 4、5 或者 6 的工号、姓名、出生日期和工资级别。如果工资级别在其中就将返回对应的行。

实际上，IN 条件运算符是一个成员测试运算符，也就是说，它用于测试是否一个数值处在 IN 关键字之后提供的数值之中。

注意，IN 与用 OR 连接的多个查询条件具有相同的效果。或者说，IN 条件运算符实际上是多个 OR 运算的缩写。它可以使用混合条件来替代，例如，可以使用等号运算符和 OR 运算符来实现上例，而且结果是一样的。

```
SELECT Emp_No,Emp_Name,Emp_Birth,Emp_Sal
FROM Hr.tb_Emp
WHERE Emp_Sal = 4 OR Emp_Sal = 5 OR Emp_Sal = 6
```

我们可以观察到，利用 IN 运算符时语句会更加简短并且容易读，特别是在测试两个或者三个数值以上的时候尤为突出。当然，也可以使用 NOT IN 条件运算符来排除列表中的一些数据行。

4. ORDER BY 子句

(1) ORDER BY 子句的语法格式。

SELECT column _ name1，column _ name2 [，... n]

FROM table _ name

WHERE search _ condition

ORDER BY column _ name1 [ASC | DESC] [，column _ name [ASC | DESC] [，...]]

如果有 ORDER BY 子句，将按照排序列名 column_name1[，column_name2 [，...]]进行排序，其结果表还要按选项的值升序（ASC）或降序（DESC）排列。

ORDER BY 是一个可选的子句，可以根据指定列的上升或者下降的顺序来显示查询的结果。例如：ASC（Ascending Order）表示按升序排列，这个是缺省的；DESC（Descending Order）表示按降序排列。

(2) 使用 ORDER BY 子句排序查询结果对指定结果集中的记录排列时，ORDER BY 子句通常出现在查询语句的最后。

**[例 4—14]** 查询所有员工的工号、姓名和年龄，并按出生日期进行排列（升序），命令如下。

```
SELECT Emp_No 工号, Emp_Name 姓名, year(getdate()) - year(Emp_Birth) 年龄, Emp_Birth 出生日期
FROM Hr.tb_Emp
WHERE Emp_Gender ='女'
ORDER BY Emp_Birth ASC
```

在 SQL 编辑器中运行上述语句的结果如图 4—14 所示。

| | 工号 | 姓名 | 年... | 出生日期 |
|---|---|---|---|---|
| 1 | 503003 | 彭华 | 41 | 1969-12-09 00:00:00 |
| 2 | 502001 | 安安 | 38 | 1972-12-08 00:00:00 |
| 3 | 102002 | 苗苗 | 28 | 1982-04-04 00:00:00 |
| 4 | 102007 | 蓉蓉 | 25 | 1985-03-07 00:00:00 |
| 5 | 102004 | 雨滴 | 23 | 1987-05-22 00:00:00 |

**图 4—14　例 4—14 中 Select 语句的运行结果**

［**例 4—15**］查询所有员工的工号、姓名及工资级别，并按工资级别进行降序排列，具体命令如下：

```
SELECT Emp_No 工号, Emp_Name 姓名,Emp_Sal 工资级别
FROM Hr.tb_Emp
ORDER by Emp_Sal DESC
```

在 SQL 编辑器中运行上述语句的结果如图 4—15 所示。

| | 工号 | 姓名 | 工资级别 |
|---|---|---|---|
| 1 | 503003 | 彭华 | 6 |
| 2 | 501001 | 健健 | 5 |
| 3 | 104002 | 小杰 | 5 |
| 4 | 103007 | 刘一一 | 4 |
| 5 | 102002 | 苗苗 | 3 |
| 6 | 102004 | 雨滴 | 3 |
| 7 | 206008 | 小华 | 3 |
| 8 | 201002 | 陈飞飞 | 3 |
| 9 | 203002 | 王伟 | 3 |
| 10 | 205001 | 邢正 | 2 |
| 11 | 202001 | 忻国 | 2 |
| 12 | 502001 | 安安 | 2 |
| 13 | 102007 | 蓉蓉 | 2 |
| 14 | 102003 | 李大个 | 2 |
| 15 | 104005 | 小龙 | 2 |
| 16 | 101002 | 张大力 | 1 |
| 17 | 103005 | 威威 | 1 |

**图 4—15　例 4—15 中 Select 语句的运行结果**

被排序列也可以为列表 column_name1[，column_name2[，...]]以外的其他列。例如，下列的使用方式是正确的。

［**例 4—16**］查询所属部门为“总经理办公室”的员工的工号、姓名和联系地址，并将结果按员工工号升序排列，具体命令如下：

```
SELECT Emp_No 工号, Emp_Name 姓名, Emp_Addr 联系地址
FROM Hr.tb_Emp
WHERE Emp_Dep ='总经理办公室'
ORDER BY Emp_No
```

在 SQL 编辑器中运行上述语句的结果如图 4—16 所示。

| | 工号 | 姓名 | 联系地址 |
|---|---|---|---|
| 1 | 102002 | 苗苗 | 南京中山路 |
| 2 | 102003 | 李大个 | 上海浦东 |
| 3 | 102004 | 雨滴 | 深圳光明路 |
| 4 | 102007 | 蓉蓉 | 北京中关村 |

图 4—16　例 4—16 中 Select 语句的运行结果

5. GROUP BY 子句与 HAVING 子句

GROUP BY 与 HAVING 子句的语法格式为：

SELECT column_name1，column_name2 [，... n]

FROM table_name

WHERE search_condition

GROUP BY group_by_expression

HAVING search_condition

GROUP BY 子句将查询结果按分组选项的值（group_by_expression）进行分组，该属性列相等的记录为一个组。通常，在每组中通过集合函数来计算一个或者多个列。如果 GROUP 子句带有 HAVING 短语，则只有满足指定条件（search_condition）的组才能输出。

HAVING 子句为每一个组指定条件，换句话说，使用 GROUP BY 子句时，还可以用 HAVING 子句为分组统计进一步设置统计条件，限制 Select 语句返回的行数。HAVING 子句与 GROUP BY 子句的关系类似于 Where 子句与 Select 子句的关系。

**注意：** HAVING 子句应该处在 GROUP BY 子句之后，并且在 HAVING 子句中不能使用 text、image 和 ntext 数据类型。

6. COMPUTE 子句与 COMPUTE BY 子句

（1）COMPUTE 和 COMPUTE BY 子句的语法格式。

COMPUTE row_aggregate(column_name)[, row_aggregate (column_name)…]

[BY column_name [, column_name…]

其中，row_aggregate 表示行集合函数，例如 AVG ()，COUNT ()，MAX ()，MIN ()，SUM () 等。COMPUTE 子句生成合计作为附加的汇总列出现在结果集的最后。当与 BY 一起使用时，COMPUTE 子句在结果集内对指定列进行分类汇总。可在同一查询内指定 COMPUTE BY 和 COMPUTE。

（2）需要注意的几个问题。

使用 COMPUTE 和 COMPUTE BY 子句时，需要注意以下几个问题：

1）DISTINCT 关键字不能与集合函数一起使用；

2）COMPUTE 子句中指定的列必须是 Select 子句中已有的；

3）因为 COMPUTE 子句产生非标准行，所以 COMPUTE 子句不能与 SELECT INTO 子句一起使用；

4）COMPUTE BY 必须与 ORDER BY 子句一起使用，且 COMPUTE BY 中指定的列必须与 ORDER BY 子句中指定的列相同，或者为其子集，而且两者之间从左到右的顺序也必须相同；

5）在 COMPUTE 子句中，不能使用 ntext、text 或 image 数据类型。

### 4.1.2 证照数据的基本查询

通过对 Select 语句的学习，我们已经明白从数据库中查询数据主要是通过 Select 语句来完成的。学以致用，下面就使用 Select 语句来完成我们的工作任务。

在开始工作任务之前，我们先来观摩任务的工作过程，我们要观摩的任务名称是“查询税务登记证”的详细情况，已知税务登记证的类别编号为“D”，要求按初领日期从新到旧的顺序进行排列，并将查出的结果存于数据表 Cer. tb_Cert_D 中。

1. 分析

（1）这是一个数据查询任务，数据来自于表 Cer. tb_Cert 中，可使用 Select 语句，即：

```
SELECT * FROM Cer.tb_Cert
```

（2）要查询的数据不是全部证照资料，而是其中的一个类别，必须使用 Where 子句，即：

```
SELECT * FROM Cer.tb_Cert WHERE Cert_Class = 'D'
```

（3）要求对查询结果进行排序，需要使用 Order by 子句，这是一个逆序排序，即：

```
SELECT * FROM Cer.tb_Cert WHERE Cert_Class = 'D' ORDER BY Cert_Date0 DESC
```

（4）要求将数据存于另一个表中，使用 Into 子句，即：

```
SELECT * INTO Cer.tb_Cert_D FROM Cer.tb_Cert WHERE Cert_Class = 'D' ORDER BY Cert_Date0
```

（5）为了使数据更加直观，我们为每个列起个直观的名字（别名），即 As 子句。

```
SELECT Cert_No AS 号码,Cert_Name AS 名称,Cert_Class AS 类别,
Cert_Date0 AS 初领日期,Cert_Date1 AS 最近审核日期,Cert_Date2 AS 过期日期,
Cert_Emp AS 管理人工号,Cert_dep AS 所属部门编号,Cert_Place AS 安放地点
INTO Cer.tb_Cert_D FROM Cer.tb_Cert WHERE Cert_Class = 'D' ORDER BY Cert_Date0 DESC
```

经过我们五个步骤的分析，每个步骤解决一个问题，并把解决这些问题的方法（这里就是 SQL 语句）综合起来，就能完成一个个工作任务了。

2. 执行查询语句

在分析的第 5 个步骤中的语句，已经是我们要的查询语句，如果执行它，那么系统将自动创建一个表 Cer. tb_Cert_D，并把符合条件的结果插入到该数据表中。

**提问：**如果再执行一次以上的代码，将出现什么结果，如何解决？

为了解决这个问题，必须在执行语句之前，判断该表是否存在，如果存在则删除它。这个表是一个用户表（类型为 U），判断它是否存在的方法是，查询系统表 sys. objects，其语句如下所示：

```
IF EXISTS (SELECT * FROM sys.objects WHERE object_id = OBJECT_ID(N'[Cer].[tb_Cert_D]') AND type in
(N'U'))
```

```
DROP TABLE [Cer].[tb_Cert_D]
GO
```

将该语句放在查询语句之前，就可以构成一个完整的语句，并完成任务。

3. 查询结果

最后语句的执行结果存于表 Cer. tb _ Cett _ D 中，查看该表的数据，将产生如图 4—17 所示的结果。

```
SELECT * FROM Cer.tb_Cert_D
```

| | 号码 | 名称 | 类别 | 初领日期 | 最近审核日期 | 过期日期 | 管理人工号 | 所属部门编号 | 安放地点 |
|---|---|---|---|---|---|---|---|---|---|
| 1 | 440213 | 华东税务 | D | 1992-05-28 00:00:00 | 2007-02-21 00:00:00 | 2012-02-20 00:00:00 | 501001 | 501 | 华东市场财务 |
| 2 | 352021 | 粤北厂税务 | D | 1992-05-19 00:00:00 | 2000-03-28 00:00:00 | 2010-03-27 00:00:00 | 102003 | 102 | 粤北厂 |

图 4—17　执行结果

## 任务实战

(1) 任务名称：查询汤司机所驾驶的汽车的年审情况。

1) 查询所有证照数据的 Select 语句：

______________________________

2) 观察汤司机保存在哪个字段中。

______________________________

3) 为①中的语句加上 WHERE 子句。

______________________________

______________________________

(2) 任务名称：董事长的护照什么时候过期?

1) 查询所有证照数据的 Select 语句：

______________________________

2) 观察“董事长护照”保存在哪个字段中。

______________________________

3) 为 1) 中的语句加上 Where 子句。

______________________________

(3) 任务名称：“查询卫生许可证”的详细情况，已知卫生许可证的类别编号为“E”，要求按到期日期从旧到新的顺序进行排列，并将查出的结果存于数据表 Cer. tb_Cert_E 中。

1) 查询所有证照数据 Select 语句：

______________________________

2) 查询证照类别为 E 的 Select 语句：

______________________________

3) 对查询结果进行排序，按过期日期排序的语句：

______________________________

4) 要求将数据存于另一个表中，使用 Into 子句，语句为：

______________________________

5) 为了使数据更加直观，我们为每个列起个直观的名字（别名），使用 As 子句，结果是：

6）判断数据表是否存在，是则删除，最后的语句是：

### 4.1.3 证照数据的高级查询

1. 基本情况分析

档案室需要统计每一种证照类别的数量，还需要查询证照数量小于 2 的部门和证照数量，希望电脑部小华能提供帮助。

在前面所进行的数据查询任务中，是对数据表中记录的简单呈现，没有计算汇总等功能，其实，Select 语句功能是比较强大的，其 Group 子句、Compute 子句，结合聚合函数可以进行比较复杂的查询操作。

2. 操作过程

这次要解决场景中描述的问题，即：

- 统计每种证照类别的数量。
- 证照数量小于 2 的部门和数量。

（1）统计每种证照类别的数量。

这是一个分类汇总的查询任务，可以使用 GROUP BY 子句结合计数函数 COUNT（）来完成。

```
SELECT Cert_Class as 类别编号,COUNT(Cert_Class) AS 类别数量 from Cer.tb_Cert
GROUP BY Cert_Class
```

执行结果如图 4—18 所示。

结果 | 消息

| | 类别编号 | 类别数量 |
|---|---|---|
| 1 | A | 2 |
| 2 | B | 1 |
| 3 | C | 2 |
| 4 | D | 2 |
| 5 | E | 2 |
| 6 | F | 2 |
| 7 | G | 2 |

**图 4—18 证照类别统计**

（2）证照数量小于 2 的部门和数量。

这其实也是一个分类汇总的查询任务，我们可以分成两步来完成。

第一步，求各个部门的证照数量。

```
SELECT Cert_dep 部门编号,COUNT( * ) AS 证照数量 FROM Cer.tb_Cert_test
GROUP BY Cert_dep
```

执行结果如图 4—19 所示。

第二步，增加条件限制，即数量小于 2，我们用 HAVING 子句，过滤数量不小于 2 的部门。

```
SELECT Cert_dep 部门编号,COUNT( * ) AS 证照数量 FROM Cer.tb_Cert_test
GROUP BY Cert_dep HAVING COUNT( * ) <2
```

执行结果如图 4—20 所示。

|  | 部门编号 | 证照数量 |
|---|---|---|
| 1 | 101 | 2 |
| 2 | 102 | 2 |
| 3 | 103 | 2 |
| 4 | 104 | 2 |
| 5 | 201 | 2 |
| 6 | 202 | 3 |
| 7 | 203 | 2 |
| 8 | 204 | 2 |
| 9 | 205 | 4 |
| 10 | 206 | 2 |
| 11 | 501 | 2 |
| 12 | 502 | 2 |
| 13 | 503 | 3 |

**图 4—19　没有 HAVING 子句的查询结果**

|  | 部门编号 | 证照数量 |
|---|---|---|
| 1 | 101 | 1 |
| 2 | 102 | 1 |
| 3 | 103 | 1 |
| 4 | 104 | 1 |
| 5 | 201 | 1 |
| 6 | 202 | 1 |
| 7 | 203 | 1 |
| 8 | 204 | 1 |
| 9 | 205 | 1 |
| 10 | 206 | 1 |
| 11 | 501 | 1 |
| 12 | 502 | 1 |
| 13 | 503 | 1 |

**图 4—20　有 HAVING 子句的查询结果**

## 任务实战

（1）下个月到期的证照统计表，按类别编号进行统计。

1）SQL 语句为：

```
SELECT ________,COUNT( * ) FROM Cer.tb_Cert
WHERE YEAR(Cert_Date2) = YEAR(DATEADD(________,1,GETDATE())) AND
MONTH(Cert_Date2) = ________(DATEADD(________,1,GETDATE()))
GROUP BY ______________________________
```

2）执行结果是：________________________________________________

________________________________________________________________。

（2）统计计算机不同使用状态的数量总数。

1）SQL 语句为：

```
SELECT Comp_State,________ FROM It.tb_Computer
________ BY ________
```

2）执行结果是：________________________________________________

________________________________________________________________。

（3）查询性别数量大于 10 的性别和数量。

1）SQL 语句为：

```
SELECT ______________________________ FROM Hr.tb_Emp
GROUP BY  Emp_Gender  HAVING ____________________
```

2）执行结果是：________________________________________________

____________________________________________________。

（4）查询内存小于 512M 的计算机数量。

1）SQL 语句为：

```
SELECT ____________________ FROM It.tb_Computer WHERE ____________________.
```

2）执行结果是：________________________________________。

## 任务 4.2　使用连接查询检索数据

### 任务目标

利用连接查询语句从多个数据表中查询所需要的数据。

### 4.2.1　连接查询

1. 连接查询的概念

连接：就是允许同时从两个表或者两个以上表中检索数据。连接类型有内连接、交叉连接、外连接和自连接等。

语法格式：

SELECT 表名 . 列名，表名 . 列名，……

FROM {表名 [连接类型] JOIN 表名 2 ON <连接条件>}

WHERE <检索条件>

其中的连接条件必须是两个表共有的属性，如证照表的证照类别编号和证照类别表的类别编号就可以构成一个连接条件。

为了书写的方便和语句简洁，一般会起用表的别名。以下是连接的简单例子。

```
SELECT A.Cert_Name,B.Class_Name FROM Cer.tb_Cert A
JOIN Cer.tb_Class B ON A.Cert_Class = B.Class_No
```

执行结果如图 4—21 所示。

结果 | 消息

| | Cert_Name | Class_Name |
|---|---|---|
| 1 | 集团营业执照 | 营业执照 |
| 2 | 养生茶批文 | 备案 |
| 3 | 华南市场执照 | 营业执照 |
| 4 | 三厂卫生许可证 | 卫生许可证 |
| 5 | 董秘驾驶证 | 驾驶证 |
| 6 | 越野行驶证 | 行驶证 |
| 7 | 宝马行驶证 | 行驶证 |
| 8 | 董事长护照 | 护照 |
| 9 | 粤北厂税务 | 税务登记证 |
| 10 | 华东税务 | 税务登记证 |
| 11 | 副董驾驶证 | 驾驶证 |
| 12 | 一厂卫生证 | 卫生许可证 |
| 13 | 饮品批文 | 备案 |

**图 4—21　内连接的执行结果**

2. 内连接

用于把两个表连接成第三个表，在第三个表中，仅包含那些满足连接条件的记录行。

语法格式：

```
SELECT 表名．列名,表名．列名,……
FROM {表名 INNER JOIN 表名 2 ON <连接条件>}
WHERE <检索条件>
```

如以下代码是一个内连接的例子，其执行结果同样如图 4—21 所示。

```
SELECT A.Cert_Name,B.Class_Name FROM Cer.tb_Cert A
INNER JOIN Cer.tb_Class B ON A.Cert_Class = B.Class_No
```

3. 交叉连接

交叉连接包含了所连接的两个表中所有行的全部组合，返回的结果集行数是两个表的行数的乘积，类似于体育比赛的循环赛，每一个表的任一行都要与另一个表的任一行配对。

```
SELECT 表名．列名,表名．列名,……
FROM {表名 CROSS JOIN 表名 2 }
WHERE <检索条件>
```

执行以下语句，将得到如图 4—22 所示的结果（证照的第一条记录与类别表的所有记录组合起来，其余也然，图中略去）。

```
SELECT A.Cert_Name,B.Class_Name FROM Cer.tb_Cert A
CROSS JOIN Cer.tb_Class B
ORDER BY A.Cert_Name
```

结果 | 消息

| | Cert_Name | Class_Name |
|---|---|---|
| 1 | 宝马行驶证 | 备案 |
| 2 | 宝马行驶证 | 护照 |
| 3 | 宝马行驶证 | 驾驶证 |
| 4 | 宝马行驶证 | 税务登记证 |
| 5 | 宝马行驶证 | 卫生许可证 |
| 6 | 宝马行驶证 | 行驶证 |
| 7 | 宝马行驶证 | 营业执照 |

**图 4—22　交叉连接的执行结果**

4. 外连接

外连接只限制其中一个表的行，而不限制另外一个表中的行。外连接分为左外连接、右外连接和全外连接三种，外连接只能用于两个表中。

LEFT OUTER JOIN：包括了左表中的全部行。

RIGHT OUTER JOIN：包括了右表中的全部行。

FULL OUTER JOIN：包括了左表和右表中所有不满足条件的行。

例：外连接 student 表和 report 表

说明：左外连接合并两个表中满足连接条件的行加上在 JOIN 子句中指定的左表中不满足条件的行。

注：不满足连接条件的行在结果集中显示 NULL。

执行以下语句，观察执行结果，体会各种外连接的特点。

```
SELECT A.*,B.* FROM Cer.tb_Cert A //左外连接
LEFT OUTER JOIN Cer.tb_Class B ON A.Cert_Class = B.Class_No
```

```
GO
SELECT A. *,B. * FROM Cer.tb_Cert A //右外连接
RIGHT OUTER JOIN Cer.tb_Class B ON A.Cert_Class = B.Class_No
GO
SELECT A. *,B. * FROM Cer.tb_Cert A //全外连接
FULL OUTER JOIN Cer.tb_Class B ON A.Cert_Class = B.Class_No
GO
```

5. 自连接

自连接就是把某一个表中的行同该表中另外一些行连接起来。主要用在查询比较相同的信息，即用一个数起用两个不同的别名，然后进行连接。使用自连接应注意以下两点：

（1）指定表别名引用表的两个副本。

（2）在创建自连接时，每一行匹配它自己，有成对的重复出现，导致重复行。使用Where子句清除这些重复行。

例如：以代码指定证照表的别名A、B，然后A、B进行连接查询。

```
SELECT A. *,B. * FROM Cer.tb_Cert A
INNER JOIN Cer.tb_Cert B ON A.Cert_No = B.Cert_No
```

### 4.2.2 查询证照明细清单

查询证照明细清单，内容包括：所属部门名称、证照编号、证照名称、最近审核日期、存放地点，并要求相同部门的证照排在一起。

1. 分析

因为要查询的数据来自于多个数据表（所属部门名称，并非部门编号），所以不能用简单的查询方法。一般来说，如果两个表T1、T2有相同的字段F（这里是部门编号），则可通过连接查询来完成，连接条件是：T1.F=T2.F。任务要求相同部门证照排在一起，其实就是要求按部门名称进行排序。

2. 编写SQL语句

编写语句时最好为连接的数据表起个别名，以方便引用。完成此任务的连接查询语句如下：

```
SELECT D.Dep_Name 部门名称,C.Cert_No 证照编号,C.Cert_Name 证照名称,
C.Cert_Date1 最近审核日期,C.Cert_Place 存放地点 FROM Cer.tb_Cert C
INNER JOIN Hr.tb_Dep D ON C.Cert_dep = D.Dep_No
ORDER BY D.Dep_Name
```

3. 测试运行结果

执行以上语句，得到如图4—23所示的结果。

**任务实战**

（1）求出按员工姓名排序的证照清单，内容包括：管理人、证照编号、证照名称、初领日期、过期日期、存放地点。

1）需要的数据表分别是________________、________________。

2）数据表之间的关联字段是：________________________________。

3）SQL 语句是：________________________________________________

________________________________________________________________

________________________________________________________________。

4）执行结果是：________________________________________________

________________________________________________________________

________________________________________________________________。

（2）求出每个部门的员工清单，内容包括：部门名称、员工编号、员工姓名、出生日期和工资等级。

1）需要的数据表分别是________________、________________。

2）数据表之间的关联字段是：________________。

3）SQL 语句是：________________________________________________

________________________________________________________________

________________________________________________________________。

4）执行结果是：________________________________________________

________________________________________________________________

________________________________________________________________。

结果 | 消息

| | 部门名称 | 证照编号 | 证照名称 | 最近审核日期 | 存放地点 |
|---|---|---|---|---|---|
| 1 | 财务部 | 13658 | 养生茶批文 | 2006-12-20 00:00:00 | 产品开发部 |
| 2 | 电脑部 | 1521 | 华南市场执照 | 2009-01-23 00:00:00 | 华南市场 |
| 3 | 董事长办公室 | 1323 | 集团营业执照 | 2007-01-23 00:00:00 | 总部 |
| 4 | 工会 | 74531 | 副董驾驶证 | 2008-08-12 00:00:00 | 副董 |
| 5 | 技术部 | 230078 | 董秘驾驶证 | 2001-06-01 00:00:00 | 董秘 |
| 6 | 开发部 | 86231 | 一厂卫生证 | 2007-02-02 00:00:00 | 一厂 |
| 7 | 审计部 | 254158 | 宝马行驶证 | 2004-08-17 00:00:00 | 李司机 |
| 8 | 生产厂二 | 24668 | 越野行驶证 | 2009-05-20 00:00:00 | 汤司机 |
| 9 | 生产厂三 | 25843 | 董事长护照 | 2008-02-28 00:00:00 | 董办 |
| 10 | 生产厂一 | 440213 | 华东税务 | 2007-02-21 00:00:00 | 华东市场财务 |
| 11 | 市场部 | 200154 | 三厂卫生许可证 | 2003-05-21 00:00:00 | 三厂 |
| 12 | 行政部 | 90866 | 饮品批文 | 2005-10-20 00:00:00 | 产品开发部 |
| 13 | 总经理办公室 | 352021 | 粤北厂税务 | 2000-03-28 00:00:00 | 粤北厂 |

**图 4—23　证照清单**

### 4.2.3　从多个表中检索数据

1. 基本情况分析

在前面的连接查询中，相关联的数据表只有两个，在某些场合下，需要从两个以上的数据表中查询数据。例如，现要求查询证照情况表，内容要求如下：部门名称、管理人姓名、证照编号、证照名称、存放地点。

对于场景中所描述的查询，其数据来自于三个数据表的组合，在这样的情况下，必须分别找出这些表关联的字段，然后按连接查询的方法进行解答。

2. 操作过程

（1）任务名称：查询证照情况表；查询要求包括如下栏目：部门名称、管理人姓名、证照编号、证照名称、存放地点。

（2）完成过程。

1）找出相应的数据表：证照表、部门表和员工表，并为这三个表设置别名分别为：C、D、E。

2）找出数据表间关联的字段：C. Cert_Dep＝D. Dep_No，C. Cert_Emp＝E. Emp_No。

3）写出 SQL 语句。有两个连接关系，如下所示。

```
SELECT D. Dep_Name, E. Emp_Name, C. Cert_No, C. Cert_Name, C. Cert_Place
FROM Cer. tb_Cert C INNER JOIN Hr. tb_Dep D
ON C. Cert_Dep = D. Dep_No INNER JOIN Hr. tb_Emp E on C. Cert_Emp = E. Emp_No
```

4）执行并测试结果。执行以上语句后，将得出如图 4—24 所示的结果。

结果 | 消息

| | Dep_Name | Emp_Name | Cert_No | Cert_Name | Cert_Place |
|---|---|---|---|---|---|
| 1 | 董事长办公室 | 苗苗 | 1323 | 集团营业执照 | 总部 |
| 2 | 财务部 | 威威 | 13658 | 养生茶批文 | 产品开发部 |
| 3 | 电脑部 | 小华 | 1521 | 华南市场执照 | 华南市场 |
| 4 | 市场部 | 雨滴 | 200154 | 三厂卫生许可证 | 三厂 |
| 5 | 技术部 | 刘一一 | 230078 | 董秘驾驶证 | 董秘 |
| 6 | 生产厂二 | 安安 | 24668 | 越野行驶证 | 汤司机 |
| 7 | 审计部 | 苗苗 | 254158 | 宝马行驶证 | 李司机 |
| 8 | 生产厂三 | 彭华 | 25843 | 董事长护照 | 董办 |
| 9 | 总经理办公室 | 李大个 | 352021 | 粤北厂税务 | 粤北厂 |
| 10 | 生产厂一 | 健健 | 440213 | 华东税务 | 华东市场财务 |
| 11 | 工会 | 蓉蓉 | 74531 | 副董驾驶证 | 副董 |
| 12 | 开发部 | 小杰 | 86231 | 一厂卫生证 | 一厂 |
| 13 | 行政部 | 小龙 | 90866 | 饮品批文 | 产品开发部 |

**图 4—24　三表连接查询**

## 任务实战

（1）任务名称：计算机清单。

（2）任务内容：求全公司的计算机清单，内容包括：部门名称、使用人名称、计算机标识、CPU 配置、内存大小。

（3）完成过程。

1）需要的数据表分别是________、________、________。

2）数据表之间的关联字段：________、________。

3）SQL 语句是：________________________________________

________________________________________________________

________________________________________________________。

4）执行结果是：________________________________________

________________________________________________________

________________________________________________________。

3. 实验和讨论

（1）执行下列语句，根据实验结果回答问题。

1）以下语句的功能是：________________________________________。

```
SELECT D.Dep_Name,E.Emp_Name,C.Comp_OS FROM Hr.tb_Dep D,Hr.tb_Emp E,It.tb_Computer C
WHERE D.Dep_No = E.Emp_Dep AND E.Emp_Comp = C.Comp_No
```

2）以下语句的功能是：________________________________________________。

```
SELECT D.Dep_Name,E.Emp_Name,C.Comp_OS FROM Hr.tb_Dep D INNER JOIN
Hr.tb_Emp E ON D.Dep_No  = E.Emp_Dep INNER JOIN It.tb_Computer C ON
C.Comp_No  = E.Emp_Comp
```

3）结论。以上 SQL 语句 1）和 2）的执行结果相同吗？

（2）用两种方法完成任务。查询证照管理人清单，栏目包括类别名称、证照名称、管理人姓名。

## 任务 4.3　使用嵌套查询检索数据

### 任务目标

利用嵌套查询，查询证照项目中的相关数据。

### 4.3.1　嵌套查询

1. 嵌套查询概述

一个 SELECT－FROM－WHERE 语句称为一个查询块。有时一个查询块无法完成查询任务，需要一个子查询块的结果作为另一个主查询块的条件。将一个查询块嵌套在另一个查询块的条件子句中的查询称为嵌套查询。嵌套查询允许多层嵌套，即子查询还可以嵌套子查询。嵌套查询有两种类型：

- 单值：只返回一个值的子查询。
- 多值：返回多个值的子查询。

**注意：**子查询必须使用括号括起来。

2. 单值嵌套

单值，顾名思义，就是子查询返回一个值，观察下面两个查询语句及其执行结果，可以体会到单值嵌套查询的含义。

```
语句 1 SELECT * FROM Cer.tb_Cert WHERE Cert_Class = 'A'
语句 2 SELECT * FROM Cer.tb_Cert WHERE Cert_Class = (SELECT Class_No FROM Cer.tb_Class WHERE Class_
No = 'A')
```

语句 1 是一个简单查询，语句 2 是一个单值嵌套查询，因为其子查询只返回一个值（即只有一个编号为‘A’的证照类别）。该语句除了用“＝”运算符之外，还可以使用其他关系运算符，如>、<>等，只要符合逻辑就可以。

3. 多值嵌套

先来看看下面的语句。

语句 1 SELECT * FROM Cer. tb_Cert WHERE Cert_Class = 'A' OR Cert_Class = 'B'

显然，条件子句中包含两个值，我们将其改为嵌套查询语句如下。

语句 2 SELECT * FROM Cer. tb_Cert WHERE Cert_Class IN (SELECT Class_No FROM Cer. tb_Class WHERE Class _No = 'A' OR Class_No = 'B')

这就是多值嵌套查询，它一般会使用“IN”或“NOT IN ”运算符，表示属于和不属于的意思。

4. 使用 EXISTS 关键字

在嵌套查询中，会用到 EXISTS（或 NOT EXISTS ）运算符，它表示一个子查询是否存在。如果子查询能返回至少一行，则表示子查询存在，返回“True”值 ，否则表示子查询不存在，返回“False”值。

由 EXISTS 引出的子查询，其目标列表达式通常都用“ * ”表示，因为它往往只关心是否返回值，而不关心返回什么值。请看下面语句。

```
SELECT * FROM Hr. tb_Emp WHERE Emp_Comp IS NULL AND EXISTS
(SELECT * FROM Hr. tb_Emp WHERE Emp_Comp  = N '空闲')
```

EXISTS 前面的子句表示电脑编号为空，即还没有分配电脑的员工信息，EXISTS 后面的子句表示使用状态为“空闲”的计算机，该语句完整的意思是：如果存在空闲的计算机则列出还没有分配计算机的员工情况。

### 4. 3. 2　嵌套查询语句应用

1. 任务名称

查询公司员工苗苗所负责的证照资料。

2. 分析

首先查询苗苗的工号，再查询该工号所管理的所有证照材料。由此可知，这是一个典型的嵌套查询语句，其中查询苗苗的工号是子查询部分。

3. 编写 SQL 语句

根据以上的分析，可写出 SQL 语句如下：

```
SELECT * FROM Cer. tb_Cert WHERE Cert_Emp =
(SELECT Emp_No FROM Hr. tb_Emp WHERE Emp_Name  = N'苗苗')
```

4. 验证查询结果

执行以下语句，得到如图 4—25 所示的查询结果。

结果 | 消息

|  | Cert_No | Cert_Name | Cert_Class | Cert_Date0 | Cert_Date1 | Cert_Date2 | Cert_Emp | Cert_dep | Cert_Place |
|---|---|---|---|---|---|---|---|---|---|
| 1 | 1323 | 集团营业执照 | G | 1992-05-18 00:00:00 | 2007-01-23 00:00:00 | 2010-01-22 00:00:00 | 102002 | 101 | 总部 |
| 2 | 254158 | 宝马行驶证 | F | 1999-11-20 00:00:00 | 2004-08-17 00:00:00 | 2010-08-16 00:00:00 | 102002 | 103 | 李司机 |

**图 4—25　苗苗所管理的证照资料**

5. 问题思考

如果公司有两个名字都为“苗苗”的员工（当然她们的工号是不同的），那么的语句将出现什么情况，如何改进？

## 任务实战

使用嵌套语句查询数据

(1) 查询某证照的管理人资料。

1) 名称：查询证照编号为13658的管理人的详细资料。

2) 查询证照编号为13658所对应的管理人编号，其SQL语句为：

______________________________________________。

3) 运行结果是：______________________________________________

______________________________________________。

4) 查询工号为3）的运行结果的员工资料的SQL语句是：

______________________________________________。

5) 将以上两个语句合并成嵌套查询语句。

______________________________________________。

______________________________________________。

6) 运行结果比较。4）与5）的运行结果一致吗？

______________________________________________。

(2) 查询某位员工所使用的计算机的配置情况。

1) 名称：查询员工忻国所使用的计算机的配置情况。

2) 使用SQL语句查询忻国所使用的计算机的编号，写出SQL语句和运行结果。

______________________________________________。

3) 查询该计算机编号的计算机详细配置情况，写出SQL语句和运行结果。

______________________________________________。

4) 将2）和3）的查询语句综合为嵌套语句，写出SQL语句。

______________________________________________。

5) 执行嵌套语句，确保执行结果与3）的执行结果一致。

6. 小组活动

(1) 通过实验回答问题。

1) 以下SQL语句的功能是：______________________________________________。

```
SELECT * FROM Hr.tb_Emp WHERE YEAR(Emp_Birth) =
(SELECT YEAR(Emp_Birth) FROM Hr.tb_Emp WHERE Emp_Birth =
(SELECT MIN(Emp_Birth) FROM Hr.tb_Emp))
```

2) 以下SQL语句的功能是：______________________________________________。

```
SELECT * FROM Hr.tb_Emp WHERE YEAR(Emp_Birth) =
(SELECT YEAR(MIN(Emp_Birth)) FROM Hr.tb_Emp)
```

3) 语句1）与2）的执行结果相同吗？

(2) 查出与最早领取的证照在同一年份领取的所有证照资料。

# 任务 4.4 使用索引提高查询速度

## 任务目标

通过创建索引，提高证照数据查询速度。

### 4.4.1 索引

1. 索引概述

索引可以提高查询速度，如果一个数据表没有索引，那么，不管查询什么数据，都将遍历整个数据表，致使查询效率降低。一般来说，经常要按哪一列或列的组合来进行查询，就创建这一列或列的组合的索引。

按不同的分类标准，索引可以有不同的分类，详见表 4—2。

**表 4—2** **索引的分类**

| 分类标准 | 索引种类 | 说　明 |
|---|---|---|
| 存储顺序 | 聚集索引（Clustered Index） | 索引的存储顺序与表记录的物理顺序完全一致，一个表最多只能有一个聚集索引 |
| | 非聚集索引（Nonclustered Index） | 索引的存储顺序与表记录的物理顺序完全一致，一个表可以有多个非聚集索引 |
| 索引值唯一性 | 唯一索引（Unique Index） | 索引值不能重复，当创建表的主键时，自动创建唯一索引，可以创建多个 |
| | 非唯一索引 | 索引值可以重复 |
| 索引值的列数 | 单索引 | 按数据表的一个列创建的索引 |
| | 复合索引 | 按数据表的多列创建的索引 |
| 其他 | 索引视图 | 指创建了唯一聚集索引的视图 |
| | XML 索引 | 对数据类型为 XML 的列所创建的索引 |
| | 全文索引 | 可以对存储在数据库中的文本进行搜索 |

2. 创建索引

可以使用图形化工具创建索引，方法是在表的设计器中，单击工具栏中的相关按钮，如图 4—26 所示。

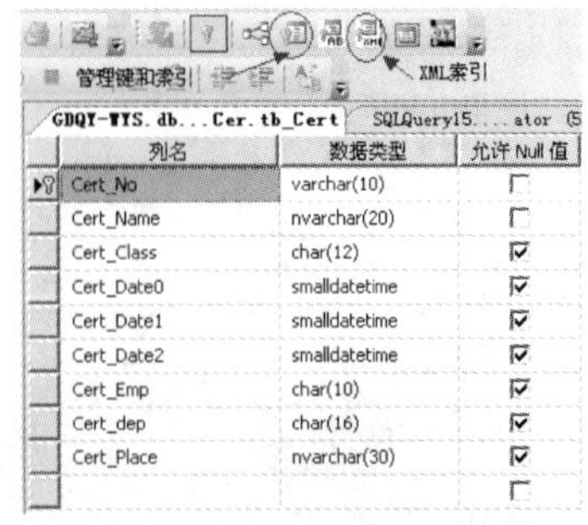


**图 4—26 管理索引入口**

也可以使用Create Index语句创建索引，如下所示：

```
CREATE [UNIQUE ] [CLUSTERED|NONCLUSTERED]
INDEX 索引名 ON table(column[, ……n])
[WITH
    [PAD_INDEX]
        [[,]FILLFACTOR = fillfactor]
[[,]IGNORE_DUP_KEY]
        [[,]SORTED_DATA_REORG]
[[,]{IGNORE_DUP_ROW|ALLOW_DUP_ROW}]
[[,]DROP_EXISTING]
[[,]STATISTICS_NORECOMPUTE]
]
[ON filegroup]
```

3. 删除索引

可以在表的设计器中删除索引，也可以使用SQL语句删除索引，其格式：DROP INDEX table. index [, ……]。

**注意**：不能使用该语句删除由PRIMARY KEY约束或UNIQUE约束创建的索引。

### 4.4.2　创建证照项目索引

为了避免对数据表的全表搜索，有必要创建索引，下面讨论证照数据库中索引的创建。

1. 创建证照表索引过程解析

(1) 分析。要创建证照数据表的索引，首先必须清楚经常要查询什么数据，因为一旦索引创建后，对索引的维护是需要开销的，所以对于极少查询的列，就没必要创建索引。比如，我们很少按证照的存放地点进行查询，那么就没必要按存放地点创建索引。我们经常查询的业务是：

- 按证照编号进行查询
- 按部门进行查询
- 按管理人进行查询
- 按过期日期进行查询

(2) 列出所需的索引种类。根据 (1) 中的分析，列出证照表所需的索引如表4—3所示。

表4—3　证照表所需的索引

| 索　引 | 相关列 | 说　明 |
|---|---|---|
| 编号索引 | Cert_No | 编号是该表的主键，索引已经由系统自动创建 |
| 部门索引 | Cert _ Dep | 根据业务需求，经常按部门+过期日期进行对证照数据进行检索，所以可创建这两个列的复合索引 |
| 过期日期索引 | Cert_Date2 | |
| 管理人索引 | Cert_Emp | 创建按员工编号的索引 |

> **注意：**一般来说，对于经常需要频繁修改的表，不适宜创建聚集索引，否则会严重影响数据修改时存盘的性能。

（3）索引的创建。根据表 4—3，我们来创建证照表的索引。为了观摩的需要，我们穿插不同的创建方法。

1）使用图形化工具创建复合索引。我们要创建的索引是部门编号＋过期日期，这是一个复合索引，按部门的升序、过期日期的降序来创建索引，步骤如下。

第一步，右击证照表，在弹出的菜单中选择“设计”，进入表设计器，如图 4—27 所示，单击图中圈起来的按钮，进入下一步。

GDQY-YYS.db...Cer.tb_Cert　SQLQuery15....ator

| 列名 | 数据类型 | 允许 Null 值 |
|---|---|---|
| Cert_No | varchar(10) | ☐ |
| Cert_Name | nvarchar(20) | ☐ |
| Cert_Class | char(12) | ☑ |
| Cert_Date0 | smalldatetime | ☑ |
| Cert_Date1 | smalldatetime | ☑ |
| Cert_Date2 | smalldatetime | ☑ |
| Cert_Emp | char(10) | ☑ |
| Cert_dep | char(16) | ☑ |
| Cert_Place | nvarchar(30) | ☑ |
|  |  | ☐ |

**图 4—27　表设计器**

第二步，在图 4—28 所示的界面中。单击“添加”按钮，进入下一步。

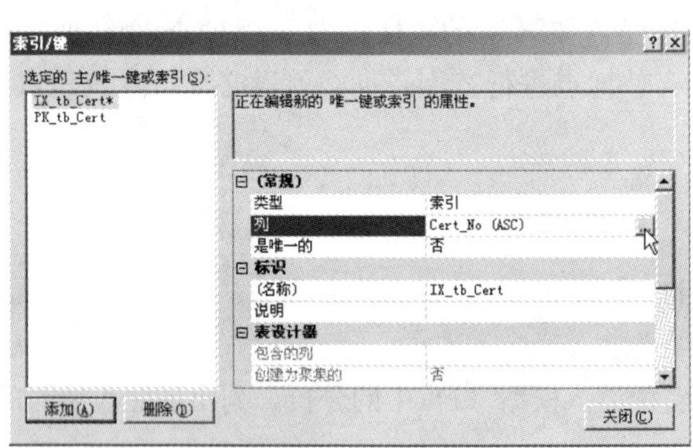


**图 4—28　添加索引**

第三步，如图 4—29 所示，选择列名 Cert_dep，按升序排列，选择列名 Cert_Date2 按降序排列，然后单击“确定”按钮。

第四步，回到图 4—28 所示的界面，单击“关闭”按钮，完成索引的创建，存盘退出。

2）创建员工编号的索引，我们按升序排列，索引名称为 IX _ Emp，使用 SQL 语句创建。

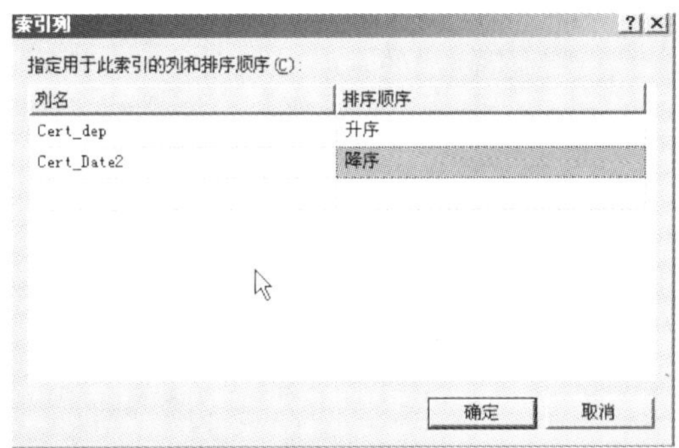


图 4—29　索引列

CREATE INDEX IX _ Emp ON Cer. tb _ Cert（Cert _ Emp ASC）

3）查看索引的创建情况。在对象资源管理器中，展开证照表 Cer. tb_Cert，查找索引项，显示该表共有三个索引，如图 4—30 所示。

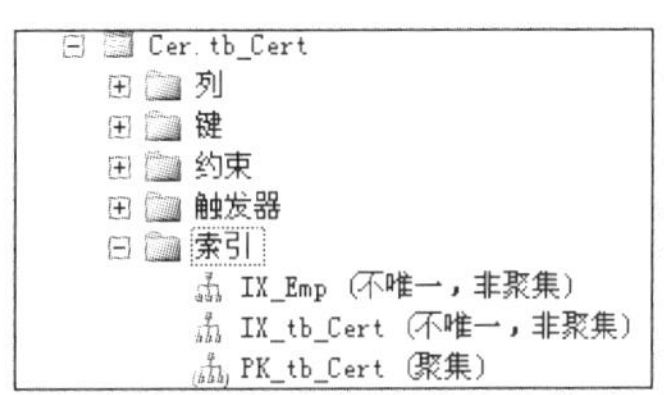


图 4—30　证照表的索引

2. 创建部门表索引

按表 4—4 的要求创建部门表的索引。

表 4—4　　部门表所需的索引

| 索　引 | 相关列 | 说　明 |
| --- | --- | --- |
| 编号索引 | Dep_No | 编号是该表的主键，因为部门数据无须频繁修改，设置为聚集索引，使用图形工具 |
| 名称索引 | Dep_Name | 索引名 IX_DepName，降序排列，使用 SQL 语句 |

### 4.4.3　管理证照项目索引

1. 基本情况分析

为了提高查询速度，我们为不同的表创建了相关的索引，查询效率得到了提高。可是近来从事证照管理维护工作的员工反映，在进行数据的修改时，明显感觉到速度较慢，要求数据库开发人员帮助解决。

索引，对于查询和修改来说，是相互矛盾的。索引多了，如果查询速度快，由于修改时需要同时保存数据表及其索引表，那么，存盘速度就会相应下降。场景中描述的情况，应该是索引过多的缘故。

2. 管理证照表中的索引操作过程

（1）分析证照表中的索引。

第一步，查看证照表的索引情况，得到如图 4—31 的结果。

第二步，进一步查询各个索引的详细情况，在表设计器的管理键和索引的界面中，索引IX_tb_Cert_1是按证照存放地点列所创建的索引，如图4—32所示。同理可得出该表的所有索引如表4—5所示，同时，表中在说明栏对各个索引进行了分析，并提出处理方法。

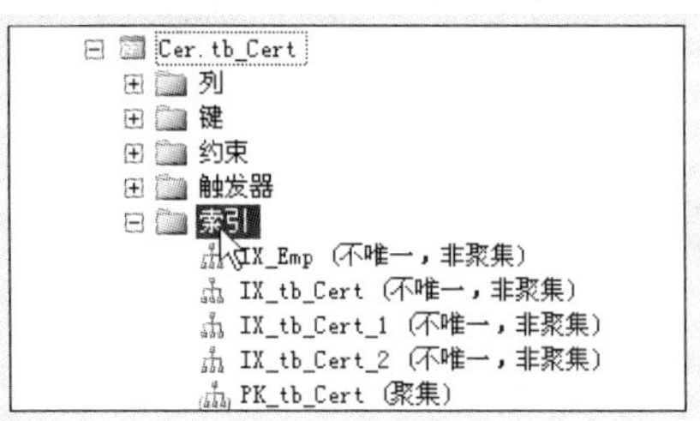


**图4—31　证照表的索引**

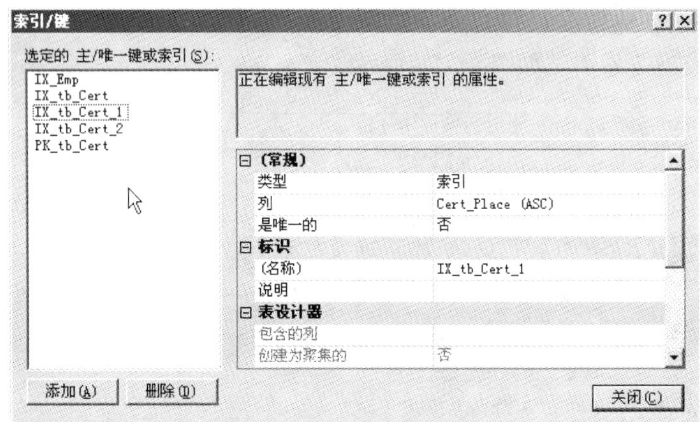


**图4—32　查询索引的属情**

**表4—5　　证照表索引属性**

| 索　引 | 相关列 | 说　明 |
|---|---|---|
| IX_Emp | Cert_Emp | 员工编号索引，是必需的 |
| IX_tb_Cert | Cert_Dep+Cert_Date2 | 按部门+过期日期的复合索引，是必需的 |
| IX_tb_Cert_1 | Cert_Place | 按存放地点的索引，应该删除 |
| IX_tb_Cert_2 | Cert_Class | 按类别编号，保留，更名为IX_Class |
| PK_tb_Cert | Cert_No | 是一个聚集索引，改为非聚集索引 |

（2）索引的管理。根据表4—5中的说明部分，进行索引的管理如下。

1）删除索引IX_tb_Cert_1。

方法一，使用图形化工具。在图4—31中右击IX_tb_Cert_1，在弹出的菜单中选择“删除”，如图4—33所示。

方法二，使用SQL语句。

```
DROP INDEX Cer.tb_Cert.IX_tb_Cert_1
```

2）将索引IX_tb_Cert2改名为IX_Class。

方法一，使用图形化工具。在图4—31中，右击IX_tb_Cert_2，在弹出的菜单中选择

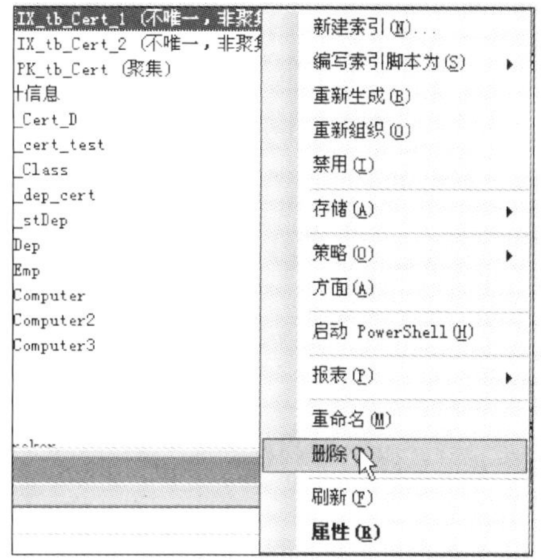


图 4—33　删除索引

“重命名”，然后输入新的名称即可。

方法二，使用 SQL 语句。

```
SP_RENAME 'Cer.tb_Cert.IX_tb_Cert_2','IX_Class'
```

3）将索引 PK_tb_Cert 改为非聚集索引。

在索引的设计界面中，选中索引 PK_tb_Cert，将创建为聚集的索引改为“否”，如图 4—34 所示，然后，单击“关闭”按钮存盘。

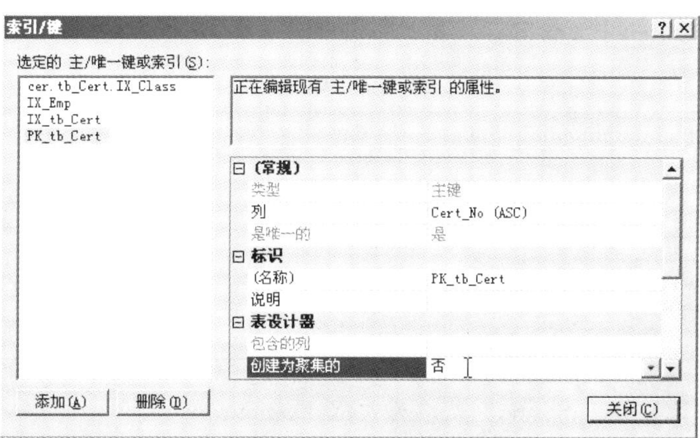


图 4—34　修改索引

## 任务实战

管理计算机标识表中的索引

(1) 执行以下语句，写出语句的功能。

```
USE [db_Cert]
CREATE NONCLUSTERED INDEX [IX_tb_Computer] ON [It].[tb_Computer]
(
```

```
[Comp_OS] ASC
)
```

该语句的功能是：________________________________。

```
CREATE NONCLUSTERED INDEX [IX_tb_Computer_1] ON [It].[tb_Computer]
(
[Comp_State] ASC
)
```

该语句的功能是：________________________________。

```
ALTER TABLE [It].[tb_Computer] ADD CONSTRAINT [PK_tb_Computer] PRIMARY KEY CLUSTERED
(
[Comp_No] ASC
)
```

该语句的功能是：________________________________。

```
ALTER TABLE [It].[tb_Computer] ADD CONSTRAINT [UK_Name] UNIQUE NONCLUSTERED
(
[Comp_Name] ASC
)
```

该语句的功能是：________________________________。

（2）执行（1）中的SQL语句后，确认已经建立了如表4—6所示的索引，并按要求管理表IT. tb_Computer中的索引。

**表4—6　　计算机标识表的索引**

| 索　引 | 相关列 | 属　性 |
|---|---|---|
| IX_tb_Computer | Comp_OS | ASC |
| IX_tb_Computer_1 | Comp_State | ASC |
| PK_tb_Computer | Comp_NO | ASC,CLUSTERED |
| UK_Name | Comp_Name | ASC,UNIQUE |

1）将索引"IX_tb_Computer"改名为"IX_ComputerOS"。

2）删除索引"IX_tb_Computer_1"。

3）将索引"PK_tb_Computer"改为非聚集索引。

4）将索引"UK_Name"改为DESC。

## 项目小结

本项目的任务是完成证照项目有关数据的查询工作，对于不同的查询要求，可以使用简单查询、连接查询和嵌套查询等方法。同时，为了兼顾数据查询和数据维护的效率，必须管理好项目中的索引，数量和类型适度为宜。

# 子项目 5　实现证照项目数据完整性

## 情境描述

证照项目的管理部门最近收到很多关于证照项目的投诉，说证照数据库中存在着不少的错误信息。比如性别写成“南”，出生日期为“1880－7－12”（实应为 1980－7－12），有些手机号码不是 11 位数字，等等，而且错误信息有不断增多的趋势。于是，他们找到了电脑部的开发人员小华，要求帮助他们解决这些问题，使错误信息尽量减少。

数据质量是信息的生命，如果收到错误的信息，那么比没有信息更可怕。对于大量的人工数据录入，出现错误是难以避免的。然而，SQL Server 2008 有专门的机制来确保数据的正确性和完整性，这种机制是通过约束和触发器来实现的。

本子项目的任务是通过约束，提高证照项目数据的正确性和完整性。

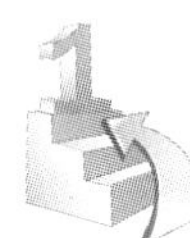

## 任务分析

要降低人工录入数据的出错率，提高数据的质量，总体上要经历五个过程，依次是：学习约束、任务观摩、任务实战、任务拓展和讨论提高。每个过程的各自任务是相辅相成、依次递增的。表 5—1 描述了如何完成这些任务。

表 5—1　　各过程任务表

| 过程 | 名称 | 任务内容 | 方　法 | 目　标 |
|---|---|---|---|---|
| 1 | 学习约束 | 理解约束的概念、类型，掌握约束的创建和管理方法 | 讲解 | 在证照项目中实现约束，为完成工作任务做准备 |
| 2 | 任务观摩 | 用图形化工具创建和管理约束（以证照表为例） | 边讲边演示 | 通过观摩，掌握实现约束的步骤和方法 |
| 3 | 任务实战 | 分析员工数据表，用图形化工具创建和管理员工表约束 | 学生操作，教师指导 | 用在过程 2 中掌握到的方法，独立完成类似的工作任务 |

续前表

| 过程 | 名称 | 任务内容 | 方　法 | 目　标 |
|---|---|---|---|---|
| 4 | 任务拓展 | 使用SQL语句实现约束，并能对约束进行管理 | 设置场景、分析引导 | 在前导过程的基础上，进行拓展，完成更高层次的任务 |
| 5 | 讨论提高 | 约束的焦点问题 | 实验、讨论、交流 | 加深对重点、难点的理解，提高约束的应用能力 |

## 任务5.1　使用约束实现数据完整性

### 任务目标

通过在证照项目中部署约束（Constraint），实现数据的完整性（Integrity），减少人工录入数据出错的机会，提高数据质量。

#### 5.1.1　约束概述

1. 数据完整性

数据完整性是指存储在数据库中数据的一致性和准确性，它包括以下类型。

(1) 域完整性：也称列完整性，指定一个数据集对某一列是否有效和确定是否允许空值；

(2) 实体完整性：也称行完整性，要求表中的所有行有一个唯一的标识符——主键值；

(3) 参考完整性：保证在主键和外键之间的关系总是得到维护。

2. 约束的概念及其类型

约束是保证数据完整性的ANSI标准方法，其类型及功能描述如表5—2所示。

**表5—2**

| 完整性类型 | 约束类型 | 功能描述 |
|---|---|---|
| 域完整性 | DEFAULT | 在使用INSERT语句插入数据时，如果某个列的值没有明确提供，则将该默认值插入到该列中 |
| | CHECK | 指定某一个列可接受值的范围 |
| 实体完整性 | PRIMARY_KEY | 每一行的唯一标识符，确保用户不能输入冗余值和确保创建索引提高性能，不允许空值 |
| | UNIQUE | 防止出现冗余值，并且确保创建索引，提高性能，不允许为空值。 |
| 参考完整性 | FOREIGNKEY | 定义一列或者几列，其值与本表或者另表的主键值匹配 |

3. 约束的其他形式

触发器是一种特殊类型的存储过程，当有操作影响到触发器保护的数据时，触发器就自动发生。触发器是在特定表上进行定义的，该表也称为触发器表。对应的类型有：数据插入、修改和删除。

当有操作针对触发器表时，如果该表有相应操作类型的触发器，那么触发器就能自动引发执行。所以，触发器能够维护行级别的完整性，确保复杂的数据参考完整性。

### 5.1.2　实现证照项目约束

完成了约束的学习任务之后，接下来就进入“任务实战”阶段。为了更好地完成任务，我们先来观摩一下完成任务实战的过程，再独立完成任务实战，然后是任务拓展，最后是讨论提高。

1. 任务描述

分析证照数据表 Cer. tb_Cert，并实现尽可能完整的数据约束。

2. 任务分析

约束的类型有实体完整性、域完整性和引用完整性，下面分别进行分析。

(1) 实体完整性。实体完整性的约束类型主要是主键（Primary Key），可由一列或多列构成，列值不能为空，不能重复，可以唯一确定一行。证照数据表的主键列是：证照编号(Cert_No)。

(2) 域完整性。域完整性有缺省（Default)、检查（Check)、空（NULL)、唯一（Unique)、外键（Foreign Key)。

- 缺省：用户未提供值时的默认值，发照日期的默认值可以设为当前日期。
- 检查：列中可以接受的值，发证日期<=当前日期。
- 空值：指定列是否可以为 NULL，证照名称不允许为空。
- 唯一性：不允许重复，证照编号不能重复，但已定义为主键，无须定义唯一性。
- 外键：根据其他表某个列的值作为列值。证照类别列的值来自于证照类别表的类别编号列；所属部门列的值来自于部门表的部门编号列；证照管理人列的值来自于员工表的工号列。

(3) 引用完整性。引用完整性有外键（Foreign Key)、检查（Check)。

- 外键：列的值（必须是主键）是另一个表中某列的值，本列没有。
- 检查：列的值与同一个表另一个列值的关系，有效期限>发证日期。

3. 需要实现的约束

经过以上的分析，证照表需要实现的约束类型如表 5—3 所示。

表 5—3　证照表的约束类型

| 完整性类型 | 约束类型 | 涉及字段 | 功能描述 |
| --- | --- | --- | --- |
| 实体 | PRIMARY KEY | Cert_No | Cert_No 能唯一标识一个证照（实体） |
| 域 | DEFAULT | Cert_Date0 | Cert_Date0=Getdate()，插入数据时，如未提供发证日期，则取当天日期 |
| | CHECK | Cert_Date0 | 发证日期必须<=当天日期 |
| | FOREIGN KEY | Cert_Class<br>Cert_Dep<br>Cert_Emp | 证照类别：只能取类别表的类别编号<br>所属部门：只能取部门表的部门编号<br>管理人：只能取员工表的工号 |
| | NULL | Cert_Name | 证照名称不能为空 |
| | UNIQUE | Cert_No | 证照编号是唯一的，但作为主键后就不能再键唯一性约束 |

续前表

| 完整性类型 | 约束类型 | 涉及字段 | 功能描述 |
| --- | --- | --- | --- |
| 引用 | FOREIGN KEY | 无 | 由引用证照表的表来定义，而非由证照表来定义 |
| | CHECK | Cert_Date0<br>Cert_Date2 | 过期期限必须大于发证日期，即：<br>Cert_Date2＞Cert_Date0 |

4. 约束的实施

接下来我们借助图形化工具按表 5—3 来创建证照表的约束。

（1）主键。在对象资源管理器中，展开表，右击证照数据表 Cer. tb_Cert，在弹出的菜单中选择“设计”，在表设计窗体中，选中列 Cert_No，清除“允许 Null 值”复选框，再右击，在弹出的菜单中，选择“设置主键”，如图 5—1 所示。退出时选择存盘。

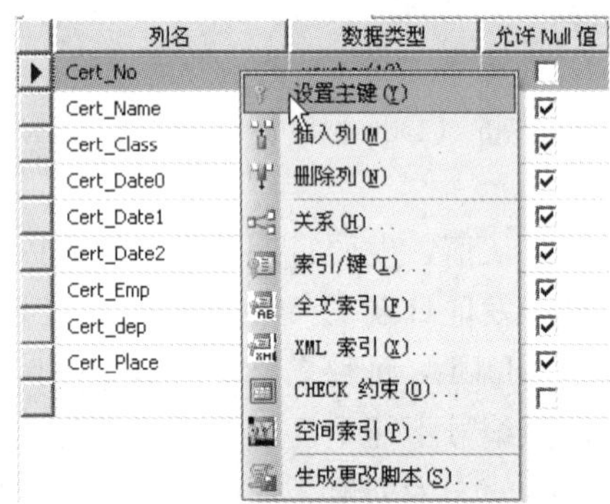


**图 5—1　设置主键**

主键的测试。输入以下语句，然后执行。

```
INSERT INTO Cer. tb_Cert(Cert_No,Cert_Name) VALUES('test01','测试 1')
```

系统显示成功插入一条记录，再执行一次，失败了，系统显示的信息如图 5—2 所示。

**图 5—2　插入重复键的出错信息**

（2）缺省。在对象资源管理器中，展开表，右击证照数据表 Cer. tb_Cert，在弹出的菜单中选择“设计”，在表设计窗体中，选中列 Cert_Date0，在下方的属性窗口中，选中“默认值或绑定”，在右边的空白处输入：Getdate ()，如图 5—3 所示，退出时选择存盘。

缺省的测试。输入以下语句，然后执行。

```
INSERT INTO Cer. tb_Cert(Cert_No,Cert_Name)
VALUES('test02','测试 2')
GO
SELECT Cert_No,Cert_Name,Cert_Date0 FROM Cer. tb_Cert
WHERE Cert_No = 'test02'
GO
```

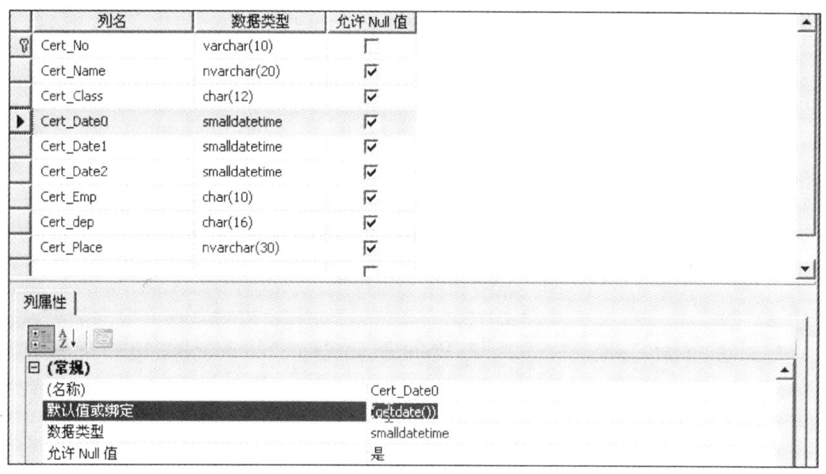


图 5—3　设置默认值

系统显示成功插入一条记录，并将该记录查询出来，如图 5—4 所示，可以看到，语句未提供 Cert_Date0 的值，数据库以当前日期 2010－03－14 作为缺省值插入表中。

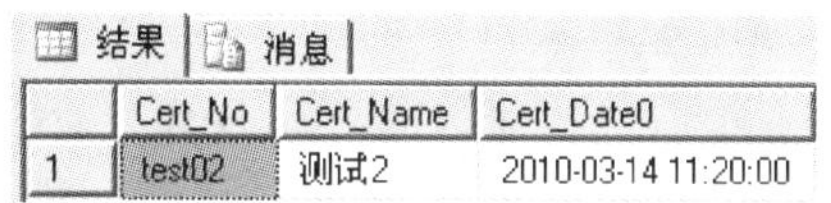


图 5—4　缺省值测试结果

（3）检查。在表设计器中，选中列 Cert_Date0，点击，在弹出的菜单中选择“CHECK 约束”，如图 5—5 所示，之后，弹出新的窗口，如图 5—6 所示，单击“添加”按钮，然后在表达式中输入：Cert_Date0＜＝Getdate()，表示发证日期必须小于等于当前日期。存盘退出。

图 5—5　设置 CHECK 约束

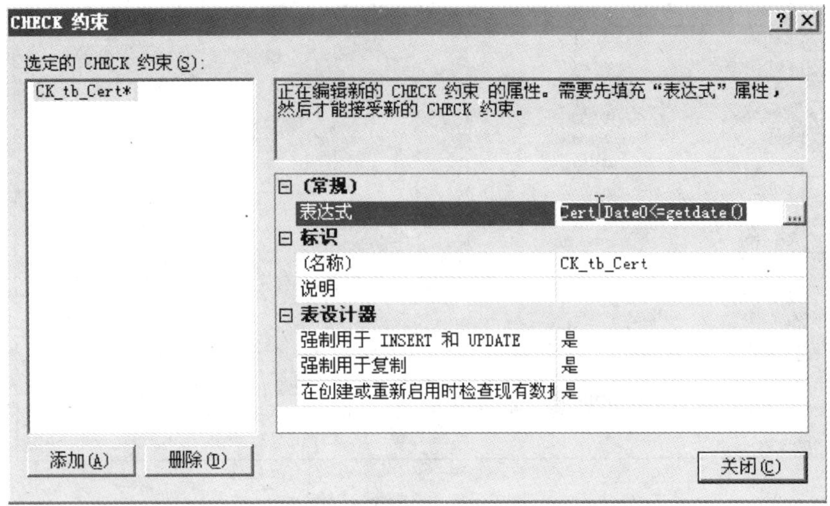


图 5—6　CHECK 表达式

检查的测试。输入以下语句，然后执行。

```
UPDATE Cer.tb_Cert SET Cert_Date0 = GETDATE() + 2 WHERE Cert_No = 'test02'
GO
```

系统显示出错信息，如图 5—7 所示，其中 CK_tb_Cert 是 CHECK 约束的名称，出错原因是 Cert_Date0 大于当前日期。

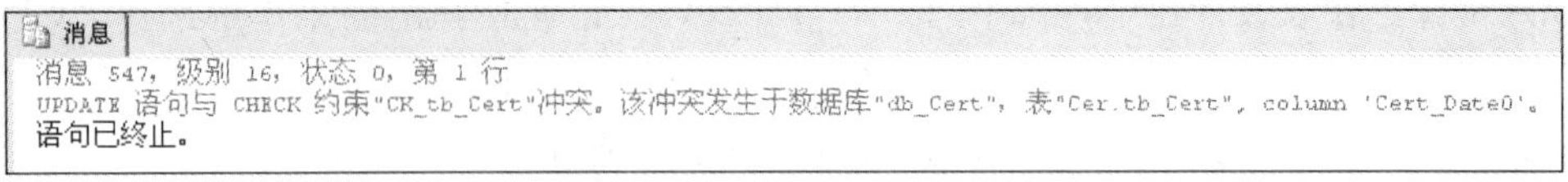

消息
消息 547，级别 16，状态 0，第 1 行
UPDATE 语句与 CHECK 约束"CK_tb_Cert"冲突。该冲突发生于数据库"db_Cert"，表"Cer.tb_Cert"，column 'Cert_Date0'。
语句已终止。

图 5—7　违反 CHECK 约束出错信息

（4）外键。外键的设置必须涉及其他表，称为主外键关系。在表设计器中右击，在弹出的菜单中单击“关系”，如图 5—8 所示，弹出如图 5—9 所示的窗口。

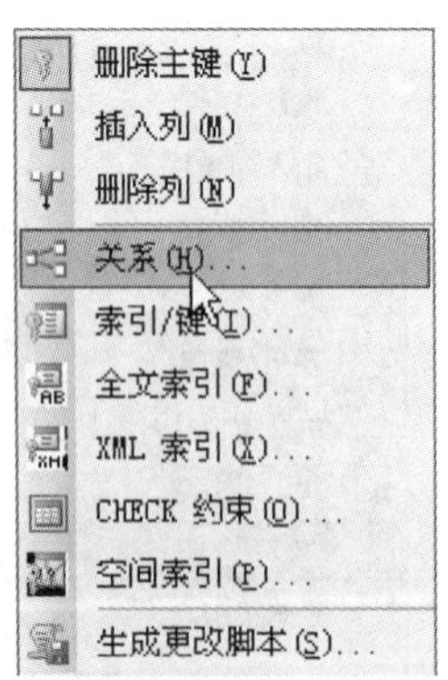


图 5—8　设置关系

在如图 5—9 所示的窗口中，单击“添加”按钮，展开“表和列规范”，单击右边箭头所指的按钮，弹出如图 5—10 所示的窗口。

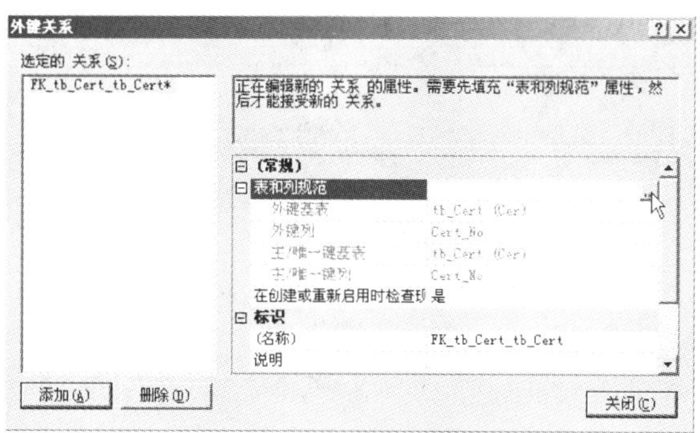


图 5—9　添加外键关系

在图 5—10 所示的窗口中，选取主键表 tb_Class(Cer)的 Class_No 列，外键表 tb_Cert (Cer)的 Cert_Class 列，表示外键表的 Cert_Class 的值只能参照主键表的 Class_No 值。

**注意：** 必须先设置主键表的主键（Class_No）

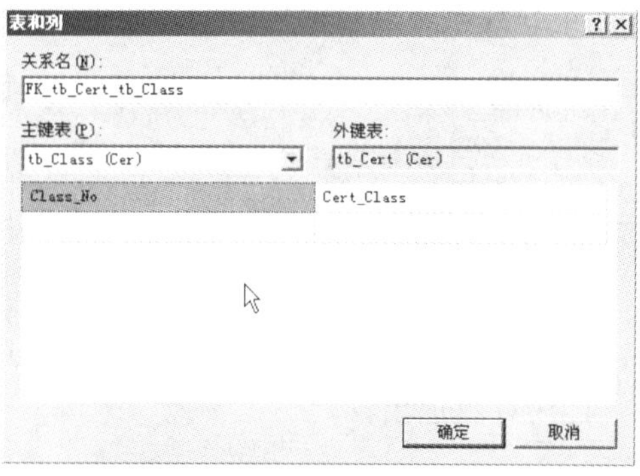


图 5—10　主外键表和列（证照类别）

用相同的方法，在图 5—11 所示的窗口中设置所属部门的主外键关系，在图 5—12 所示的窗口中设置管理人的主外键关系。存盘退出。

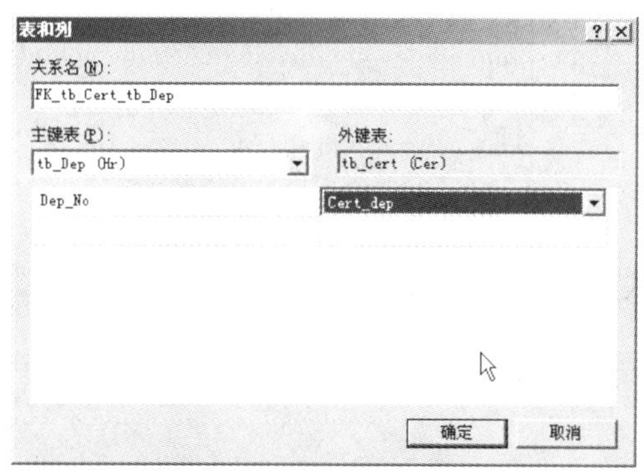


图 5—11　主外键表和列（所属部门）

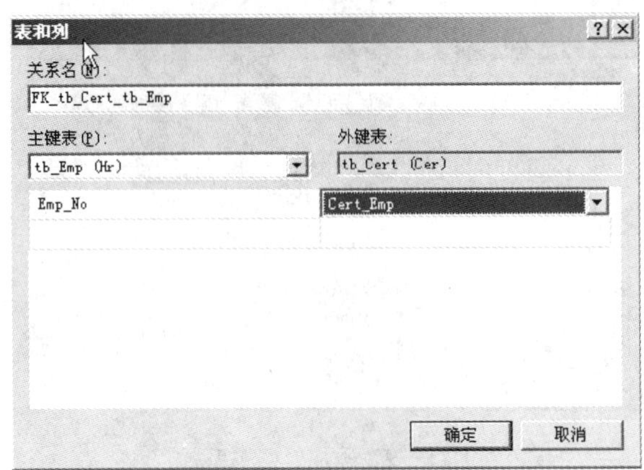


图 5—12　主外键表和列（管理人）

外键的测试。我们以证类别为例来进行测试。在确认 Cer. tb_Class 不存在类别编号为'Z'的记录后，输入以下 SQL 语句并执行。

```
UPDATE Cer. tb_Cert SET Cert_Class = 'Z' WHERE Cert_No = 'test02'
GO
```

由于证照类别违反外键约束，故系统显示出错信息，如图 5—13 所示。

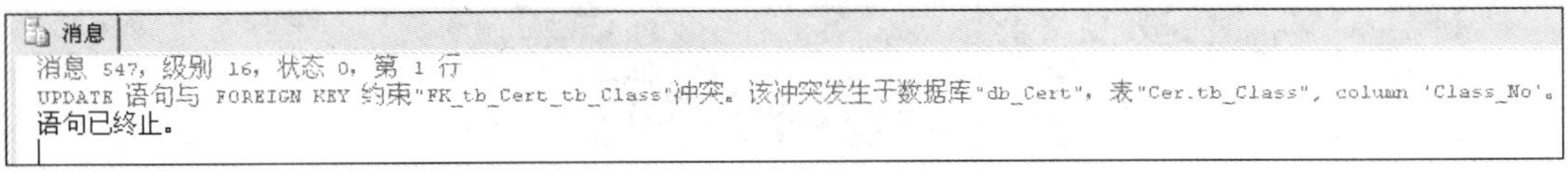

消息

消息 547，级别 16，状态 0，第 1 行
UPDATE 语句与 FOREIGN KEY 约束"FK_tb_Cert_tb_Class"冲突。该冲突发生于数据库"db_Cert"，表"Cer.tb_Class", column 'Class_No'。
语句已终止。

图 5—13　违反外键约束

（5）空值。设置证照名称不允许为空，在表设计器中，选中列 Cert_Name，清空“允许 Null 值”，如图 5—14 所示，然后存盘退出。

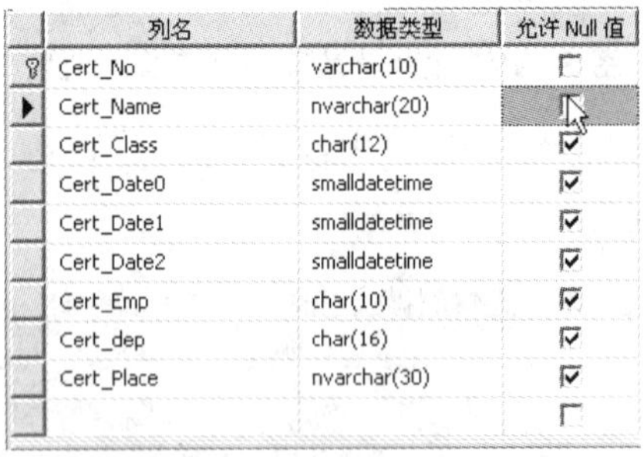

| 列名 | 数据类型 | 允许 Null 值 |
|---|---|---|
| Cert_No | varchar(10) | ☐ |
| Cert_Name | nvarchar(20) | ☐ |
| Cert_Class | char(12) | ☑ |
| Cert_Date0 | smalldatetime | ☑ |
| Cert_Date1 | smalldatetime | ☑ |
| Cert_Date2 | smalldatetime | ☑ |
| Cert_Emp | char(10) | ☑ |
| Cert_dep | char(16) | ☑ |
| Cert_Place | nvarchar(30) | ☑ |
| | | ☐ |

图 5—14　设置空值约束

空值允许的测试。插入一条证照名称为空的记录，语句如下：

```
INSERT INTO Cer. tb_Cert(Cert_No, Cert_Name)
VALUES('test03', null)
GO
```

由于证照名称不能为空，故按 F5 执行时，系统出现错误信息，如图 5—15 所示。

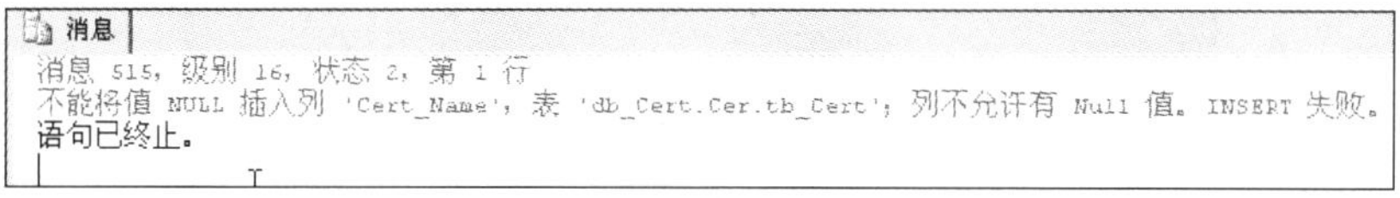

消息

消息 515，级别 16，状态 2，第 1 行
不能将值 NULL 插入列 'Cert_Name'，表 'db_Cert.Cer.tb_Cert'；列不允许有 Null 值。INSERT 失败。
语句已终止。

图 5—15 违反空值约束

（6）唯一性。我们以另一个员工表 Hr. tb_Emp 的手机号码列 Emp_Tel 为例进行演示。假如 Emp_Tel 列存放手机号码，则手机号码必须具有唯一性，即每个人的手机号码是不同的。在表 Hr. tb_Emp 的设计器中右击鼠标，在弹出的菜单中选择“索引/键”，如图 5—16 所示。系统弹出新的窗口，如图 5—17 所示。

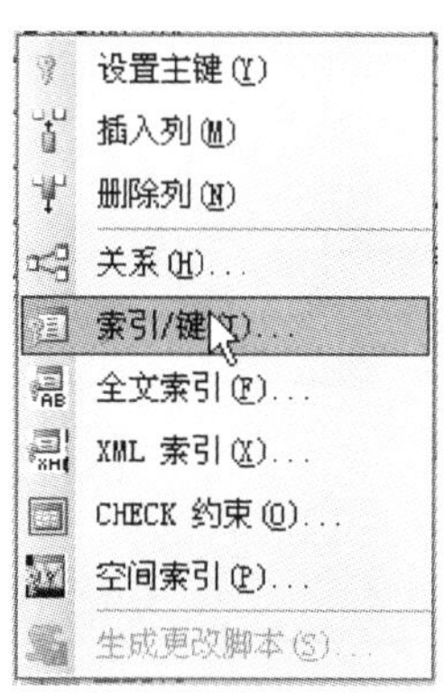


图 5—16　设置索引和键

在图 5—17 所示的窗口中，单击“添加”按钮，在“列”中选择“Emp _ Tel”，在“是唯一的”中选择“是”，存盘退出。

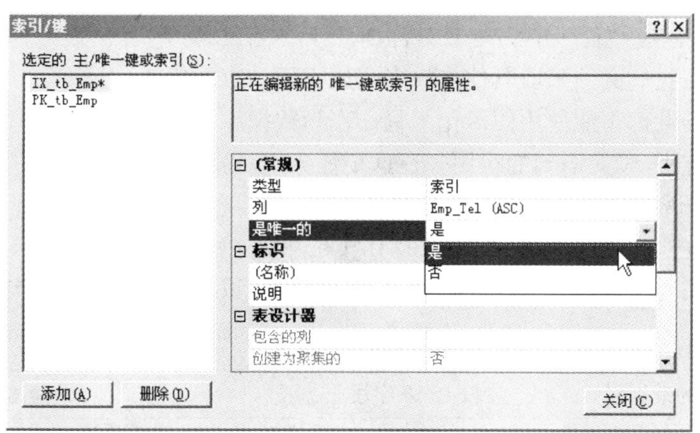


图 5—17　设置唯一性

唯一性的测试，输入以下语句：

```
UPDATE Hr.tb_Emp SET Emp_Tel  = '1371039454' WHERE Emp_No = '101002'
GO
```

由于该电话号码重复，故按 F5 执行时，系统出现错误信息，如图 5—18 所示。

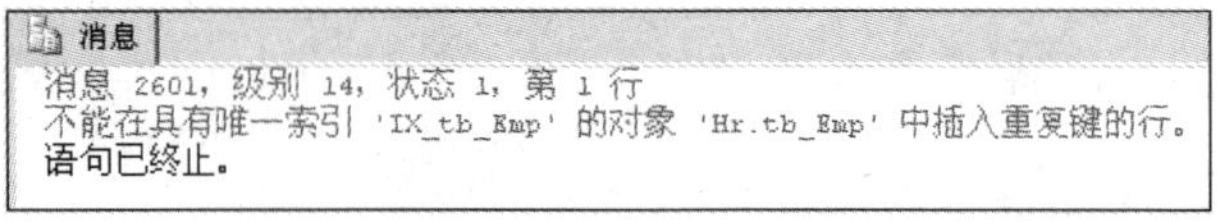

消息

消息 2601，级别 14，状态 1，第 1 行
不能在具有唯一索引 'IX_tb_Emp' 的对象 'Hr.tb_Emp' 中插入重复键的行。
语句已终止。

图 5—18　违反唯一性约束

## 任务实战

实现员工表数据完整性

仔细分析员工表，确认需要实现的约束，填入表 5—4 中，并进行实施和测试。

表 5—4　员工表的约束

| 完整性类型 | 约束类型 | 涉及字段 | 功能描述 |
|---|---|---|---|
| 实体 | PRIMARY KEY | | |
| 域 | DEFAULT | | |
| | CHECK | | |
| | FOREIGN KEY | | |
| | NULL | | |
| | UNIQUE | | |
| 引用 | FOREIGN KEY | | |
| | CHECK | | |

### 5.1.3　使用 SQL 语句实现约束

1. 基本情况分析

在前面，我们主要讲述通过图形化工具实现数据表的约束，然而，在大部分场合下，如在 SQLCMD 中、在应用程序中、在未安装 SQL Server 2008 的客户端中等。我们不能使用图形工具，此时，我们必须采取其他措施来完成实现约束的任务。

上述的许多场景都不能使用图形化工具，作为数据库开发人员，不能只依赖于图形化工具，而是应该更重视 SQL 语句的运用。在这个任务里，我们使用 SQL 语句来实现约束。

2. 使用 SQL 语句实现证照表数据完整性

（1）任务描述。实现计算机标识表 IT. tb_Computer 数据完整性。

（2）列出约束类型。经过分析，我们列出计算机标识表应该实施的约束如表 5—5 所示。

表 5—5　计算机表的约束

| 完整性类型 | 约束类型 | 涉及字段 | 功能描述 |
|---|---|---|---|
| 实体 | PRIMARY KEY | Comp_No | 设置主键。计算机标识号能标识唯一实体 |
| 域 | DEFAULT | Comp_OS | 操作系统的缺省值：Windows XP |
| | CHECK | Comp_RAM | ＞100，要求内存大于 100M |
| | NULL | Comp_CPU | CPU 不能为空 |
| | UNIQUE | Comp_Name | 计算机名字要求唯一 |
| 引用 | FOREIGN KEY | Comp_No（员工表引用） | 员工表的计算机标识引用该列值 |
| | CHECK | Comp_Hdisk＞Comp_RAM | 硬盘容量大于内存（注意要转换为 M） |

（3）编写 SQL 语句，创建约束。

1）PRIMARY KEY。可以有三种方法。

方法一：在建表时添加约束。

```
USE[db_Cert]
GO
CREATE TABLE [It].[tb_Computer](
[Comp_No] [nchar](10) NOT NULL,
[Comp_Name] [nchar](20) NULL,
[Comp_OS] [nvarchar](20) NULL,
[Comp_CPU] [varchar](15) NULL,
[Comp_RAM] [int] NULL,
[Comp_Hdisk] [int] NULL,
[Comp_Date] [smalldatetime] NULL,
[Comp_State] [nchar](10) NULL,
CONSTRAINT [PK_tb_Computer] PRIMARY KEY CLUSTERED(Comp_No)
)
```

方法二：直接指定主键列。

```
CREATE TABLE [It].[tb_Computer](
[Comp_No] [nchar](10) NOT NULL PRIMARY KEY,
[Comp_Name] [nchar](20) NULL,
[Comp_OS] [nvarchar](20) NULL,
[Comp_CPU] [varchar](15) NULL,
[Comp_RAM] [int] NULL,
[Comp_Hdisk] [int] NULL,
[Comp_Date] [smalldatetime] NULL,
[Comp_State] [nchar](10) NULL
)
```

方法三：用 ALTER TABLE 语句。

```
ALTER TABLE [It].[tb_Computer]
ADD CONSTRAINT pk_no PRIMARY KEY(Comp_No)
```

2）DEFAULT。用 ALTER TABLE 语句添加约束。

```
ALTER TABLE [It].[tb_Computer]
ADD CONSTRAINT Df_OS DEFAULT 'WINDOWS XP' FOR Comp_OS
```

3）CHECK。用 ALTER TABLE 语句添加 CHECK 约束。

```
ALTER TABLE [It].[tb_Computer]
ADD CONSTRAINT Ck_RAM CHECK(Comp_RAM>100)
```

4）NULL。用 ALTER TABLE 语句修改列定义。

```
ALTER TABLE [It].[tb_Computer]
```

```
ALTER COLUMN Comp_CPU VARCHAR(15) not null
```

5）UNIQUE。用 ALTER TABLE 语句添加 UNIQUE 约束。

```
ALTER TABLE [It].[tb_Computer]
ADD CONSTRAINT UK_Name UNIQUE(Comp_Name)
```

6）FOREIGN KEY 引用。用 ALTER TABLE 语句在员工表中添加外键约束，引用计算机标识表的编号列。

```
ALTER TABLE Hr.tb_Emp
ADD CONSTRAINT FK_Computer FOREIGN KEY(Emp_Comp)
REFERENCES It.tb_Computer(Comp_No)
```

7）CHECK 引用。表内的列逻辑关系。

```
ALTER TABLE It.tb_Computer
ADD CONSTRAINT Ck_hd_ram CHECK(Comp_RAM<Comp_HDisk * 1000)
```

2. 实验讨论

执行 SQL 语句，测试任务拓展中创建的约束，并与同伴讨论，为什么会出现这样的结果。

1）PRIMARY KEY。

SQL 语句：

```
INSERT INTO It.tb_Computer(Comp_No,Comp_Name,Comp_CPU)
VALUES('gdqy-wys','gdqy-wys-W2k3','PDual-core')
```

执行结果：________________________________________________。

再执行一次的结果：________________________________________。

结论：____________________________________________________。

2）DEFAULT。根据在①中插入的记录，查询该记录的 Comp_OS 列值。

SQL 语句：

```
SELECT Comp_OS FROM It.tb_Computer WHERE Comp_No = 'gdqy-wys'
```

执行结果：________________________。

结论：________________________。

3）CHECK。将内存改为 64M。

SQL 语句：

UPDATE It.tb_Computer SET Comp_RAM =64 WHERE Comp_No='gdqy-wys'

执行结果：________________________________________________。

结论：____________________________________________________。

4）NULL。插入 CPU 为空的记录。

SQL 语句：

```
INSERT INTO It.tb_Computer(Comp_No,Comp_Name,Comp_CPU)
VALUES('gdqy-wys','gdqy-wys-W2k3',null)
```

执行结果：________________________________。
结论：________________________________。
5）UNIQUE。在 1）的基础上，再插入一条名字同样为'gdqy-wys-W2k3'的记录。
SQL 语句：

```
INSERT INTO It.tb_Computer(Comp_No,Comp_Name,Comp_CPU)
VALUES('gdqy-wys2','gdqy-wys-W2k3',null)
```

执行结果：________________________________。
结论：________________________________。
6）FOREIGN KEY 引用。向员工表插入一条记录标识号为'gdqy-wys3'的记录。
SQL 语句：

```
INSERT INTO Hr.tb_Emp(Emp_No,Emp_Comp)
VALUES('wys','gdqy-wys3')
```

执行结果：________________________________。
结论：________________________________。
7）CHECK 引用。将'gdqy-wys'这条记录的内存改为 64000000，硬盘改为 120。
SQL 语句：

```
UPDATE It.tb_Computer SET Comp_RAM  = 64000000 WHERE Comp_No = 'gdqy-wys'
go
UPDATE It.tb_Computer SET Comp_Hdisk  = 120 WHERE Comp_No = 'gdqy-wys'
```

执行结果：________________________________。
结论：________________________________。

## 任务 5.2　使用触发器实现数据完整性

### 任务目标

通过在证照项目中使用触发器（Trigger），实现数据的完整性（Integrity），减少人工录入数据出错的机会，提高数据质量。

### 5.2.1　触发器概述

1. 触发器简介

触发器实际上就是一种特殊类型的存储过程，它是在执行某些特定的 T-SQL 语句时自动执行的一种存储过程。在 SQL Server 2008 中，根据 SQL 语句的不同，把触发器分为两类：一类是 DML 触发器，一类是 DDL 触发器。

2. 触发器的概念和作用

SQL Server 用两种方法来保证数据的有效性和完整性：约束（check）和触发器（Trigger）。约束是直接设置于数据表内，只能实现一些比较简单的功能操作。例如，实现字段有效性和唯一性的检查、自动填入默认值、确保字段数据不重复（即主键）、确保数据表对应的完整性（即外键）等功能。触发器是针对数据表（库）的特殊的存储过程，当这个表发生了 Insert、Update 或 Delete 操作时，会自动激活执行，可以处理各种复杂的操作。在 SQL Server 2008 以后版本中，触发器有了更进一步的功能，在数据表（库）发生 Create、Alter 和 Drop 操作时，也会自动激活执行。触发器常用的一些功能如下。

（1）完成比约束更复杂的数据约束：触发器可以实现比约束更为复杂的数据约束。

（2）检查所做的 SQL 是否允许：触发器可以检查 SQL 所做的操作是否被允许。例如，在产品库存表里，如果要删除一条产品记录，触发器可以检查该产品库存数量是否为零，若不为零则取消该删除操作。

（3）修改其他数据表里的数据：当一个 SQL 语句对数据表进行操作时，触发器可以根据该 SQL 语句的操作情况来对另一个数据表进行操作。例如，当一个订单取消时，触发器可以自动修改产品库存表，在订购量的字段上减去被取消订单的订购数量。

（4）调用更多的存储过程：约束的本身是不能调用存储过程的，但是触发器本身就是一个存储过程。由于存储过程可以嵌套使用，所以触发器也可以调用一个或多过存储过程。

（5）发送 SQL Mail：在 SQL 语句执行完之后，触发器可以判断更改过的记录是否达到一定条件。如果达到该条件，触发器可以自动调用 SQL Mail 来发送邮件。例如，当一个订单交费之后，物流人员可以发送 Email，通知他尽快发货。

（6）返回自定义的错误信息：约束是不能返回信息的，而触发器可以。例如，插入一条重复记录时，触发器给前台应用程序可以返回一个具体的友好的错误信息。

（7）更改原本要操作的 SQL 语句：触发器可以修改原本要操作的 SQL 语句。例如，原本的 SQL 语句是要删除数据表里的记录，但该数据表里的记录是最重要记录，不允许删除，那么触发器可以不执行该语句。

（8）防止数据表结构更改或数据表被删除：为了保护已经建好的数据表，触发器可以在接收到 Drop 和 Alter 开头的 SQL 语句里，不进行对数据表的操作。

3. 触发器的种类

触发器可以分为两大类：DML 触发器和 DDL 触发器。

（1）DML 触发器。DML 触发器是当数据库服务器中发生数据操作语言（Data Manipulation Language）事件时执行的存储过程。DML 触发器又分为两类：After 触发器和 Instead Of 触发器。

1）After 触发器。这类触发器在记录已经变更之后（after），才会被激活执行。它主要是用于记录变更后的处理或检查，一旦发现错误，也可以用 Rollback Transaction 语句来回滚本次的操作。

2）Instead Of 触发器。这类触发器一般是用来取代原本的操作，在记录变更之前发生。它并不去执行原来 SQL 语句里的操作（Insert、Update、Delete），而去执行触发器本身所定义的操作。

（2）DDL 触发器。DDL 触发器是在响应数据定义语言（Data Definition Language）事件时执行的存储过程。它一般用于执行数据库中管理任务，如审核和规范数据库操作、防止数据库表结构被修改等。

4. DML 触发器的工作原理

在 SQL Server 2008 里，为每个 DML 触发器都定义了两个特殊的表。一个是插入表

(Inserted)，一个是删除表（Deleted)。这两个表建在数据库服务器的内存中，是由系统管理的逻辑表，而不是真正存储在数据库中的物理表。对于这两个表，用户只有读取的权限，没有修改的权限。这两个表的结构与触发器所在数据表的结构是完全一致的，当触发器的工作完成之后，这两个表也将会从内存中删除。插入表里存放的是更新前的记录：对于插入记录操作来说，插入表里存放的是要插入的数据；对于更新记录操作来说，插入表里存放的是要更新的记录。删除表里存放的是更新后的记录：对于更新记录操作来说，删除表里存放的是更新前的记录（更新完后即被删除)；对于删除记录操作来说，删除表里存入的是被删除的旧记录。

(1）After 触发器的工作原理。After 触发器在记录更变之后才被激活执行。以删除记录为例：当 SQL Server 接收到一个要执行删除操作的 SQL 语句时，SQL Server 先将要删除的记录存放在删除表里，然后把数据表里的记录删除，再激活 After 触发器，执行 After 触发器里的 SQL 语句。执行完毕之后，删除内存中的删除表，退出整个操作。

(2）Instead Of 触发器的工作原理。Instead Of 触发器与 After 触发器不同。After 触发器是在 Insert、Update 和 Delete 操作完成后才被激活，而 Instead Of 触发器，是在这些操作进行之前就被激活了，并且不再去执行原来的 SQL 操作，而去运行触发器本身的 SQL 语句。

5. 设计 DML 触发器的注意事项及技巧

(1）设计触发器的限制。

表 5—6 列出了在触发器中不能使用的 SQL 语句。

**表 5—6　　在触发器中不能使用的语句**

| 语　句 | 功　能 | 语　句 | 功　能 |
|---|---|---|---|
| Alter Database | 修改数据库 | Load Log | 导入日志 |
| Create Database | 新建数据库 | Reconfigure | 更新配置选项 |
| Drop Database | 删除数据库 | Restore Database | 还原数据库 |
| Load Database | 导入数据库 | Restore Log | 还原数据库日志 |

(2）在触发器取得字段修改前和修改后的数据，是在触发器设计中经常要用到的，表 5—7 列出了获得这些值的技巧。

**表 5—7　　在触发器中不能使用的语句**

| 触发语句 | 对应虚拟表 | 说　明 |
|---|---|---|
| Insert | Inserted | 准备插入的值保存在 Inserted 表中，可用 Rollback 取消插入动作 |
| Delete | Deleted | 准备删除的值保存在 Deleted 表中，可用 Rollback 取消删除动作 |
| Update | Inserted,Deleted | 更新前的值在 Deleted 中，更新后的值在 Inserted 中，可用 Rollback 取消更新动作 |

6. DDL 触发器

DDL 触发器有两种，一种作用在当前 SQL Server 服务器上，一种作用在当前数据库中。这两种 DDL 触发器在 Management Studio 中所在的位置是不同的。

作用在当前 SQL Server 服务器上的 DDL 触发器所在位置是："对象资源管理器"，选择所在 SQL Server 服务器，定位到“服务器对象”、“触发器”，在“方面”对话框里就可以看到所有的作用在当前 SQL Server 服务器上的 DDL 触发器。

作用在当前数据库中的 DDL 触发器所在位置是：“对象资源管理器”，选择所在 SQL Server 服务器，“数据库”，所在数据库，定位到“可编程性”、“数据库触发器”，在“方面”对话框里就可以看到所有的当前数据库中的 DDL 触发器。

右击触发器，在弹出的快捷菜单中选择“编写数据库触发器脚本为”、“CREATE 到”、“新查询编辑器对话框”，然后在新打开的“查询编辑器”对话框里可以看到该触发器的内容。在 Management Studio 中如果要修改 DDL 触发器内容，就只能先删除该触发器，然后再重新建立一个 DDL 触发器。

### 5.2.2 使用触发器实现数据完整性

使用触发器实现数据完整性时，必须使用 DML 触发器，请在观摩一个任务后，独立完成实战中的任务。

1. 保护重要数据，确保数据完整性

（1）任务描述。证照表中的过期日期是本项目的重要数据，请确保其值尽量符合逻辑。

（2）任务分析。如前面所述，数据的完整性主要是通过约束和 DML 触发器来完成的。证照数据表 Tb_Cert 中，有三个列的列值来自于其他表（分别是部门列来自于部门表、员工列来自于员工表、类别列来自于类别表），这些适合于用主外键约束来实现。而其他三个日期类型的列（分别是初领日期 Cert_date0，最近审核日期 Cert_date1，过期日期 Cert_date2）值与其他表没有联系，不存在参照关系，但却存在一定的逻辑关系（如过期日期>最近审核日期>初领日期），这适合于用 DML 触发器来实现。

（3）任务实施。

我们用 DML 触发器来完成这一任务，当对该表进行操作时，判断该字段的值是否大于初领日期和最近审核日期，如果不是，则取消该操作。

第一步，如图 5—19 所示，在“对象资源管理器”中依次展开数据库、db_Cert、表、Cer. tb_Cert、触发器，右击“触发器”，选择“新建触发器”，则在查询编辑器中，将产生创建触发器的 SQL 语句模板。

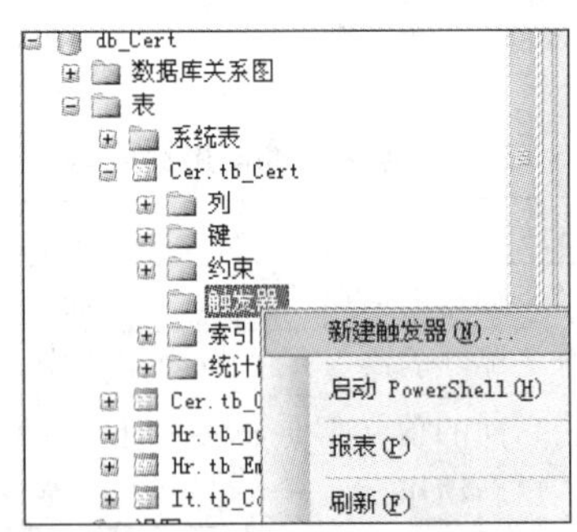


图 5—19 DDL 新建触发器

第二步，修改触发器名字为 CER. TRI_EXPIRE_DATE、表对象为 Cer. tb_Cert、触发行为为 Insert 和 Update（删除无须判断），如以下代码所示。（在以后如需对触发器进行修改，将 Create 改为 Alter 即可）

```
SET ANSI_NULLS ON
GO
SET QUOTED_IDENTIFIER ON
GO
CREATE TRIGGER CER.TRI_EXPIRE_DATE
    ON cer.tb_cert
    AFTER INSERT,UPDATE
AS
BEGIN
SET NOCOUNT ON;
    --在这里输入触发器的主体语句
END
GO
```

第三步，编写主体语句。因为无论是 Update 还是 Insert 操作，新的数据都保留在临时表 Inserted 中，将其三个日期值取出，分别赋给三个日期变量，然后进行比较，如不符合逻辑就回滚，代码如下所示。

```
SET ANSI_NULLS ON
GO
SET QUOTED_IDENTIFIER ON
GO
CREATE TRIGGER CER.TRI_EXPIRE_DATE
    ON cer.tb_cert
    AFTER INSERT,UPDATE
AS
BEGIN
SET NOCOUNT ON;
    --声明三个日期变量
    DECLARE @date0 SMALLDATETIME
    DECLARE @date1 SMALLDATETIME
    DECLARE @date2 SMALLDATETIME
    --从临时表中取值赋给量
    SET @date0 = (SELECT cert_date0 from inserted)
    SET @date1 = (SELECT cert_date1 from inserted)
    SET @date2 = (SELECT cert_date2 from inserted)
    --判断是否符合条件
    IF (@date2<@date1 or @date2<@date0)
        ROLLBACK -不符合,则回滚
END
```

第四步，测试。编号为“1323”的证照三个日期现为 1992-05-18、2007-01-23、2011-10-01，试执行语句

```
UPDATE CER.TB_CERT SET CERT_DATE2 = '2005 - 10 - 01' WHERE CERT_NO = '1323'
```

则系统提示如图 5—20 所示，表明触发器发生作用，阻止了语句的执行。

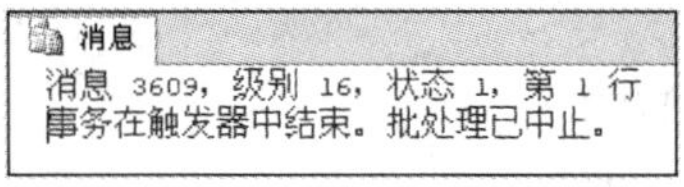

消息
消息 3609，级别 16，状态 1，第 1 行
事务在触发器中结束。批处理已中止。

**图 5—20　触发器阻止语句的执行**

**任务实战**

使用触发器实现数据完整性

创建触发器，确保员工生日的数据完整性（年龄介于 18～60 岁之间）。

2. 实验和讨论

按下列步骤进行操作，并记录每一步的结果，并与小组成员进行讨论、交流。

（1）确认证照表（Cer.tb_Cert）与证照类别表（Cer.tb_Class）已经建立了证照类别编号的主外键关系。

（2）确认证照类别表中不存在编号为‘Z’的证照类别。

（3）执行以下语句。

```
INSERT INTO Cer.tb_Cert(Cert_No,Cert_Name,Cert_Class)
VALUES('Z00001','测试用','Z')
```

该语句的功能是：＿＿＿＿＿＿＿＿＿＿＿＿＿＿＿＿＿＿＿＿＿＿＿＿＿＿＿＿＿＿＿＿。

（4）记录结果。以上语句的执行结果是：＿＿＿＿＿＿＿＿＿＿＿＿＿＿＿＿＿＿＿＿＿＿。

（5）再执行以下语句。

```
CREATE TRIGGER CER.triClass
    ON cer.tb_cert
    INSTEAD OF INSERT
AS
BEGIN
SET NOCOUNT ON;
    --声明变量
    DECLARE @strClsNo char(12)
    --从临时表中取值赋给量
    SET @strClsNo = (SELECT cert_Class from inserted)
    --判断类别编号是否存在于类别表中
    IF NOT EXISTS (SELECT * FROM Cer.tb_Class WHERE Class_No = @strClsNo)
        BEGIN
            INSERT INTO Cer.tb_Class VALUES(@strClsNO,@strClsNO)
            INSERT INTO cer.tb_Cert SELECT * FROM inserted
        END
END
```

该语句的功能是：______________________________。

（6）记录结果。以上语句的执行结果是：______________________________。

（7）再执行第（3）步中的语句，执行结果是：______________。是否与第（3）步的执行结果一致，为什么？

（8）验证结果。执行以下语句，确认实验结果。

```
SELECT * FROM CER.tb_Class WHERE Class_No = 'Z'
SELECT * FROM Cer.tb_Cert WHERE Cert_Class = 'Z'
```

小组活动结论：______________________________。

## 项目小结

本子项目通过对约束基础知识的学习，在证照项目中部署约束，实现证数据库的数据完整性。触发器也能实现数据完整性。

# 子项目 6　视图在证照项目中的应用

小华在每个月的月底，都需要进行以下的数据查询：

● 查询在下个月到期的证照，以便提前做好下一月度的工作安排。

● 查询下个月生日的员工资料，以便通知他们参加公司组织的集体生日晚会。

小华目前是采用查询语句来完成这些任务的，由于小华近来开发任务比较繁重，所以他准备采用一种既简单又直观的方式将数据快速地呈现出来，并让相关人员可以方便地得到这些数据。如果真能这样，就能减轻工作负担，提高工作效率。

原来的方法是执行一个查询语句，得到一个结果集，这个结果集是所查询的表的一个子集，但是，没有相应的数据库对象把这个结果集保留下来。如果能有一个类似表一样的数据库对象，来对应这个结果集，那么，这个新的数据库对象就是我们所需要的数据。

视图，就是我们所要的数据库对象，它能帮助小华达到情境描述中的目的。

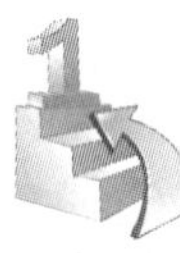

任务分析

通过以上的分析，可以确定本子项目的任务如下：

1. 学习任务：认识视图。
2. 任务观摩：如何在证照项目中运用视图。
3. 工作任务：视图在证照项目中的进一步运用。
4. 任务拓展：管理证照项目中的视图。

## 任务 6.1　在证照项目中运用视图

任务目标

通过在证照项目中运用视图，方便用户对数据的查询，减轻工作负担，提高工作效率。

### 6.1.1　视图概述

1. 视图的概念

视图被看成是虚拟表，并不表示任何物理数据，只是用来查看数据。视图与真正的数据表很类似，也是由一组命名的列和数据行所组成，其内容由查询语句所定义。但是视图并不是以一组数据的形式存储在数据库中，数据库中只存储视图的定义（Select 语句），即 Select 语句的结果构成视图以返回的虚拟表。当数据表中的数据发生变化时，从视图中查询出来的数据也随之改变。

视图中的行和列都来自于数据表，这些数据表称为视图的基表，是在视图被引用时动态生成的。使用视图可以集中、简化和定制用户的数据表显示，用户可以通过视图来访问数据，而不必直接去访问该视图的数据表。

使用视图可实现下列功能：

（1）将用户限定在数据表中的特定行上。例如，只允许学生看见学生成绩表内记录本人的成绩的记录行。

（2）将用户限定在特定列上。例如，对于那些不负责处理工资单的用户，只允许他们看见教师基本信息表中的姓名列、性别列、职称列和电话列，而不能看见任何包含工资信息或任教课程编码列。

（3）将多个表中的列联接起来，使它们看起来像一个表。

（4）聚合信息而非提供详细信息。例如，显示一个列的和，或者列的最大值和最小值。

视图由视图名和视图定义两部分组成。视图是从一个或几个表导出的表，它实际上是一个查询结果，视图的名字和视图对应的查询存放在数据库中。在数据库中视图对应的数据没有单独存放，这些数据仍存放在导出视图的表中。例如，学生管理数据库中有学生基本信息表 stud_info(stud_id,name,birthday,gender,address,telcode,zipcode,mark)，此表对应一个存储文件。可以在其基础上定义一个男生基本信息表 stud_info_male(stud_id,name,birthday,mark)，它是从 stud_info 中选择 gender='男'的各个行，然后在 stud_id，name，birthday，mark 上投影得到的。在数据库中只存有 stud_info_male 的定义，而 stud_info_male 的记录不重复存储。在用户看来，视图是通过不同路径去看一个实际表，就像一个窗口一样，我们通过窗户去看外面的高楼，可以看到高楼的不同部分，而透过视图可以看到数据库中自己感兴趣的内容。

2. 视图的特点

（1）优点。

1）数据保密。对不同的用户定义不同的视图，使用户只能看到与自己有关的数据。例如，对教师基本信息表（teacher_info）创建了计算机系的视图，计算机系的教师就只能使用此视图，而无法访问其他系教师的数据。

2）简化查询操作，为复杂的查询建立一个视图，用户不必输入复杂的查询语句，只需针对此视图做简单的查询即可。

3）保证数据的逻辑独立性。对于视图的操作，例如查询，只依赖于视图的定义。当构成视图的数据表要修改时，只需修改视图定义中的子查询部分。而基于视图的查询不用改变。

（2）缺点。

当更新视图中的数据时，实际上是对数据表的数据进行更新。事实上，当从视图中插入或者删除时，情况也是这样。然而，某些视图是不能更新数据的，这些视图有如下的特征：

1）有 UNION 等集合操作符的视图。

2）有 GROUP BY 子句的视图。

3）有诸如 AVG，SUM 或者 MAX 等函数的视图。

4）使用 DISTINCT 短语的视图。

5）连接表的视图（其中有一些例外）。

3. 视图的创建方法

SQL Server 中提供了两种创建视图的方法：使用对象资源管理器和使用 Transact－SQL 语句，下面分别加以介绍。

（1）图形化工具。

1）单击“开始”按钮，选择“程序”→“Microsoft SQL Server 2008”→“SQL Server Management Studio”→“对象资源管理器”。

2）单击“数据库”项左侧的加号（＋），展开数据库组，展开要在其中创建视图的数据库，如图 6—1 所示。

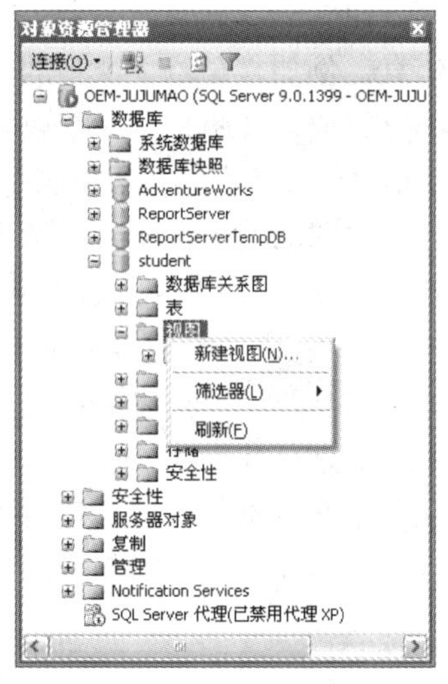


**图 6—1　带快捷菜单的对象资源管理器**

3）右击“视图”项，在弹出的菜单中选择“新建视图”选项，打开“添加表”对话框。

4）从“添加表”对话框提供的列表中选择要使用的表或视图，单击“添加”按钮，或者双击选中的表或视图。选择完毕，单击“关闭”按钮，关闭“添加表”对话框，出现如图 6—2 所示“视图设计器”。

5）“视图设计器”中共有四个区，从上到下依次为关系图窗格（表区）、网格窗格（列区）、SQL 窗格（SQL Script 区）、结果窗格（数据结果区）。从最上面表区的数据表框中选择相应的列，对每一列进行选中或取消选中，就可以控制该列是否要在视图中出现。此时，列区将显示所选中的包括在视图的数据列，相应的 SQL Server 语句显示在 SQL Script 区。在列区选择或取消“输出”列可以控制该列是否在视图中显示，如果需要对某一列进行分

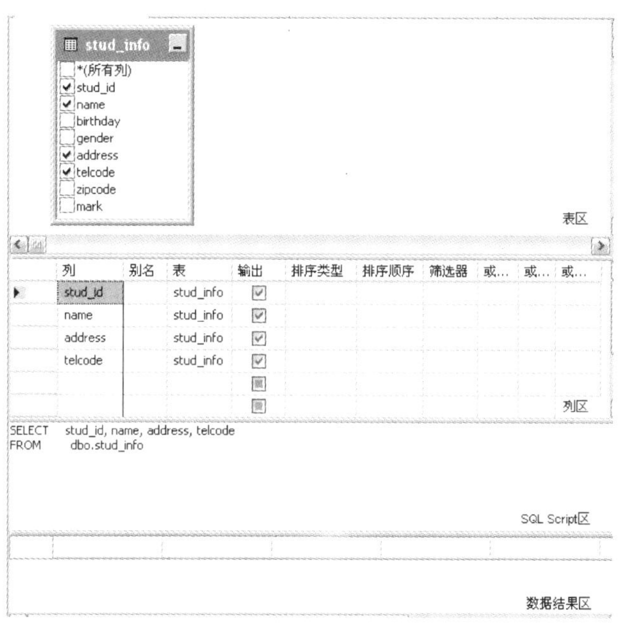


**图 6—2　视图设计器**

组，则可右击该列，从弹出的菜单中选择“添加分组依据”选项。

6）单击“视图设计器”对应的工具栏中的红色惊叹号（!）按钮来预览结果，最后单击“标准”工具栏中的“保存”按钮并输入视图的名称，完成视图的创建，如图 6—3 所示。

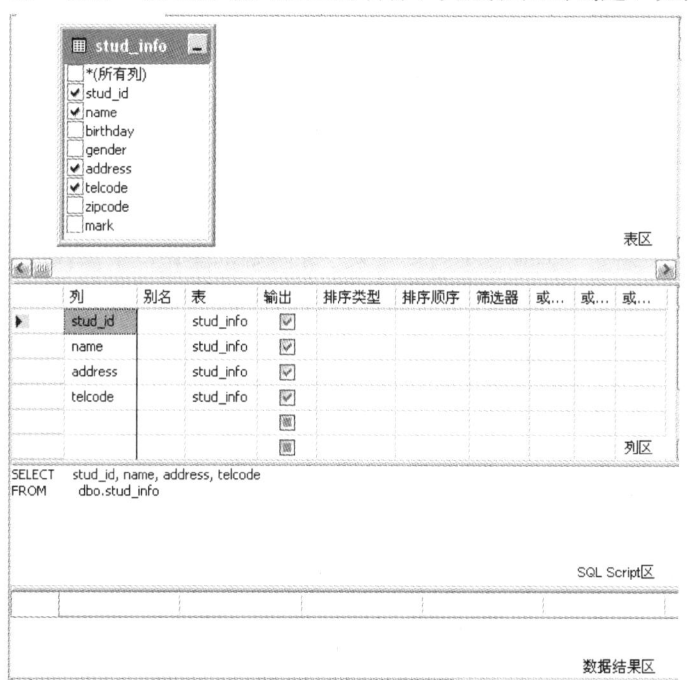


**图 6—3　创建新视图的预览结果**

视图的名称必须符合命名规则。是否指定视图的架构则是可选的。由于视图和数据表的外观是一样的，因此，应该使用一种能与数据表区别开的命名机制，使人容易分辨出视图和表，例如可以在视图名称之前使用 vw_作为前缀。

（2）SQL 语句。

创建视图也可使用 Transact-SQL 语句来实现，CREATE VIEW 语句的语法格式如下：

CREATE VIEW view _ name [ （column _ name [，…n]）]

[WITH ENCRYPTION]

AS

SELECT _ statement

[WITH CHECK OPTION]

其中组成视图的列名（column _ name）要么全部省略要么全部指定，没有第三种选择。如果省略了视图的列名，则隐含该视图由 Select _ statement 子句中结果集的列名组成。但在下列 3 种情况下必须明确指定组成视图的所有列名：

1）当视图的列名不是单纯的列名而是表达式或聚合函数的计算结果时，则需指明新的列名。在 Select _ statement 子句中不许使用 ORDER BY 子句和 DISTINCT 短语，如果需要排序，则可在视图定义后，对视图查询时再进行排序。

2）视图由多个表连接得到，若不同的表中存在同名列，则需要指定列名；

3）需要在视图中为某个列启用更合适的名字。

WITH ENCRYPTION 表示加密选项；AS 之后的 Select 语句表示视图要完成的操作，或者说视图的内容就是 Select 语句指定的内容；WITH CHECK OPTION 选项强制所有通过视图修改的数据满足代码中的 Select 语句中指定的选择条件。

### 6.1.2 在证照项目中使用视图

通过对视图的学习，我们已经了解了视图的基本概念和优点，接下来，需要将视图应用到我们的证照项目中。

1. 创建某月生日的员工视图

（1）内容。利用视图，求出在下个月生日的员工工号、姓名、性别、生日和联系电话。

（2）分析。要查询的数据是员工表的一个子集，列的子集如上所述，行的子集是出生日期的月份在下个月，我们可以用 MONTH(　　) 函数求出出生月份，而下一月份就是当前日期的下一个月，注意不能简单地将当前月份加 1，因为到 12 月份时下一个月份是 1，必须用到 DATEADD(　　) 函数。综合起来，其过滤条件是：

```
MONTH(Emp_Birth) = MONTH(DATEADD("Month",1,GETDATE()))
```

（3）实施。我们用图形化设计器来创建这个视图，详细步骤如下。

1）在对象资源管理器中右击视图，在弹出的菜单中选择“新建视图”，弹出如图 6—4 所示的窗口。

2）选择 tb_Emp（Hr），单击“添加”按钮，然后关闭，出现如图 6—5 所示的窗口。

3）在图 6—5 中，选中表的 Emp_No、Emp_Name 、Emp_Gender、Emp_Birth、Emp_Tel，然后选中列 Emp_Birth，如图所示在筛选器中输入筛选条件。留意一下图中下方的 SQL 语句。

4）单击工具栏中的“验证 SQL 句法”按钮，如没有错误，退出存盘，输入视图名字，完成视图的设计，如图 6—6 所示。

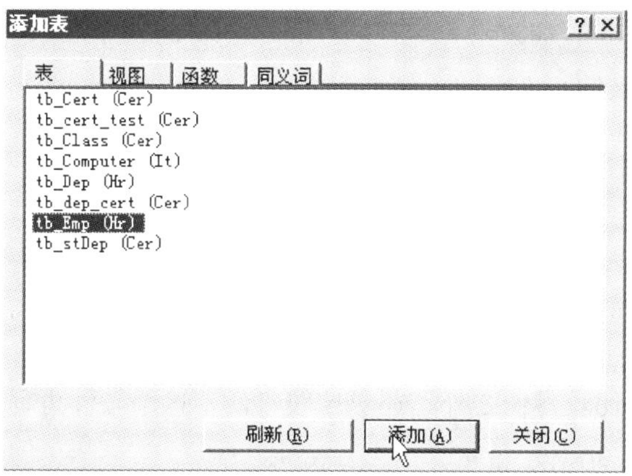


图 6—4　添加表

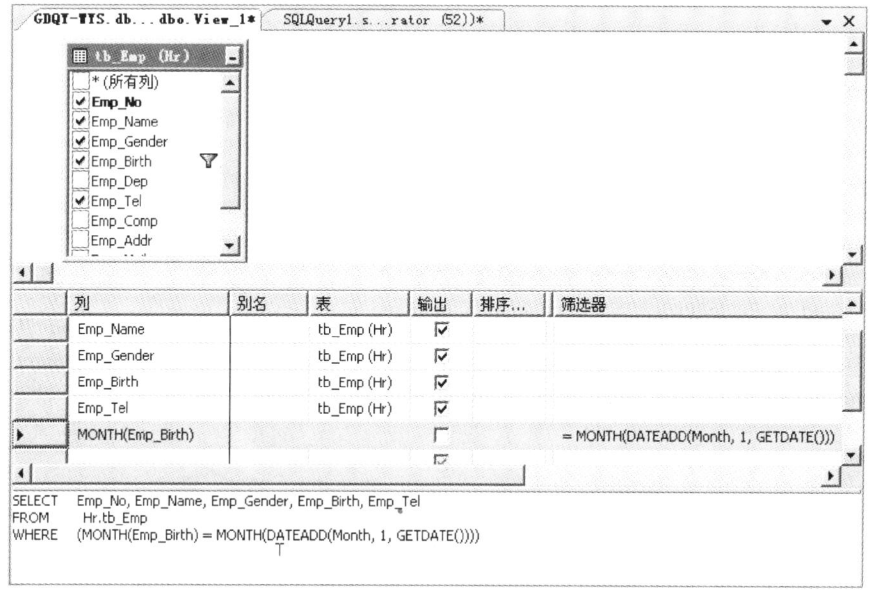


图 6—5　视图设计器

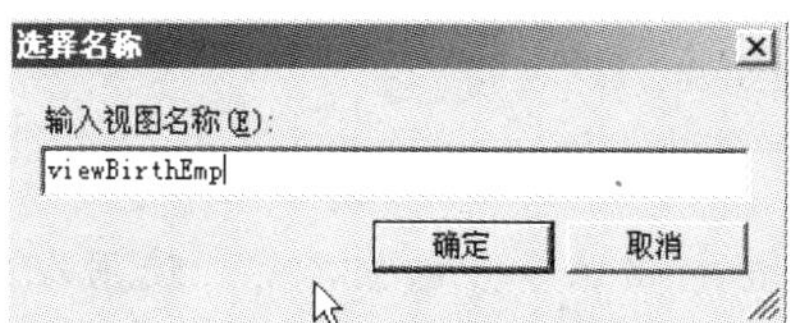


图 6—6　输入视图名称

（4）测试。对视图的查询就象对表的查询一样，输入以下 SQL 语句，得到如图 6—7 所示的结果，完全符合要求。

```
SELECT * FROM viewBirthEmp
```

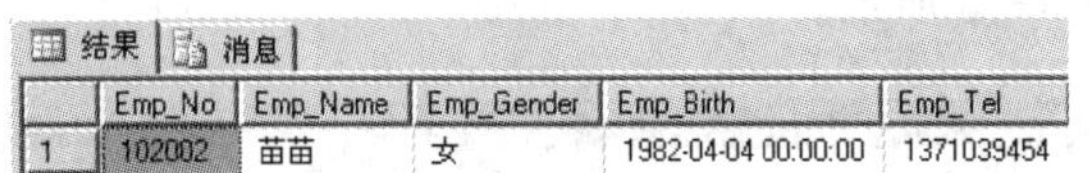

| | Emp_No | Emp_Name | Emp_Gender | Emp_Birth | Emp_Tel |
|---|---|---|---|---|---|
| 1 | 102002 | 苗苗 | 女 | 1982-04-04 00:00:00 | 1371039454 |

图 6—7　测试结果

2. 创建下个月到期的证照视图

（1）内容。求出下个月到期的证照编号、名称、过期日期、所属部门名称、管理员姓名。

（2）分析。所需要的数据来自三个表，分别是证照表、部门表、员工表，需要一个连接查询的语句，还要一个过滤条件，就是到期日期落在下个月的证照。这个过滤条件跟任务观摩之一有点区别，除了比较月份之外，还要比较年份。这个条件可写成如下语句：

```
YEAR(Cert_Date2) = YEAR(DATEADD("Month",1,GETDATE()))
AND MONTH(Cert_Date2) = MONTH(DATEADD("Month",1,GETDATE()))
```

（3）实施。在任务观摩一中，我们使用了图形化设计器，这里我们直接使用第二种方法，即编写 SQL 语句。其实创建视图的主体就是编写查询语句。

```
CREATE VIEW viewCert
AS
SELECT C.Cert_No AS 编号,C.Cert_Name AS 名称,
C.Cert_Date2 AS 过期日期,D.Dep_Name AS 部门,E.Emp_Name AS 管理人
FROM Cer.tb_Cert C, Hr.tb_Dep D ,Hr.tb_Emp E WHERE
C.Cert_dep  = D.Dep_No AND C.Cert_Emp  = E.Emp_No AND
YEAR(C.Cert_Date2) = YEAR(DATEADD("Month",1,GETDATE()))
AND MONTH(C.Cert_Date2) = MONTH(DATEADD("Month",1,GETDATE()))
```

（4）测试。从视图查询，即可查出符合条件的语句，结果如图 6—8 所示。

```
SELECT * FROM viewCert
```

| | 编号 | 名称 | 过期日期 | 部门 | 管理人 |
|---|---|---|---|---|---|
| 1 | 1521 | 华南市场执照 | 2010-04-02 00:00:00 | 电脑部 | 小华 |

图 6—8　测试结果

## 任务实战

视图在证照项目的运用

（1）电脑情况一览表，包括电脑编号、电脑名称、使用人姓名、CPU 配置。

（2）公司经理清单，包括部门名称、经理姓名、年龄、性别、联系电话。

3. 实验与交流

（1）将自己的工作成果与小组成员进行分享，找出各自的优点和不足，并进行完善和总结。

（2）完成以下实验，并将实验结果填入表 6—1 中，再与同伴就结果进行讨论。

1）向视图 viewBirthEmp 插入以下数据。

```
INSERT INTO viewBirthEmp VALUES('102010','穗穗','女','1985 - 05 - 03','13800138000' )
```

2）向视图 viewCert 插入以下数据。

```
INSERT INTO viewCert VALUES('15323','税务登记证','2010 - 09 - 01','财务部','穗穗')
```

表 6—1　　实验数据表

| 实验项目 | 实验前判断 | 实验结果 | 是否差异 | 讨论结果 |
|---|---|---|---|---|
| 1) | □成功<br>□失败 | □成功<br>□失败 | | |
| 2) | □成功<br>□失败 | □成功<br>□失败 | | |

（3）对于一个加密的视图，去掉加密的最好方法是什么？

## 任务 6.2　管理证照项目中的视图

### 任务目标

管理好证照项目的视图，能对视图进行修改、删除、重命名、加密。

### 6.2.1　视图管理概述

创建好视图之后，如果需要查看和修改视图定义，既可使用对象资源管理器，也可使用 Transact-SQL 语句来完成，下面分别加以介绍。

1. 查看与修改视图定义

（1）使用对象资源管理器查看与修改视图定义。

进入对象资源管理器→展开“服务器”→单击加号（+）展开“数据库”→展开用户数据库（student）→展示“视图”→右击欲修改定义的视图名→在出现的快捷菜单中选择“修改”，这时就可以在“视图设计器”中按照创建视图的方法对原有的视图进行各种修改。例如在表区重新选择或取消数据表框中相应的列，在列区重新选择或取消“输出”列，在 SQL Script 区对视图定义的 SQL 语句进行修改。其他操作与创建视图操作相同，可参见“视图的创建”一节的介绍。

（2）使用 Transact-SQL 语句修改视图定义。

修改对视图的定义，通常使用 ALTER VIEW 语句。ALTER VIEW 语句的语法格式如下：

```
ALTER VIEW view_name[(column_name [, … n])]
[WITH ENCRYPTION]
AS
SELECT_statement
[WITH CHECK OPTION]
```

如果删除一个视图，然后又重新创建该视图，则必须重新指定视图的权限。但是，当使用 ALTER VIEW 语句修改视图时，视图原有的权限不会发生变化。

2. 通过系统存储过程查看视图的定义信息

在 SQL Server 中有三个系统存储过程有助于了解视图信息，下面分别介绍。

（1） sp_depends。

系统存储过程 sp_depends 返回系统表中存储的任何信息，该系统表指出数据库对象所依赖的对象。

其语法格式：

sp_depends [@objname = ]'object'

其中，参数[@objname =] 'object'为被检查的数据库对象。对象可以是表、视图、存储过程或触发器。

（2）sp_help。

系统存储过程 sp_help 用来返回有关数据库对象的详细信息，如果不针对某一特定对象，则返回数据库中所有对象信息。

其语法格式：

sp_help[[ @objname=]name]

其中，参数 [@objname =] name 是 sysobjects 中的任意对象的名称，或者是在 systypes 表中任何用户定义数据类型的名称。

（3） sp_helptext。

系统存储过程 sp_helptext 检索出视图、触发器、存储过程的定义文本。

其语法格式：

sp_helptext[@objname=]'name'

其中，参数[@objname=]'name'为对象的名称，将显示对象（视图或触发器或存储过程）的定义信息，且对象必须在当前数据库中。

3. 视图的更名

一般情况下，可使用下面两种方法对视图进行重命名：使用对象资源管理器，或者使用 sp_rename 系统存储过程，下面分别加以介绍。

（1） 使用对象资源管理器对视图进行重命名

进入对象资源管理器→展开“服务器”→单击加号（＋）展开“数据库”→展开用户数据库（student）→展示“视图”→右击欲更名的视图名→在出现的快捷菜单中选择“重命名”，此时，视图名处于编辑状态，输入新的视图名称，确认无误后按 Enter 键，或者用鼠标单击任意空白区域，完成对视图重命名的操作。

（2） 使用 sp_rename 系统存储过程对视图进行重命名

sp_rename 系统存储过程主要用来修改当前数据库中用户所创建的诸如表、列或者用户自定义的数据类型之类的对象的名称。它的语法格式如下：

```
sp_rename [@objname =]'object_name',
[@newname =]'new_name'
[,[@objtype =]'object_type']
```

其中，第一个参数 [@objname =] 'object _ name'，表示现有用户对象或数据类型的名称，如表、视图、列、存储过程、触发器、默认值、数据库、对象或规则等的名称。

第二个参数[@newname =] 'new_name'，表示对指定对象进行重命名的新名称。新命名的视图名称必须符合标识符的命名规则。

第三个参数[@objtype =] 'object_type'，表示将要被重命名的对象的类型，默认类型为NULL。

4. 视图的删除

当不再需要一个视图时，可对其进行删除操作。删除一个视图的方法与删除一个表的方法类似，既可以使用对象资源管理器，也可以使用 Transact-SQL 语句。

（1）使用对象资源管理器删除视图

进入对象资源管理器→展开“服务器”→单击加号（+）展开“数据库”→展开用户数据库（student）→展示“视图”→右击欲删除的视图名→在出现的快捷菜单中选择“删除”→打开“删除对象”对话框，检查欲删除对象名是否正确，单击“确定”按钮，即可删除选中的视图。

（2）使用 Transact-SQL 语句删除视图

要删除一个视图，可使用 DROP VIEW 语句。DROP VIEW 语句的语法格式如下：

DROP VIEW view_name

### 6.2.2 管理证照项目视图

1. 基本情况分析

我们已经在证照项目中部署了不少视图，这些视图也给我们的工作带来了方便。近来电脑部小华发现了一些问题，例如，有些视图已经不再使用，需要删除；有些视图因为业务变化，需要修改；有些视图需要加密，以防止被人修改。这些新的需求，无疑都是合理的，这给我们提出了新的任务。

SQL Server 2008 在给我们提供了创建视图方法的同时，也提供了管理视图的各种保障措施。视图的管理包括视图的删除、修改、重命名和加密。我们通过完成任务来掌握视图的管理方法。

2. 借助图形化工具管理视图

（1）删除视图 viewCert，并将视图 viewBirthEmp 重命名为 viewEmp。

1）删除视图，在对象资源管理器中，展开数据库、视图，右击要删除的视图名称，在弹出的菜单中单击“删除”即可，如图 6—9 所示。

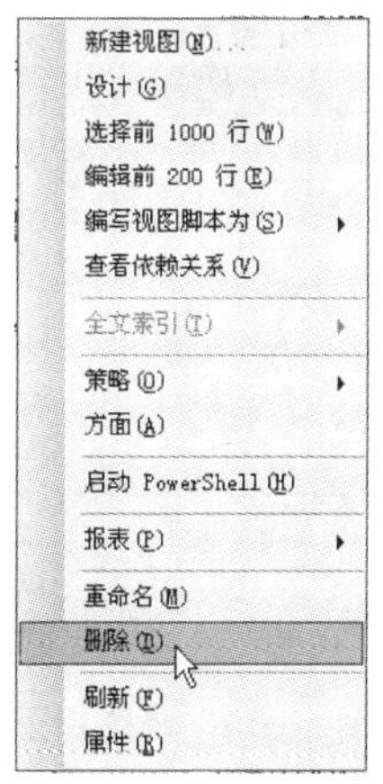


图 6—9 删除视图

2）重命名视图，右击视图名称，在弹出的菜单中选中“重命名”，然后直接输入新的视图名称，操作界面如图 6—9 所示。

（2）修改视图 viewEmp，增加联系地址列。

右击视图名称，在弹出的菜单中选择“设计”，操作界面如图 6—9 所示，弹出视图设计窗口，如图 6—10 所示。然后在上方的基表 tb_Emp（Hr）中，勾选 Emp_Addr 列，关闭该窗口，在询问是否保存时回答“是”，完成视图的修改。

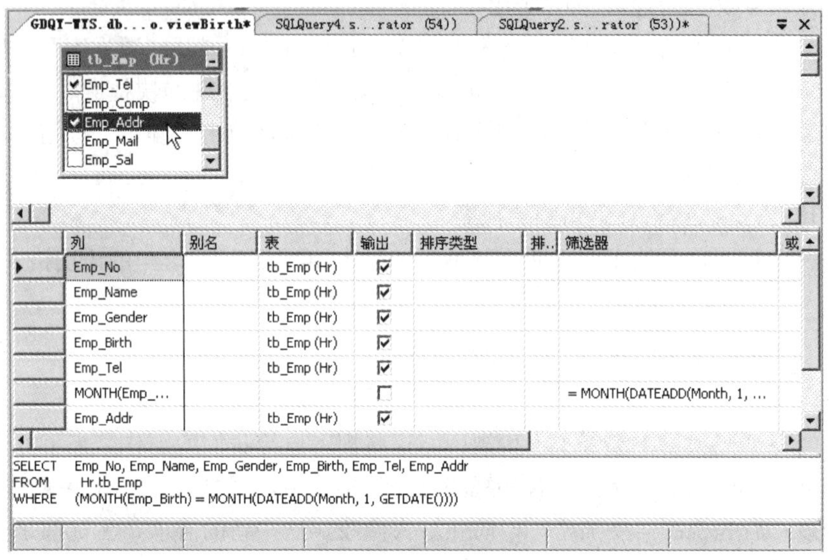


图 6—10 修改视图

（3）加密视图 viewEmp，以保护视图定义中的查询语句。

1）在对象资源管理器中，右击视图名称，在弹出的菜单中，分别单击“编写视图脚本为”、“ALTER 到”、“新查询编辑器窗口”，如图 6—11 所示。

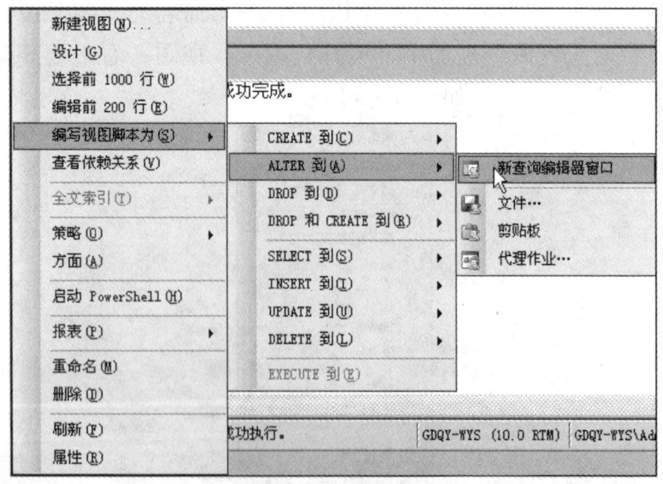


图 6—11 修改视图

2）在如图 6—12 所示的新建查询编辑窗口中，添加箭头所指的高亮部分的代码

"WITH ENCRYPTION"，按 F5 执行该脚本，即可完成视图的加密。

```
ALTER VIEW [dbo].[viewEmp] WITH ENCRYPTION
AS
SELECT      Emp_No, Emp_Name, Emp_Gender, Emp_Birth, Emp_Tel
FROM          Hr.tb_Emp
WHERE       (MONTH(Emp_Birth) = MONTH(DATEADD(Month, 1, GETDATE())))
```

图 6—12　添加加密语句

3）加密视图时，是不需要密码的。这时如果按刚才的方法修改视图，则系统会弹出如图 6—13 所示的出错窗口。

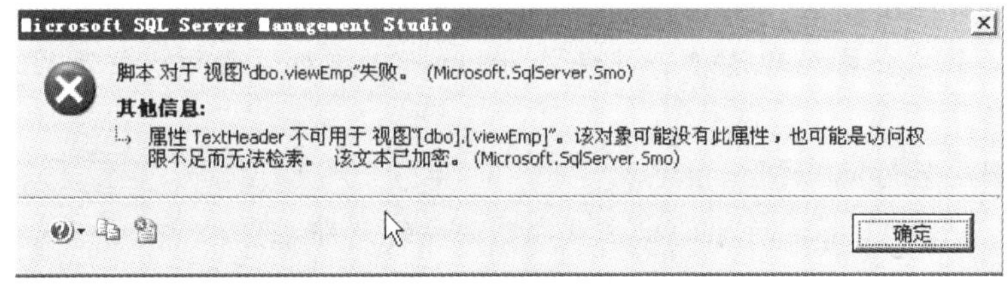


图 6—13　加密后的视图不能修改

3. 使用 SQL 语句管理视图

（1）修改视图，去掉联系地址列。

ALTER VIEW 语句可以更改对视图的定义，本任务只需要去掉一列，直接在原来的语句中删除要去掉的列名即可。如图 6—14 所示，删除箭头指向的高亮部分。

```
ALTER VIEW [dbo].[viewBirthEmp]
AS
SELECT      Emp_No, Emp_Name, Emp_Gender, Emp_Birth, Emp_Tel, Emp_Addr
FROM          Hr.tb_Emp
WHERE       (MONTH(Emp_Birth) = MONTH(DATEADD(Month, 1, GETDATE())))
```

图 6—14　修改视图

（2）解除对视图 viewEmp 的加密。

因为加密时不需要密码，所以，对视图的加密是不可逆的。解除加密的方法就是将原理的视图删除，然后再重新创建，代码如下：

```
DROP VIEW viewEmp    --删除视图
go
--重新创建视图
CREATE VIEW[dbo].[viewEmp]
AS
SELECT  Emp_No,Emp_Name,Emp_Gender,Emp_Birth,Emp_Tel
FROM   Hr.tb_Emp
WHERE   (MONTH(Emp_Birth) = MONTH(DATEADD(Month,1,GETDATE())))

GO
```

（3）重命名视图 viewEmp 为 viewEmp2，成功后将其删除。

重命名视图，用系统存储过程 sp_Rename（），删除视图用 DROP VIEW 语句，代码如下。

```
sp_Rename 'dbo.viewEmp', 'viewEmp2' --重命名
go
DROP VIEW dbo.viewEmp2 --删除
Go
```

**任务实战**

管理证照项目视图

（1）创建一个“公司经理清单”viewManager，包括部门名称、经理姓名、出生日期、性别、联系电话。

（2）将视图改名为 viewManagers。

（3）将视图 viewManagers 中的出生日期改为年龄（即几岁）。

（4）对视图 viewManagers 进行加密处理。

4. 实验与思考

（1）对于一个加密的视图，去掉加密的最好方法是什么？

（2）按以下步骤进行操作，写出每一步骤的功能，并思考为什么会出现这样的结果，怎么办。（基于视图的视图）

1）第一步，执行代码。

```
CREATE VIEW viewMan
AS
SELECT d.Dep_Name,e.Emp_Name,e.Emp_Birth,e.Emp_Gender,e.Emp_Tel
FROM Hr.tb_Dep d INNER JOIN Hr.tb_Emp e ON d.Dep_Emp = e.Emp_No
go
```

回答：代码的功能是：________________________________________________

________________________________________________________________。

验证你的回答：____________________________________________________

________________________________________________________________。

2）第二步，执行代码。

```
CREATE VIEW viewMan2
AS
SELECT Dep_Name,Emp_Name from viewMan
go
```

回答：代码的功能是：________________________________________________

________________________________________________________________。

验证你的回答：____________________________________________________

________________________________________________________________。

3）第三步，执行代码。

```
drop view viewMan
go
```

回答：代码的功能是：________________________________________

________________________________________________________。

验证你的回答：__________________________________________

________________________________________________________。

4）第四步，执行代码。

```
select * from viewMan2
go
```

得到的结果是：__________________________________________

________________________________________________________。

（3）按以下步骤进行操作，写出每一步骤的功能，并思考为什么会出现这样的结果？（注意 WITH CHECK OPTION）

1）第一步，执行代码。

```
CREATE VIEW viewNan
AS
SELECT Emp_No, Emp_Name, Emp_Gender, Emp_Tel FROM Hr.tb_Emp WHERE Emp_Gender = N'男'
go
```

回答：代码的功能是：________________________________________

________________________________________________________。

验证你的回答：__________________________________________

________________________________________________________。

2）第二步，执行代码。

```
INSERT INTO viewNan VALUES('2008','奥运','女','0103493209')
go
```

回答：代码的功能是：________________________________________

________________________________________________________。

验证你的回答：__________________________________________

________________________________________________________。

3）第三步，执行代码。

```
CREATE VIEW viewNan2
AS
SELECT Emp_No, Emp_Name, Emp_Gender, Emp_Tel FROM Hr.tb_Emp WHERE Emp_Gender = N'男'
WITH CHECK OPTION
go
```

回答：代码的功能是：________________________________________

______________________________________________________________。

验证你的回答：______________________________________________________________

______________________________________________________________。

4）第四步，执行代码。

```
INSERT INTO viewNan2 VALUES('2010','世博','女','02188493209')
go
```

得到的结果是：______________________________________________________________

______________________________________________________________。

## 项目小结

本子项目的任务是理解视图的概念和优点，创建和管理视图。

## 课外实训

整理、收集完成本项目任务的所有脚本，填入下表中，然后认真体会，直到融会贯通（第一行为举例）。

| 视图名称 | 基表 | 功能 | 脚本文件名 |
| --- | --- | --- | --- |
| viewBirthEmp | Hr. tb_Emp | 员工生日一览表 | viewBirthEmo. sql |
| | | | |
| | | | |
| | | | |

# 子项目 7　部署存储过程和函数

## 情境描述

随着数据库证照项目的启用，电脑部小华发现，有关人员在查询证照数据时，许多查询需求是相同或相似的。虽然我们对SQL查询语句已能够运用自如，但面对相同或相似的查询需求，我们必须每次输入相同的SQL代码，不但烦琐，而且容易出错，影响工作效率。面对这样的情况，小华决定采取进一步的措施来改变这种现状。本项目重点讨论SQL语句的模块化和封装，加强证照项目的功能。

我们在对数据的查询或其他操作时，所执行的SQL语句未能形成整体，未能模块化，是“零乱”的。为了避免对相同功能的SQL语句的重复编写，SQL Server 2008提供了存储过程和函数这两个数据库对象。存储过程和函数可以避免SQL语句的重复编写，可以封装复杂的算法，只要我们将能完成同一功能的SQL语句保存为存储过程或函数，在下次需要时，直接调用相应的存储过程或函数就可以了。

因此，情境描述中的问题可以通过存储过程和函数来实现。

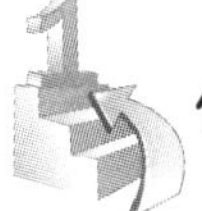

## 任务分析

通过以上的分析，我们可以把本项目的任务分解如下：

1. 学习任务：认识存储过程和函数。
2. 任务观摩：如何在证照项目中部署存储过程和函数。
3. 工作任务：存储过程和函数在证照项目中的进一步部署。
4. 任务拓展：管理证照项目中的存储过程和函数。

## 任务 7.1　在证照项目中部署存储过程

### 任务目标

能在证照项目中部署存储过程、管理好存储过程，进一步提高证照管理水平。

### 7.1.1 存储过程概述

1. 存储过程的概念

存储过程是存储在服务器上的一组预编译的 SQL 语句，类似于 DOS 中的 .BAT 文件。存储过程封装了可重用代码的模块或例程。存储过程可以接受输入参数、向客户端返回表格或标量结果和消息、调用数据定义语言（DDL）和数据操作语言（DML）语句，然后返回输出参数。其优点如下：

- 与其他应用程序共享逻辑。
- 提供安全机制。
- 可加速存储过程的执行，提高系统的性能。
- 减少网络交通。

在 SQL Server 2008 存储过程中，用户可以进行以下操作：

- 包含数据库中可以执行操作的 SQL 语句。
- 调用其他存储过程。
- 接受输入参数。
- 返回状态值，即表示执行成功与否。
- 以输出参数的形式将多个值返回给调用者。

2. 存储过程的类型

（1）用户定义的存储过程

用户自定义的存储过程有 Transact-SQL 或 CLR 两种类型。

1）Transact-SQL 存储过程。

Transact-SQL 存储过程是指保存的 Transact-SQL 语句集合，可以接受和返回用户提供的参数。例如，存储过程中可能包含根据客户端应用程序提供的信息在一个或多个表中插入新行所需的语句。存储过程也可能从数据库向客户端应用程序返回数据。例如，电子商务 Web 应用程序可能使用存储过程根据联机用户指定的搜索条件返回有关特定产品的信息。

2）CLR 存储过程。

CLR 存储过程是指对 Microsoft. NET Framework 公共语言运行时（CLR）方法的引用，可以接受和返回用户提供的参数。它们在 .NET Framework 程序集中是作为类的公共静态方法实现的。

（2）扩展存储过程。

扩展存储过程允许您使用编程语言（例如 C#）创建自己的外部例程。扩展存储过程是指 Microsoft SQL Server 的实例可以动态加载和运行的 DLL。扩展存储过程直接在 SQL Server 的实例的地址空间中运行，可以使用 SQL Server 扩展存储过程 API 完成编程。

**重要提示：** 后续版本的 Microsoft SQL Server 将删除该功能。请避免在新的开发工作中使用该功能，并着手修改当前还在使用该功能的应用程序。请改用 CLR 集成，CLR 集成提供了更为可靠和安全的替代方法来编写扩展存储过程。

（3）系统存储过程。

SQL Server 中的许多管理活动都是通过一种特殊的存储过程执行的，这种存储过程被称为系统存储过程。例如，sys. sp_changedbowner 就是一个系统存储过程。从物理意义上讲，系统存储过程存储在源数据库中，并且带有 sp_前缀。从逻辑意义上讲，系统存储过程出现在每个系统定义数据库和用户定义数据库的 sys 构架中。在 SQL Server 2008 中，可将 GRANT、DENY 和 REVOKE 权限应用于系统存储过程。有关系统存储过程的完整列表，请参阅系统存储过程（Transact-SQL）。

在本子项目中我们主要讨论 Transaction-SQL 存储过程。

3. 创建存储过程

创建存储过程的语法格式如下：

```
CREATE{PROC|PROCEDURE}[schema_name. ]procedure_name[;number]
    [{@parameter[type_schema_name. ]data_type}
        [VARYING][=default][OUT|OUTPUT][READONLY]
    ][,... n]
[WITH<procedure_option>[,... n]]
[FOR REPLICATION]
AS{<sql_statement>[;][... n]|<method_specifier>}
[;]
<procedure_option>::=
    [ENCRYPTION]
    [RECOMPILE]
    [EXECUTE AS Clause]
<sql_statement>::=
{[BEGIN]statements[END]}
<method_specifier>::=
EXTERNAL NAME assembly_name. class_name. method_name
```

各参数的含义如表 7—1 所示。

**表 7—1　　主要参数的含义**

| 参数名 | 作　用 |
| --- | --- |
| schema_name | 过程所属架构的名称 |
| procedure_name | 新存储过程的名称 |
| number | 用于对同名的过程分组 |
| @parameter | 过程中的参数 |
| [type_schema_name. ]data_type | 参数以及所属架构的数据类型 |
| default | 参数的默认值 |
| OUTPUT | 指示参数是输出参数 |
| READONLY | 在过程的主体中更新或修改参数 |
| RECOMPILE | 在运行时编译 |
| ENCRYPTION | 原始文本转换为模糊格式 |

4. 在存储过程中使用参数

创建 Transaction-SQL 存储过程时，要注意其输入、输出参数的用法，以下是它的一般格式。

create proc 过程名@参数名　数据类型［＝缺省值］

下面用一个简单的例子来说明。

**［例 7—1］** 已知 x、y 两个整数，求两数之和。

（1）建立存储过程。

```
CREATE PROC sp_sum @x smallint,@y smallint,@s smallint OUTPUT
AS
SET @s = @x + @y
```

（2）说明。@x，@y 为输入参数，可省略 INPUT，@s 为输出参数，返回两个数的和。

（3）执行存储过程。

```
DECLARE @answer smallint            -- 声明一个变量,用以存放输出参数的值
EXEC sp_sum 1,2,@answer output      -- 1,2 为输入参数值,将结果保存在@answer 变量中
SELECT @answer                      -- 输出结果
```

5. 修改删除存储过程

（1）存储过程的修改。

可以使用 ALTER PROCEDURE 对存储过程进行修改，其他语法基本与 CREATE PROCEDURE 语句相同。该语句的功能是，修改先前通过执行 CREATE PROCEDURE 语句创建的过程。ALTER PROCEDURE 不会更改权限，也不影响相关的存储过程或触发器。但是，当修改存储过程时，QUOTED_IDENTIFIER 和 ANSI_NULLS 的当前会话设置包含在该存储过程中。如果设置不同于最初创建存储过程时有效的设置，则存储过程的行为可能会更改。

（2）存储过程的删除。

删除存储过程之前，先调用一个系统存储过程 sp_depends 检查有没有依赖要删除的存储过程的数据库对象。

```
EXEC sp_depends @objname = N'存储过程的名字'
```

然后使用以下语句删除：

```
DROP PROC  存储过程的名字
```

当然，也可以通过对象资源管理器来完成对存储过程的修改和删除。

### 7.1.2　部署存储过程

要在证照项目中部署存储过程，首先必须找出经常要完成的任务，再写出完成这些任务的 SQL 语句，最后把这些 SQL 语句封装成一个个的存储过程，并逐一进行测试，以后需要使用时直接执行这些存储过程就可以了。

1. 在证照项目中部署无参存储过程

我们经常要完成的任务是查询证照一览表，需要的栏目包括管理人、证照编号、名称、过期日期和所属部门，并希望能将相同管理人的证照排在一起。

我们决定采用无参的存储过程来实现这一功能，其实施步骤如下。

（1）编写查询语句。

要查询的栏目来自于不同的数据表，所以必须采用连接查询，连接的字段分别是证照表的部门编号和部门表的部门编号（Cert_dep 与 Dep_no）、证照表的管理人编号和员工表的员工编号（Cert_emp 和 Emp_no）。将相同管理人的证照排在一起，可以通过对管理人进行排序来实现。为了查到的数据直观易读，我们必须对各个字段加注别名。

通过上面的分析，我们得到 SQL 语句如下。

```
select e.emp_name as 管理人,c.cert_no as 编号,c.cert_name as 名称,
c.cert_date2 as 过期日期,d.dep_name as 所属部门 from cer.tb_cert c
inner join hr.tb_emp e on c.cert_emp = e.emp_no
inner join hr.tb_dep d on c.cert_dep = d.dep_no
order by c.cert_emp
```

以上语句，也可以写成下面的形式。

```
select e.emp_name as 管理人,c.cert_no as 编号,c.cert_name as 名称,
c.cert_date2 as 过期日期,d.dep_name as 所属部门
from cer.tb_cert c,hr.tb_emp e,hr.tb_dep d
where c.cert_dep = d.dep_no and c.cert_emp = e.emp_no
order by c.cert_emp
```

（2）将以上语句封装成存储过程。

为了能反映存储过程的功能，需要为存储过程起个既符合规范，又方便记忆的好名字，我们将这个存储过程命名为 spZzylb（证照一览表的拼音首字母）。

方法一：在对象资源管理器中，依次展开数据库、db_Cert、可编程性、存储过程，右击存储过程，在弹出的菜单中，单击“新建存储过程”，如图 7—1 所示。则系统将产生创建存储过程的 SQL 语句模板。并在主体中输入上面的 SQL 语句，得到创建存储过程（图 7—2）的 SQL 语句如下。

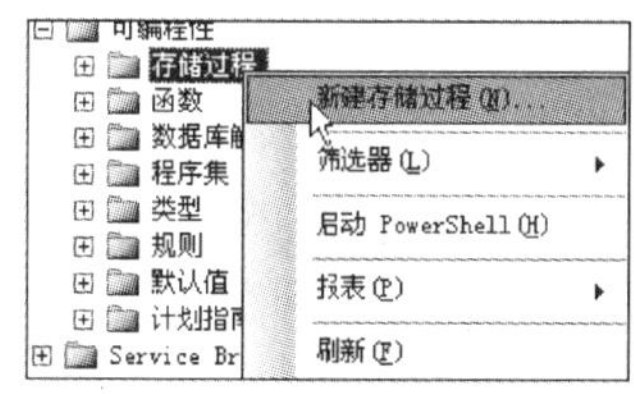


**图 7—1　新建存储过程**

**图 7—2　新创建的存储过程 spZzylb**

```
-- Template generated from Template Explorer using:
-- Create Procedure(New Menu).SQL
--
-- Use the Specify Values for Template Parameters
-- command(Ctrl-Shift-M) to fill in the parameter
-- values below.
--
-- This block of comments will not be included in
-- the definition of the procedure.
```

```
--================================================
SET ANSI_NULLS ON
GO
SET QUOTED_IDENTIFIER ON
GO
--=============================================
-- Author:      <Author,,Name>
-- Create date:<Create Date,,>
-- Description:  <Description,,>
--=============================================
CREATE PROCEDURE spZzylb
AS
BEGIN
-- SET NOCOUNT ON added to prevent extra result sets from
-- interfering with SELECT statements.
SET NOCOUNT ON;
    -- Insert statements for procedure here
select e.emp_name as 管理人,c.cert_no as 编号,c.cert_name as 名称,
    c.cert_date2 as 过期日期,d.dep_name as 所属部门 from cer.tb_cert c
    inner join hr.tb_emp e on c.cert_emp = e.emp_no
    inner join hr.tb_dep d on c.cert_dep = d.dep_no
    order by c.cert_emp
END
GO
```

方法二：直接在查询窗口中输入以上语句（去掉注释部分，适当为自己的脚本添加注释是良好的习惯）。

（3）执行以上代码，将创建一个可以查询证照一览表的存储过程 spZzylb，并可在对象资源管理中找到该存储过程，如图 7—2 所示。

（4）执行存储过程，并验证查询结果。

在查询窗口中输入以下语句，并执行即可得到如图 7—3 所示查询结果，满足要求。

结果 | 消息

|  | 管理人 | 编号 | 名称 | 过期日期 | 所属部门 |
|---|---|---|---|---|---|
| 1 | 苗苗 | 1323 | 集团营业执照 | 2010-01-22 00:00:00 | 董事长办公室 |
| 2 | 苗苗 | 254158 | 宝马行驶证 | 2010-08-16 00:00:00 | 审计部 |
| 3 | 李大个 | 352021 | 粤北厂税务 | 2010-03-27 00:00:00 | 总经理办公室 |
| 4 | 雨滴 | 200154 | 三厂卫生许可证 | 2013-05-20 00:00:00 | 市场部 |
| 5 | 蓉蓉 | 74531 | 副董驾驶证 | 2012-08-11 00:00:00 | 工会 |
| 6 | 威威 | 13658 | 养生茶批文 | 2011-12-30 00:00:00 | 财务部 |
| 7 | 刘一一 | 230078 | 董秘驾驶证 | 2013-05-31 00:00:00 | 技术部 |
| 8 | 小杰 | 86231 | 一厂卫生证 | 2012-01-31 00:00:00 | 开发部 |
| 9 | 小龙 | 90866 | 饮品批文 | 2010-10-19 00:00:00 | 行政部 |
| 10 | 小华 | 1521 | 华南市场执照 | 2014-01-22 00:00:00 | 电脑部 |
| 11 | 健健 | 440213 | 华东税务 | 2012-02-20 00:00:00 | 生产厂一 |
| 12 | 安安 | 24668 | 越野行驶证 | 2014-05-19 00:00:00 | 生产厂二 |
| 13 | 彭华 | 25843 | 董事长护照 | 2013-12-27 00:00:00 | 生产厂三 |

图 7—3　存储过程的执行结果

```
Use Db_Cert
go
execute spZzylb --可简化为 exec spZzylb
```

2. 在证照项目中部署有参存储过程

我们还经常碰到这样的情况，某个证照就要过期了，需要查出管理该证照的人员姓名，以便通知该人员尽快办理该证照的审核手续。简单地说，就是用户输入一个证照号码，数据库输出该证照号码的管理人姓名。

这里有两个参数，一个是证照号码，另一个是管理人姓名，我们必须用有参的存储过程才能解决这一问题。一般情况下，用户输入一个证照号码，数据库就会输出一个管理人姓名，但可能有例外。例如，证照号码不存在，或该证照未设定管理人等。

因此，我们为该存储过程设置三个参数：输入参数（表示证照号码）、输出参数（表示管理人姓名）和返回值参数（表示是否成功找到管理人姓名）。

（1）编写查询管理人姓名的 SQL 语句。

因为证照号码是证照表的主键，所以相对于一个具体的证照号码，最多只能有一条记录与之对应，取出这条记录的管理人代号，就可以从员工表中找到对应的管理人姓名。这需要子查询语句，其形式如下所示。

```
select emp_name from hr.tb_emp where emp_no =
(select cert_emp from cer.tb_cert where cert_no = @输入参数名)
```

（2）编写存储过程。

1）确定存储过程的名字：spCert2Emp。

2）确定参数。该存储过程所需的参数如表 7—2 所示。

**表 7—2　　列属性**

| 参数名 | 方向 | 作用 |
|---|---|---|
| strCert_No | INPUT | 输入证照编号 |
| strEmp_Name | OUTPUT | 输出管理人姓名 |

3）思路。如果在（1）中的 SQL 语句执行成功并找到相应的管理员姓名，则将该管理员姓名赋值给输出参数，设置返回值为 1；若找不到，设置返回值为－1。相应的代码如下所示。

```
Create proc spCert2Emp
  @strCert_no char(10),@strEmp nchar(10) output
As
if exists(
select emp_name from hr.tb_emp where emp_no =
(select cert_emp from cer.tb_cert where cert_no = @strCert_no))
  begin
    //找到管理员姓名
    set @strEmp = (select emp_name from hr.tb_emp where emp_no =
    (select cert_emp from cer.tb_cert where cert_no = @strCert_no))
```

```
        Return 1
      end
    else
      begin
        //找不到,返回 - 1
        Return  - 1
      end
```

（3）测试。执行该存储过程后，应根据其返回值来判断执行结果，如果返回值为－1 则表示没有找到相应的数据。测试代码如下。

```
declare @EmpName char(10)                                 --存放输出结果
declare @ReturnVal int                                    --保留返回值
exec @ReturnVal = spCert2Emp '254158',@EmpName output    --执行存储过程

if @ReturnVal = 1
    select '管理员姓名是:' + @e
else
    print '对不起,没有找到!'
```

（4）测试结果如图 7—4、图 7—5 所示。

**图 7—4　成功找到管理员姓名**

**图 7—5　没有找到管理员姓名**

**任务实战**

创建存储过程

（1）某个部门的证照资料。

（2）某个部门的员工资料

（3）某个部门的员工电脑详细资料。

（4）若干天内到期的证照资料。

（5）自己提出问题，并进行解决。

4. 分组实验和讨论

（1）将自己的工作成果与小组成员进行分享，找出各自的优点和不足，并进行完善和总结。

（2）其他小组成员都提出了些什么问题，相同问题，你能否解决。

### 7.1.3　管理证照项目中的存储过程

1. 基本情况分析

我们在工作任务中，编写了许多存储过程，用于实现证照项目中不同的功能，但随着时间的推移，有些存储过程已经不再使用，有些存储过程需要做一步的修改完善。鉴于这样的

情况，我们应该如何处理呢？

上述场景中所描述的情况，需要通过对存储过程的重命名、删除和修改来实现。接下来我们通过任务观摩、独立完成任务、小组讨论三个环节来完成证照项目存储过程的管理任务。

2. 存储过程的重命名和删除

（1）存储过程的重命名。

假如我们需要将上面的存储过程 spCert2Emp 重命名为 spCertNo2EmpName，则可以采用下面两种方法。

方法一：在对象资源管理器中右击存储过程的名字，在弹出的菜单中单击“重命名”，然后直接输入存储过程的名字即可，如图 7—6 所示。

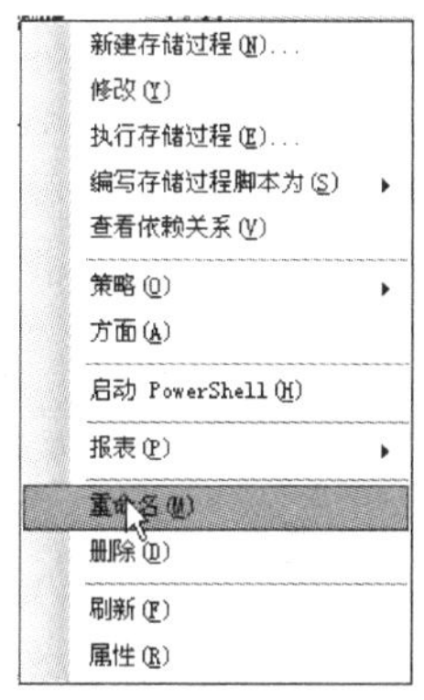


图 7—6　重命名存储过程

方法二：使用系统存储过程 SP _ RENAME，前面的参数是旧名字，后面的参数是新名字。

```
SP_RENAME 'dbo.spCert2Emp','spCertNo2EmpName'
```

（2）存储过程的删除。

删除存储过程之前，应当先检查存储过程的的依赖关系，如果有其他对象依赖于此存储过程，则必须排队依赖关系后再删除。

假如我们要删除存储过程 spCertNo2EmpName，则同样有两种方法。

方法一：在对象资源管理器中，右击要删除的存储过程，在弹出的菜单中单击“查看依赖关系”，则弹出图 7—7 所示的窗口，可分别查看依赖此存储过程的对象和此存储过程依赖的对象，确认没有依赖此存储过程的对象后，在图 7—6 所示的菜单中选择删除即可。

方法二：使用 SQL 语句。

1）查看依赖关系。

```
EXEC sp_depends @objname = 'spCertNo2EmpName'
--或
EXEC sp_depends 'spCertNo2EmpName'
```

2）删除存储过程。

```
DROP PROC spCertNo2EmpName
```

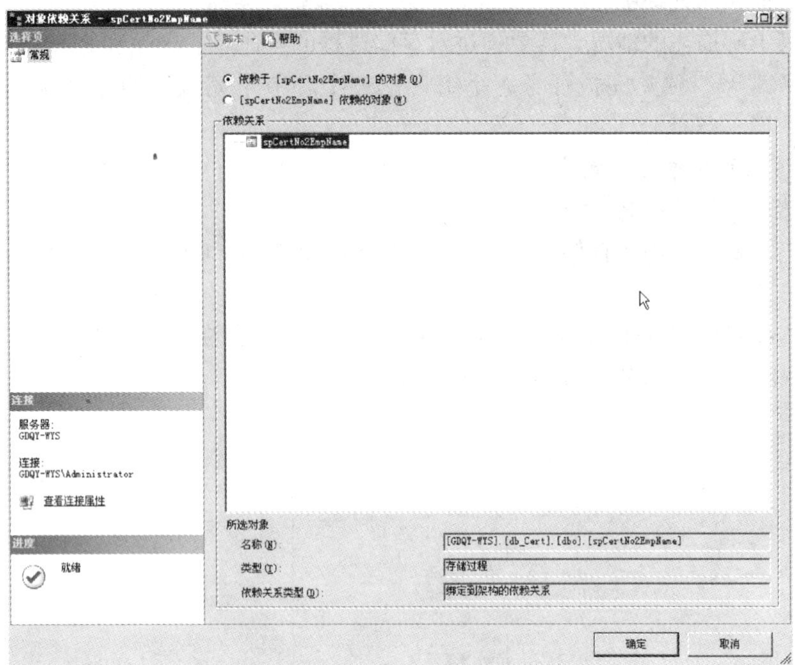

图 7—7　存储过程的依赖关系

3. 存储过程的修改

存储过程的修改与创建基本相同，只要将 CREATE PROC 语句换成 ALTER PROC 语句即可。

修改存储过程 spCert2Emp，将输入参数的缺省值定义为“230078”。

```
ALTER PROC spCert2Emp
    @strCert_no char(10) = '230078',@strEmp nchar(10) output
As
if exists(
select emp_name from hr.tb_emp where emp_no =
(select cert_emp from cer.tb_cert where cert_no = @strCert_no))
    begin
        set @strEmp = (select emp_name from hr.tb_emp where emp_no =
        (select cert_emp from cer.tb_cert where cert_no = @strCert_no))
        Return 1
    end
else
    begin
        Return -1
    end
```

## 任务实战

管理存储过程

(1) 重命名你所创建的存储过程（两种方法）。

(2) 删除你所创建的一个存储过程（两种方法）。

(3) 修改你所创建的存储过程（如某部门的员工资料），为输入参数部门代号设置缺省值为“101”。

4. 小组交流

将自己的工作成果与小组成员进行分享，找出各自的优点和不足，并进行完善和总结。

## 任务7.2　在证照项目中部署函数

### 任务目标

通过在项目中部署函数，增强项目的功能，用户使用起来更加轻松自如。

### 7.2.1　认识函数

1. 数学函数

SQL Server 的数学函数主要用来对数值表达式进行数学运算并返回运算结果。数学函数可以对 SQL Server 提供的数值数据（decimal、integer、float、real、money、smallmoney、smallint 和 tinyint）进行处理。常用的数学函数如表7—3所示。

表7—3　常用数学函数

| 函　数 | 描　述 | 函　数 | 描　述 |
| --- | --- | --- | --- |
| ASIN（n） | 反正弦函数 ASIN（n）为以弧度表示的角度值 | ABS（n） | 求 n 的绝对值 |
| ACOS（n） | 反余弦函数 ACOS（n）为以弧度表示的角度值 | EXP（n） | 求 n 的指数值 |
| ATAN（n） | 反正切函数 ATAN（n）为以弧度表示的角度值 | MOD（m，n） | 求 m 除以 n 的余数 |
| SIN（n） | 求正弦函数，n 为以弧度为单位的角度 | CEILING（n） | 返回大于等于 n 的最小整数 |
| COS（n） | 求余弦函数，n 为以弧度为单位的角度 | FLOOR（n） | 返回小于等于 n 的最大整数 |
| TAN（n） | 求正切函数，n 为以弧度为单位的角度 | ROUND（n，m） | 对 n 做四舍五入处理，保留 m 位 |
| DEGREES（n） | 弧度单位的角度转换为度数为单位的角度 | SQRT（n） | 求 n 的平方根 |
| RADIANS（n） | 度数单位的角度转换为弧度为单位的角度 | LOG10（n） | 求以10为底的对数 |
| PI | PI 的常量值 3.14159265358979 | LOG（n） | 求自然对数 |
| RAND | 返回0～1之间的随机值 | POWER（n，m） | 求 n 乘指定次方 m 的值 |
| SIGN（n） | 求 n 的符号，正（+1）、零（0）或负（−1）号 | SQUARE（n） | 求 n 的平方 |

［例 7—2］在查询分析器中使用 CEILING（ ）、FLOOR（ ）、ROUND（ ）函数。

```
SELECT ceiling(13.4),floor(13.4),round(13.4567,3)
```

在查询分析器中运行上述语句的结果为：14　13　13.4570

［例 7—3］求几个数值 ROUND（45.923，2）、ROUND（45.923，0）、ROUND（45.923，－1）的近似值。

```
SELECT round(45.923,2),round(45.923,0),round(45.923,-1)
```

在查询分析器中运行上述语句的结果为：45.920　46.000　50.000

2. 字符串函数

字符串函数可以对二进制数据、字符串和表达式执行不同的运算，大多数字符串函数只能用于 char 和 varchar 数据类型以及明确转换成 char 和 varchar 的数据类型，少数几个字符串函数也可以用于 binary 和 varbinary 数据类型。此外，某些字符串函数还能够处理 text、ntext、image 数据类型的数据。常用的字符串函数如表 7—4 所示。

［例 7—4］先使用 SUBSTRING 函数从字符串中获取指定的子字符串，然后使用 LOWER 函数、UPPER 函数对子字符串进行转换，且把 UPPER 函数嵌套在 LOWER 函数内或把 LOWER 函数嵌套在 UPPER 内。在查询分析器中输入以下语句：

```
DECLARE @string_lower_upper varchar(40)
SET @string_lower_upper = 'Information Model Creation Issues.'
SELECT LOWER(SUBSTRING(@string_lower_upper,1,11)) AS Lower,
        UPPER(SUBSTRING(@string_lower_upper,13,5)) AS Upper,
        LOWER(UPPER(SUBSTRING(@string_lower_upper,19,8))) As LowerUpper,
        UPPER(LOWER(SUBSTRING(@string_lower_upper,28,7))) As UpperLower
```

表 7—4　　常用字符串函数

| 种类 | 函数名 | 参　数 | 说　明 |
|---|---|---|---|
| 基本字符串函数 | UPPER | char_expr | 小写字符串转换为大写字符串 |
| | LOWER | char_expr | 大写字符串转换为小写字符串 |
| | SPACE | integer_expr | 产生指定个数的空格组成字符串 |
| | REPLICATE | char_expr,integer_expr | 指定的次数重复字符串 |
| | STUFF | char_expr1,start,length,char_expr2 | 在 char_expr1 字符串中从 start 开始，长度 length 的字符串用 char_expr2 代替 |
| | REVERSE | char_expr | 反向字符串表达式 char_expr |
| | LTRIM | char_expr | 删除字符串前面的空格 |
| | RTRIM | char_expr | 删除字符串后面的空格 |
| 字符串查找函数 | CHARINDEX | char_expr1,char_expr2 [,start] | 在串 2 中搜索 char_expr1 的起始位置 |
| | PATINDEX | '%pattern%', char_expr | 在字串中搜索 pattern 出现的起始位置 |

续前表

| 种类 | 函数名 | 参　数 | 说　明 |
|---|---|---|---|
| 长度和分析函数 | SUBSTRING | char_expr,start,length | 从 start 开始，搜索 length 长度的子串 |
| | LEFT | char_expr,integer_expr | 从左边开始搜索指定个数的子串 |
| | RIGHT | char_expr,integer_expr | 从右边开始搜索指定个数的子串 |
| 转换函数 | ASCII | char_expr | 字符串最左端字符的 ASCII 代码值 |
| | CHAR | integer_expr | ASCII 代码值转换为字符 |
| | STR | float_expr[,length[,decimal]] | 数值数据转换为字符型数据 |

语句运行结果如图 7—8 所示。

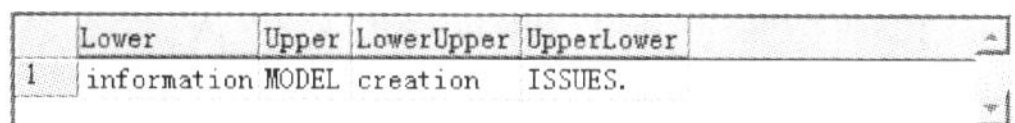

| | Lower | Upper | LowerUpper | UpperLower |
|---|---|---|---|---|
| 1 | information | MODEL | creation | ISSUES. |

**图 7—8　例 7—4 中语句的运行结果**

[**例 7—5**] 使用 LTRIM 函数删除字符变量中的起始空格。

```
DECLARE @string_to_trim varchar(60)
SET @string_to_trim = '     Five spaces are at the beginning of this string.'
SELECT 'Here is the string without the leading spaces: ' + LTRIM(@string_to_trim)
```

在查询分析器中运行上述语句的结果为：

Here is the string without the leading spaces: Five spaces are at the beginning of this string.

[**例 7—6**] 使用 LEFT 函数返回字符串 abcdefg 最左边的 4 个字符。

```
SELECT LEFT('abcdefg',4)
```

在查询分析器中运行上述语句的结果为：abcd

[**例 7—7**] 将指定的字符串的排列顺序颠倒。

```
SELECT REVERSE(123),REVERSE('abc')
```

在查询分析器中运行上述语句的结果为：321　　cba

[**例 7—8**] 在第一个字符串（abcdef）中删除从第二个位置（字符 b）开始的三个字符，然后在删除的起始位置插入第二个字符串，创建并返回一个字符串。

```
SELECT STUFF('abcdef',2,3,'ijklmn')
```

在查询分析器中运行上述语句的结果为：aijklmnef

3. 日期和时间函数

日期和时间函数用于对日期和时间数据进行各种不同的处理和运算，并返回一个字符串、数字值或日期和时间值。在 SQL Server 2000 中，日期和时间函数如表 7—5 所示，表中列出了日期和时间函数的名称、参数以及相关解释。

表 7—5 日期和时间函数

| 函数名 | 参　数 | 说　明 |
|---|---|---|
| DATEADD | (datepart，number，date) | 以 datepart 指定的方式，给出 date 与 number 之和 |
| DATEDIFF | (datepart，date1，date2) | 以 datepart 指定的方式，给出 date2 与 date1 之差 |
| DATENAME | (datepart，date) | 给出 date 中 datepart 指定部分所对应的字符串 |
| DATEPART | (datepart，date) | 给出 date 中 datepart 指定部分所对应的整数值 |
| GETDATE | (　) | 给出系统当前的日期和时间 |
| DAY | (date) | 从 date 日期和时间类型数据中提取天数 |
| MONTH | (date) | 从 date 日期和时间类型数据中提取月份数 |
| YEAR | (date) | 从 date 日期和时间类型数据中提取年份数 |

［**例 7—9**］从 GETDATE 函数返回的日期中提取月份数。

```
SELECT GETDATE( ) 'Current Date',DATEPART(month,GETDATE( )) AS 'Month Number'
```

在查询分析器中运行上述语句的结果如图 7—9 所示。

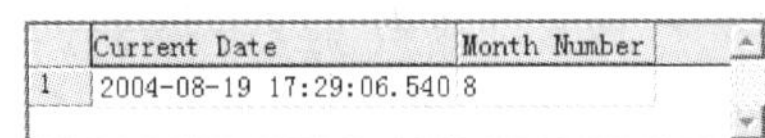


**图 7—9　例 7—9 中语句的运行结果**

［**例 7—10**］从指定日期 03/12/2005 中返回月份数、天数和年份数。

```
SELECT MONTH('03/12/2005'),DAY('03/12/2005'),YEAR('03/12/2005')
```

在查询分析器中运行上述语句的结果如图 7—10 所示。

**图 7—10　例 7—10 中语句的运行结果**

4. 转换函数

SQL Server 能够自动处理某些数据类型的转换。例如，char 和 varchar、smallint 和 int，SQL Server 可以将它们自动转换，这种转换被称为隐性转换。但是，无法由 SQL Server 自动转换的或者是 SQL Server 自动转换的结果不符合预期结果的，就需要使用转换函数做显示转换。转换函数 CONVERT 和 CAST 允许用户把某种数据类型的表达式转换为另一种数据类型。CAST 和 CONVERT 提供相似的功能，如表 7—6 所示。

表 7—6 转换函数

| 函数名 | 参　数 | 说　明 |
|---|---|---|
| CAST | expression AS data_type | 将表达式 expression 转换为指定的数据类型 data_type |
| CONVERT | data_type[(length)],<br>expression[,style] | date_type 为 expression 转换后的数据类型<br>Length 表示转换后的数据长度<br>Style（不带纪元和带纪元） |

［**例 7—11**］将数值型数据 248.57 转换为字符型后，又转换成为货币型数据。

```
DECLARE @myval decimal(5,2)
SET @myval = 248.57
SELECT CAST(CAST(@myval AS varchar(20)) AS money)
```

如果使用 CONVERT，将提供和 CAST 相似的功能。

```
SELECT CONVERT(money,CONVERT(varchar(20),@myval))
```

［**例 7—12**］以 PI/2 弧度的角度返回以度数的角度。

```
SELECT 'The number of degrees in PI/2 radians is: ' +
        CONVERT(varchar,DEGREES((PI( )/2)))
```

此例对以弧度为单位的角度（PI/2），将返回相应的以度数为单位的角度（90）。

［**例 7—13**］写一个 Select 语句，取出所有学生的学号、姓名、出生日期和入学成绩，出生日期必须是在 1986 年 10 月 3 日之前的。

```
USE student
SELECT stud_id,name,birthday,mark
FROM stud_info
WHERE birthday <= CONVERT(datetime,'10/03/1986')
```

此例中 Where 子句的搜索条件需要使用 CONVERT 函数，将用字符串表达的日期转换成日期时间型的。

5. 系统函数

表 7—7 所示的系统函数用于返回有关 SQL Server 系统、用户、数据库和数据库对象的信息。它可以让用户在得到信息后，使用条件语句，根据返回的信息进行不同的操作。与其他函数一样，可以在 Select 语句的 Select 和 Where 子句以及表达式中使用系统函数。

**表 7—7　　系统函数**

| 函数名 | 参　数 | 说　明 |
|---|---|---|
| DB_ID,DB_NAME | DB_ID(name),DB_NAME(id) | 获得指定数据库的 ID 号或名称 |
| HOST_ID,HOST_NAME | HOST_ID(name),<br>HOST_NAME(id) | 获得指定主机的 ID 号或名称 |
| OBJECT_ID,OBJECT_NAME | OBJECT_ID(name),<br>OBJECT_NAME(id) | 获得指定对象的 ID 号或名称 |
| SUSER_ID,SUSER_NAME | SUSER_ID(name),<br>SUSER_NAME(id) | 获得指定登录的 ID 号或名称 |
| USER_ID,USER_NAME | USER_ID(name),<br>USER_NAME(id) | 获得指定用户的 ID 号或名称 |
| COL_NAME | table_id,column_id | 获得表标识号 table_id 和列标识号 column_id 所对应的列名 |
| COL_LENGTH | table,column | 获得指定表列的定义长度 |
| INDEX_COL | table,index_id,key_id | 获得指定表、索引 ID 和键 ID 的索引列名称 |
| DATALENGTH | expression | 获得指定表达式占用的字节数 |

［例 7—14］查询 stud_info 表中学号为 0401010811 的 address 列的定义长度和数据长度。

```
SELECT COL_LENGTH('stud_info','address') AS 定义长度,
    DATALENGTH(address) AS 数据长度
FROM stud_info
WHERE stud_id = '0401010811'
```

其中：COL_LENGTH 将获得指定表 stud _ info 的 address 列定义长度，而不是列中存储的任何单个字符串的长度。用 DATALENGTH 函数来确定特定值中的字符总数。

［例 7—15］返回 student 数据库的 stud _ info 表中的第二列的名称。

```
SELECT COL_NAME(OBJECT_ID('stud_info'),2)
```

在查询分析器中运行上述语句的结果为：name

6. 集合函数

集合函数可以针对整个或者几个列或者一个列进行数据汇总，它常用来计算 Select 语句查询结果集的统计值。例如，求一个结果集合的最大值、最小值、平均值和所有元素和等。SQL Server 提供的集合函数如表 7—8 所示。

表 7—8　　集合函数

| 函　数 | 描　述 | 函　数 | 描　述 |
|---|---|---|---|
| AVG | 计算一列值的平均值 | SUM | 计算一列值的总和 |
| COUNT | 统计一列中值的个数 | MIN | 求一列值中的最小值 |
| MAX | 求一列值中的最大值 | | |

［例 7—16］求 sys. columns 中 max_length 列的平均长度，具体命令如下：

```
SELECT AVG (max_length) FROM sys.columns
```

在使用集合函数时，如果集合函数前没有其他列或列的组合，则可以不使用 GROUP BY 子句，否则必须加 GROUP BY 子句，而且 GROUP BY 后的子句与集合函数前的子句要一致，如：

```
SELECT OBJECT_ID, AVG (max_length) FROM sys.columns
GROUP BY object_id
```

### 7.2.2　部署标量函数和内联表值函数

尽管我们已经在项目中部署了存储过程，而且存储过程也给我们带来了方便，但是，由于存储过程返回值的局限性（只能返回单个整数值）；而函数恰好弥补了这个不足，它不但具备了存储过程的所有功能，还能返回程序所需要的值。

本任务通过在证照项目中部署标量函数和内联表值函数，来进一步加强项目的功能。

1. 用标量函数求出年龄最大的男性或女性员工姓名

（1）分析。如果按照存储过程的方法，没办法用返回值来实现，因为返回值不是整数值，而是字符串；而函数恰好可以弥补这个不足，而在输入参数方面，和存储过程是一致的，这里需要一个输入参数，即性别。

（2）写查询语句。这是一个复杂的查询语句，宜分解为几个步骤，最后再综合起来。

1）求某一性别的最大年龄（可暂时设为男性）。

```
SELECT Min(Emp_Birth) FROM hr.tb_Emp WHERE Emp_Gender = '男'
--注意:出生日期最小,表示年龄最大
```

2）求出年龄等于最大年龄的员工姓名。

```
SELECT Emp_Name FROM hr.tb_Emp WHERE
    Emp_Birth = ( SELECT Min(Emp_Birth) FROM hr.tb_Emp WHERE Emp_Gender = '男')
```

3）将以上语句的执行结果赋给一个变量。

```
SET @变量 = (SELECT Emp_Name FROM hr.tb_Emp WHERE
    Emp_Birth = ( SELECT Min(Emp_Birth) FROM hr.tb_Emp WHERE Emp_Gender = '男'))
```

4）判断变量是否为空，返回结果。

5）小结。尽管该查询语句比较复杂，但经过分解以后，就相对简单一些，而且不易出错。

（3）将查询语句封装成函数。将以上语句略加修改，将性别设置成输入参数，并将函数创建在架构 cer 下，可得到创建标量函数的语句如下：

```
CREATE FUNCTION cer.fMaxEmp(@in_sex nchar(2))  --@in_sex 为输入参数
RETURNS CHAR(8)                                --定义返回值
AS
BEGIN                                          --函数主体
    DECLARE @ret_name char(8)
    SELECT @ret_name = (SELECT Emp_Name FROM hr.tb_Emp WHERE
    Emp_Birth = (SELECT Min(Emp_Birth) FROM hr.tb_Emp WHERE Emp_Gender = @in_sex))
    IF(@ret_name is null)                      -判断变量是否为空
    SET @ret_name = '没有找到!'
    RETURN'性别为' + @in_sex + '年龄最大的是:' + @ret_name
END
```

（4）测试运行。就象查询视图一样，来调用函数，执行语句如下所示。查询结果如图 7—11 所示。

```
SELECT cer.fMaxEmp(N'女')
SELECT cer.fMaxEmp(N'男)
```

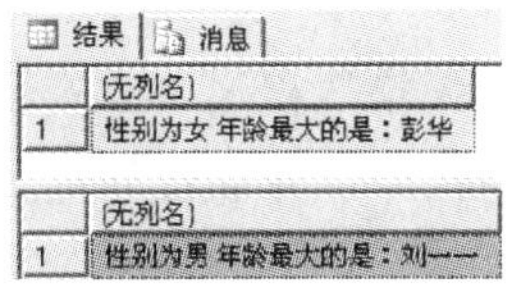


**图 7—11　函数的执行结果**

2. 用内联表值函数求出所有在若干天内到期的证照详细情况

（1）分析。任务中并未指定具体的天数，所以适宜设定为输入参数。到期的证照数量会随着输入参数的变化而发生变化，这有点类似于视图。其实，内联表值函数就是带参数的视图，而视图是不能带参数的。

（2）写出 SQL 语句。这里需要一个系统函数 GETDATE（　　），它返回当前日期，我们定义一个变量@in _ days 表示天数，则对应的 SQL 语句如下：

```
DECLARE @in_days int
SET @in_days = 60
SELECT * FROM cer.tb_cert WHERE(Cert_date2 - GETDATE(      ))<@in_days
```

（3）将查询语句封装成函数。将函数创建在架构 cer 下，容易得到如下 SQL 语句。

```
CREATE FUNCTION cer.funOutDay_Cert(@in_days int)       --输入参数
RETURNS TABLE                                          --内联表值函数返回一个表
AS
  RETURN(
  SELECT Cert_no,Cert_Name,Cert_Class,Cert_Date2 FROM cer.tb_cert
  WHERE(Cert_date2 - GETDATE( ))<@in_days)
```

（4）测试。执行以上函数的语句如下，并可得到如图 7—12 所示的结果，上面两行为 30 天内到期，下面一行为 10 天内到期。

```
SELECT * FROM Cer.funOutDay_Cert(30)  --30 天内到期
SELECT * FROM Cer.funOutDay_Cert(10)  --10 天内到期
```

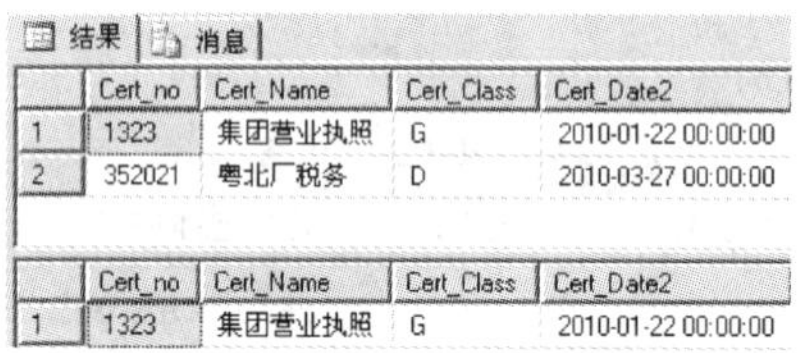

结果 | 消息

| | Cert_no | Cert_Name | Cert_Class | Cert_Date2 |
|---|---|---|---|---|
| 1 | 1323 | 集团营业执照 | G | 2010-01-22 00:00:00 |
| 2 | 352021 | 粤北厂税务 | D | 2010-03-27 00:00:00 |

| | Cert_no | Cert_Name | Cert_Class | Cert_Date2 |
|---|---|---|---|---|
| 1 | 1323 | 集团营业执照 | G | 2010-01-22 00:00:00 |

**图 7—12　内联表值函数的执行结果**

## 任务实战

创建函数

（1）求出指定性别的最小员工的出生日期（用标量函数实现）。

（2）求出大于指定年龄的员工工号、姓名、出生日期和所属部门。（用内联表值函数）

3. 小组讨论

（1）如果有两个或两个以上的最大年龄相同，应该如何处理。

（2）与小组成员分享你所完成的任务，并取长补短。

### 7.2.3　部署多语句表值函数

1. 基本情况分析

电脑部小华接到人力资源部的一个查询申请，要求如果是经理查询，则返回本部门的所有人员姓名、年龄、联系电话；如果是普通员工查询，则只能返回本人的信息。

虽然要返回的信息记录数不同，但结构是一致的，这个结构就是一个表；显然，用表值函数实现是最佳解决方法。多语句表值函数是视图和存储过程的结合体，不但可以返回用户定义的数据，而且还可以由用户定义表的名称和格式。

2. 完成场景中的任务

(1) 准备。多语句表值函数的创建方法和过程与标量函数、内联表值函数是基本一致的，所不同的是需要定义返回表的名称和结构。

在创建之前，还必须规划好输入参数，我们用工号作为输入参数，用工号来判断是经理还是普通员工。

(2) 绘制流程图。流程图如图 7—13 所示。

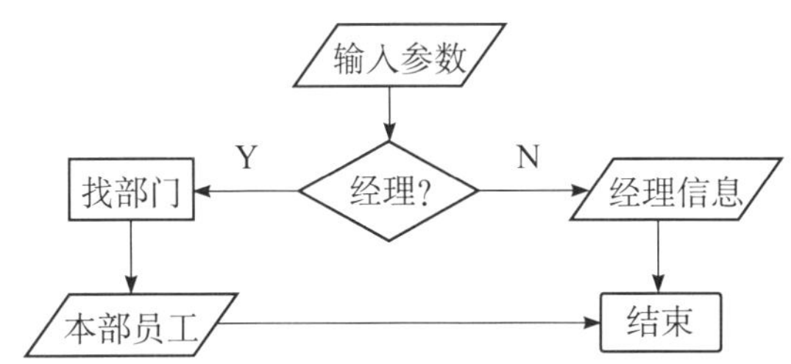


**图 7—13　多语句表值函数流程图**

(3) 根据流程图写出 SQL 语句，创建函数。

```
CREATE FUNCTION cer. fun_Emp(@Emp NCHAR(10))  --定义函数名及输入参数
RETURNS @tb_SubEmp TABLE                      --定义输出表
(Emp_No char(10) PRIMARY KEY,Emp_Name varchar(10),Emp_Tel CHAR(11))
AS
BEGIN
  IF EXISTS(SELECT Dep_No FROM hr. tb_Dep WHERE Dep_Emp = @Emp)
    BEGIN                                     --是经理的情况
      INSERT INTO @tb_SubEmp
      SELECT Emp_No,Emp_Name,Emp_Tel FROM hr. tb_Emp WHERE Emp_Dep =
      (SELECT Dep_No from hr. tb_Dep WHERE Dep_Emp = @Emp)
    END
  ELSE
    BEGIN                                     --普通员工的情况
      INSERT INTO @tb_SubEmp
      SELECT Emp_No,Emp_Name,Emp_Tel FROM hr. tb_Emp WHERE Emp_No = @Emp
    END
  RETURN
END
```

(4) 测试。分别执行下面两行代码，可得到如图 7—14 所示的结果。

```
SELECT * FROM cer. fun_Emp('102003')  --经理查询
SELECT * FROM cer. fun_Emp('102004')  --普通员工查询
```

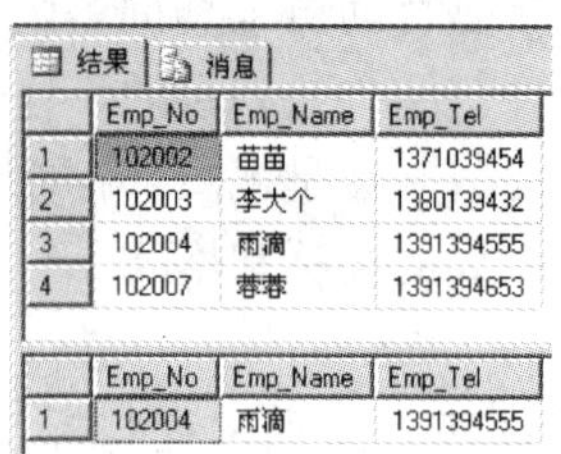

| | Emp_No | Emp_Name | Emp_Tel |
|---|---|---|---|
| 1 | 102002 | 苗苗 | 1371039454 |
| 2 | 102003 | 李大个 | 1380139432 |
| 3 | 102004 | 雨滴 | 1391394555 |
| 4 | 102007 | 蓉蓉 | 1391394653 |

| | Emp_No | Emp_Name | Emp_Tel |
|---|---|---|---|
| 1 | 102004 | 雨滴 | 1391394555 |

图 7—14　测试结果

**任务实战**

创建多语句表值函数

求出以下条件的输出结果：

（1）当输入证照类别编号时，返回该类别的证照编号、证照名称、初领日期、过期日期；

（2）当输入证照编号时，只输出该证照的相同信息；

（3）当输入部门编号时，输出该部门的相同信息。

3. 小组讨论

与小组成员分享你所完成的任务，找出不足，发扬优点，并互相评价。

## 项目小结

本子项目通过对存储过程和函数的学习，完成了在证照项目中部署存储过程和函数的任务。重点是存储过程和函数的概念、创建方法和调用方法。

## 课外实训

整理、收集完成本项目任务的所有脚本，填入下表中，然后认真体会，直到融会贯通（第一行为举例）。

| 对象名称 | 类别 | 参数 | 脚本文件名 | 功能 | 待改进地方 |
|---|---|---|---|---|---|
| spZzylb | Proc | 无 | spZzylb. sql | 证照一览表 | 增加参数 |
| | | | | | |
| | | | | | |
| | | | | | |

# 子项目 8　证照项目智能化

## 情境描述

A 公司的证照项目已基本部署完毕，并对证照的基本查询和管理发挥着比较大的作用。近来，公司由于业务的发展，收购了一家生产厂 F，该生产厂有一个类似证照项目的基于 Oracle 的应用程序，该程序完成对证照的管理工作，且运行情况良好。公司领导决定暂时保持原状，但对证照项目提出了以下要求：

(1) 公司必须与 F 厂保持数据交换渠道的畅通。

(2) 进一步完善证照项目，择机替换 F 厂的应用程序，实现公司证照项目的统一。

根据这一精神，电脑部小华决定采用 XML 与 F 厂进行数据交换，同时增强证照项目的功能，提高智能化水平。

基于不同数据库的 A 公司的证照项目与 F 厂的应用程序，要实现数据的交换，最有效的方法就是通过 XML，其示意图如图 8—1 所示。即通信的双方通过第三方标准的 XML 文档进行数据交换。

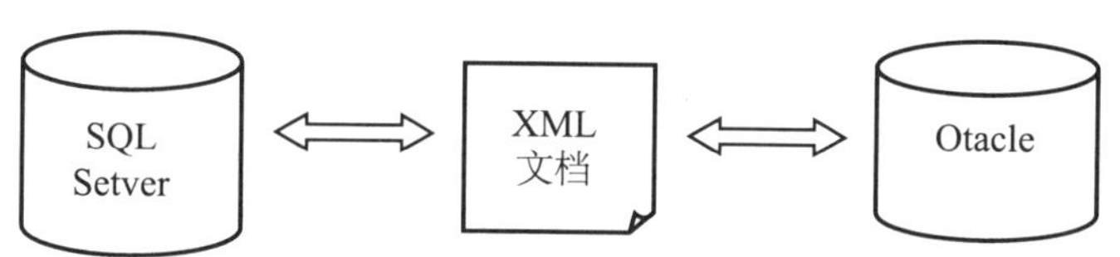


**图 8—1　异构数据交换示意图**

目前，在证照项目管理中，“人”是主动的，计算机是被动的，即当人们需要什么数据时就到计算机来查询。能否使计算机主动起来，即让计算机能及时报告人们所需要的数据。

还有，随着证照项目使用范围的不断扩大，使用人员的不断增多，如何保护敏感数据，也是我们面临而且必须解决的问题。

- 如何将 SQL Server 数据转换为 XML 文档?
- 如何将 Oracle 送过来的 XML 文档转换到 SQL Server 中?
- 数据库保存在哪里?

## 任务分析

通过以上的分析，我们必须将问题转换为任务，概括如下：

1. 实现 SQL Server 数据与 XML 文档的互换，以解决公司与 F 厂数据交换问题。
2. 实现证照过期的自动提醒，使计算机主动起来。
3. 实现数据修改的跟踪，以保护敏感数据，并确保数据完整性。

# 任务 8.1　SQL Server 数据与 XML 文档的互换

## 任务目标

异构数据库的存在，使数据交换必须借助第三方。在这里，我们使用 XML 文档作为异构数据库之间进行数据交换的桥梁。

能将 SQL Server 表数据转换为 XML 文档，将从 Oracle 传过来的 XML 文档转换到 SQL Server 数据表中。

### 8.1.1　XML 概述

HTML（Hypertext Markup Language，超文本标记语言）是一种标记语言，HTML 4.0 里面规范和定义了很多标签，而 XML（Extensible Markup Language，可扩展标记语言）允许我们自己创建标签，所以叫做可扩展性。XML 是“万维网联盟”（W3C）于 1998 年 2 月发布的标准。W3C 组织制定 XML 标准的初衷是，定义一种 Internet 上交换数据的标准。

1. XML 概述

（1）定义。

XML 是一种以开放和自描述的方式来定义数据结构的标记语言，它允许用户根据它所提供的规则，制定各种各样的标记语言。使用 XML 可以方便地在网络上传输数据，并确保接收数据的应用程序能够以统一的方式处理数据。因为 XML 常用于描述和组织信息，所以可以把 XML 理解成一种数据描述语言。可以使用 XML 描述数据、记录以及其他复杂的数据结构，诸如学生档案、目录和文档等。

XML 主要有 3 个要素：DTD（Document Type Declaration，文档类型声明）或 XML Schema（XML 大纲）、XSL（eXtensible Stylesheet Language，可扩展样式语言）或 CSS（Cascading Style Sheets，级联样式单）和 XLink（eXtensible Link Language，可扩展链接语言）。

DTD 和 XML Schema 规定了 XML 文件的逻辑结构，定义了 XML 文件中的元素、元素的属性以及元素和元素的属性之间的关系。CSS 和 XSL 是用于规定 XML 文档呈现样式的语言，它使得数据与其表现形式相互独立。而 XLink 将进一步扩展目前 Web 上已有的简单链接。

（2）XML 特点。

1）简单性。

在计算机领域，语言常常用来编程实现一些功能和应用，但不是所有的“语言”都是用来编程的，XML 就只是一种用来定义标识和描述信息的语言。不过，XML 作为一种语言必须遵循一定的规则，XML 的严格定义和规则使人类和机器都能更容易地阅读文档。

XML 为程序员和文档作者提供了一个友好的环境。我们可以使用 XML 的标识来识别文档中的元素，如果没有标识，文档在计算机看来只是一个很长的字符串，每个字看起来都一样，没有重点之分。通过标识，文档才便于阅读和理解，我们可以划分段落，列明标题。XML 中，我们还可以利用可扩展性来为文档建立合适的标识。

2）可扩展性。

首先，XML 允许我们创建自己的文档格式定义（Document Type Definition，DTD），有效地创建可被用于多种应用的“可扩展的”标识集；其次，使用几个附加的标准，可以对 XML 进行扩展。

XML 的可扩展性可以为文档建立自己的标识。在 HTML 里，有许多固定的标记，我们必须记住然后使用它们，不能使用 HTML 规范里没有的标记。在 XML 中建立的标识是描述数据的类型或特性的，如宽度＜width＞，年龄＜age＞，姓名＜name＞等，而不是数据的内容，如＜10pxl＞，＜18＞，＜张三＞，这些都是无用的标识。可以这样理解，标识就是一种列名。

3）互操作性。

传统数据库的应用领域主要是针对商业与事务处理。Internet 时代到来以后，Web 改变了许多东西，它给数据库技术提出了一个必须面对的重要问题：即如何有效地存储和管理 Web 上以指数增长着的数据（文档），使它们既能被高效地操作和维护，又能在 Web 这个平台上方便地表示和交换。

将现有数据库中数据转换成适于 Internet 和 Web 的形式，虽然从 CGI，Server API，Scripts 到 Java 等出现了许多解决方法，并且已在实际应用中取得了很大的成就，但仍有问题存在。传统数据库中的数据以二进制码的形式存储，并且不同的数据库管理系统有各自的专有格式，这既带来了表示上的困难，更是进行交换的一大障碍。而随着网络和 Internet 的发展，数据交换的能力已成为新的应用系统的一个至关重要的要求。

SQL Server 2005 数据库管理系统（DBMS）对 XML 的支持，基于 XML 来实现数据管理和互操作。数据库与 XML 的这种捆绑充分吸收和利用 Web 方面的技术，使得 XML 可以在多种平台上使用，而且可以用多种工具进行解释。

4）开放性。

XML 标准在 Internet 上是完全开放的，可以免费获得。XML 文档自身也较为开放。

（3）常见用途。

1）企业应用集成。

在企业内部，可能存在不同的操作系统、基于不同平台的各种应用程序，它们之间又需要传递业务信息，这时使用 XML 就是一个有效的途径。

2）B2B 电子商务。

基于 Internet 来交换文档，如订单、货运通知等，早期大都采用“电子数据交换”（EDI）技术，目前更多的是采用 XML 技术。

3）信息发布。

许多单位都建立自己的网站进行信息发布，XML 技术克服了 HTML 的局限性，XML

与 XSLT 样式表的结合使用，描述了显示数据的方式。这样 XML 文档能够在公司内部和外部发布真实的信息。

（4）常见应用方式。

就像 int、char 等数据类型一样，XML 数据类型可以用在表中列的定义中、变量的定义中、存储过程的参数定义中、用户自定义函数的参数定义中、用户自定义函数的返回值定义中。XML 数据类型既可以存储类型化数据，也可以存储非类型化数据。如果存储在 XML 列中的数据没有与 XML 架构定义（XSD）关联，这种数据就是非类型化数据。如果存储在 XML 列中的数据与 XSD 关联，那这种数据就是类型化数据。当插入类型数据时，SQL Server 2008 系统将根据定义的 XSD 检查数据的一致性和完整性。XSD 定义了 XML 文档中被作为类型支持的基本类型的标准集，其方式与 SQL-99 标准定义关系型数据库必须支持的基本类型集的方式完全一样。

尽管 T-SQL 中 INSERT 语句会自动将 VALUES 列表中使用的 varchar 值或 nvarchar 值转换为 XML 数据类型的列值，但必须在该数据类型与 varchar 类型或 nvarchar 类型间进行转换，不能用 CAST 或 CONVERT 将 XML 类型转换为除 varchar 或 nvarchar 外的任何其他类型。

使用 XML 数据类型的主要原因是，当定义一个 XML 数据类型列时，则将该列中的数据本身存储在数据库中。在该文件系统上，列不是一个指向 XML 文档的指针。这意味着，XML 数据被包含在备份和还原过程中，受 SQL Server 安全性保护，并参与事务和日志记录。

可以将 XML 文档存储在 XML 数据类型的一个实例中。XML 数据类型不受关系约束限制，而受 XML 架构约束。

**注意：**无法将 XML 列本身用作主键。这是因为无法直接比较 XML 数据类型的数据，尽管它们能包含 NULL 值（且能够测试是否为 NULL 值）。

虽然，我们能够对 XML 数据执行字符串比较，但是比较的难度较大。

2. XQuery 语言

XQuery，也称作 XML Query，是一种可以查询结构化或半结构化 XML 数据的语言。由于 Microsoft SQL Server 2008 系统提供了对 XML 数据类型的支持，因此可以将 XML 文档存储在数据库中，然后使用 XQuery 语句进行查询。XQuery 基于现有的 XPath 查询语言，并且支持迭代、对结果排序以及构造必需的 XML 功能。Transact-SQL 支持 XQuery 语言的子集。

使用 XQuery 语言可以从一个 XML 节点或多个节点中返回多个元素。

（1）SQL Server XQuery。

1）xml. exist。

这个方法根据一个 XML 节点上的搜索表达式返回一个布尔值。

2）xml. query。

这个方法接受一个 XQuery 并返回一个 XML 数据类型的实例。可以按需要将这些查询简单或复杂化。

3）xml. nodes。

如果需要将一个 XML 数据类型变量中的数据分解到关系数据中时，这个方法十分有用。这个方法接受一个 XQuery 语句作为参数，并返回一个包含 XML 数据的行集。

（2）XML 数据类型方法

SQL Server 系统提供了一些内置的可以用于 XML 数据类型的方法。与普通关系型数据不同的是，XML 数据是分层次的，具有完整的结构和元数据。XML 数据类型方法可以用于获取存储在 XML 数据类型中的 XML 文档的内容。这些方法包括 exist 方法、modify 方法、query 方法、value 方法等。

（3）在存储过程中应用 XQuery。

首先，往 XML 变量中加载一些数据。然后，建立一个接受 XML 参数的存储过程，最后应用 XQuery 函数把 XML 文件中的数据插入一个表中。在存储过程中应用 XML 数据，只需调用一次数据库，而不必像典型存储过程编程那样调用 N 次数据库。这二者似乎区别不大，但对一个繁忙的系统而言，应用 XML 数据会有很大益处。而且，应用 XQuery 还会显著提高性能，对小型 XML 文件更是如此。

最初在数据库中应用 XML 似乎有些难于处理，还要花一些时间，习惯使用 XQuery 和 Xpath 查询。但是，经过一段时间的学习以后，我们就会发现在数据库中应用 XML 数据相当实用。

3. FOR XML 子句

（1）FOR XML 子句语法。

在 SQL Server 2000 中，可以通过 FOR XML 子句和 OpenXML 函数使用 XML 数据。Select 语句则由此而配备了 FOR XML 子句。该子句的语法如下所示：

```
[FOR {XML { RAW|AUTO|EXPLICIT }
[,XMLDATA]
[,ELEMENT]
[,BINARY BASE64]}]
```

FOR XML 子句的 XML 模式由三种参数值表示:RAW、AUTO 或者 EXPLICIT。

FOR XML AUTO 和 FOR XML RAW 对返回二进制数据都不提供完全支持。例如，若选择一个二进制字段并使用 FOR XML RAW，则会收到一条难以处理的错误消息。为避免这种情况可在 FOR XML 子句中指定 BINARY BASE64 选项，这样 SQL Server 就会使用 BASE64 格式来格式化二进制数据。其优点是 SQL 语句将不再改变。缺点是读取使用 BINARY BASE64 的查询结果不方便。

FOR XML AUTO 模式的另一个限制是它不支持 GROUP BY 子句或聚合函数。不过，可以通过选择若干行、构成 TABLE 变量，然后使用 FOR XML AUTO 子句从该中间表中检索这些行来避开这种限制。

SQL Server 2000 限定 FOR XML 子句只能用在查询语句的顶层，不能在子查询中使用 FOR XML 子句。SQL Server 2008 系统完善了这方面的功能，用户可以在子查询中使用 FOR XML 子句，从而实现嵌套的 FOR XML 查询。

在 SQL Server 2008 中，由于增加了 XML 数据类型，因此也增强了 FOR XML 的功能，这些增强功能包括 TYPE 模式、PATH 模式、嵌套 FOR XML 查询、内联架构等。

在 FOR XML 子句中，可以请求在查询返回结果的同时返回一个内联架构。如果需要返回内联架构，可以使用 XMLSCHEMA 关键字。需要注意的是，只能在 RAW 和 AUTO 模式中指定 XMLSCHEMA，不能在 EXPLICIT 模式和 PATH 模式中指定内联架构。

使用 FOR XML 可以把数据表中数据检索出来并且自动表示成 XML 格式。模式决定了结果 XML 的形式和组成。下面我们就通过示例了解以上各个 XML 选项。

（2）FOR XML RAW。

FOR XML RAW 是最简单的 FOR XML 模式，该模式将查询结果集中的每一行转换为带有通用标识符＜row＞或可能提供元素名称的 XML 元素。在默认情况下，行集中非 NULL 的每列值都将映射为＜row＞元素的一个属性。也就是说，RAW 模式表示的元素名称是 row，属性名称是列名称或列的别名。

（3）FOR XML AUTO。

使用 FOR XML AUTO 也可以返回 XML 文档。不过，使用 AUTO 和使用 RAW 得到的 XML 文档形式是不同的。使用 AUTO 关键字，SQL Server 使用表名称作为元素名称，使用列名称作为属性名。Select 关键字后面的列的顺序用于确定 XML 文档的层次。

尽管示例中 AUTO 和 RAW 的区别较小，但与用于联接表的一个查询一起使用时，AUTO 和 RAW 之间的区别比较明显。无论数据是来自一个表还是来自多个表，使用 FOR XML RAW 的查询都将只返回＜row＞元素。因此，RAW 模式不利用 XML 文档的固有分层结构。

（4）FOR XML EXPLICIT。

使用 FOR XML EXPLICIT 子句可以准确地得到用户需要的 XML 文档。FOR XML EXPLICIT 子句和 FOR XML RAW、FOR XML AUTO 两个子句不同。RAW、AUTO 子句可以直接用在 Select 子句中，而把 FOR XML EXPLICIT 子句直接用在 Select 子句中，会产生报错消息。

（5）指定 TYPE 选项。

由于 SQL Server 2008 支持 XML 数据类型，因此可以通过指定 TYPE 选项，将 FOR XML 查询结果返回为 XML 数据类型。这样可以方便在服务器上对 FOR XML 查询结果的处理。

（6）FOR XML PATH。

作为一种新增功能，FOR XML PATH 子句比 FOR XML RAW 和 FOR XML AUTO 子句的功能强大，并且比 FOR XML EXPLICIT 子句形成更加简单。FOR XML PATH 子句允许用户指定 XML 树状数据中的路径。

4. OPENXML 语句

前面我们已经探讨了从数据表获取 XML 文档的方法。下面讲述在数据库中使用 XML 文档来插入或修改数据表数据。使用 FOR XML 可以把数据表中的数据生成 XML 文档，使用 OPENXML 则是使用 FOR XML 的逆过程。也就是说，使用 OPENXML 可以从 XML 文档中返回数据的行集。

OPENXML 是一个 T-SQL 语句，对内存中的 XML 文档提供与表或视图相似的行集。OPENXML 允许像访问记录行一样访问 XML 数据。它通过提供以内部形式表示的 XML 文档的行集视图来实现这一点。若要使用 OPENXML 语句对 XML 文档进行操作，必须先调用 sp _ xml _ preparedocument。它将分析 XML 文档并向准备使用的已分析文档返回一个句柄。已分析文档以文档对象模型（DOM）的形式说明 XML 文档中的各种节点。该文档句柄传递给 OPENXML。然后 OPENXML 根据传递给它的参数提供一个该文档的行集视图。

如图 8—2 所示说明了使用 OPENXML 将 XML 文档数据插入数据表的过程。

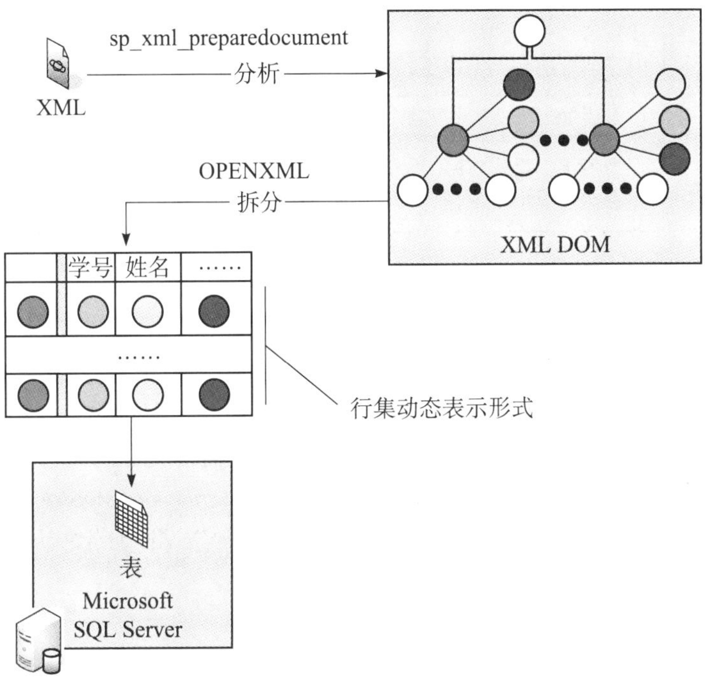


**图 8—2　将 XML 文档数据插入数表的过程**

（1）XML DOM。

假设把文档看成一个单独的对象，文档对象模型 DOM 就是用 HTML/XML 对这个对象进行操作和控制的标准。在 XML 中，需要将网页作为一个对象来操作和控制，我们可以建立自己的对象和模板。与对象进行交流，如何命令对象，就要用到 API（Application Programming Interface），它是访问和操作对象的规则。DOM 是一种详细描述 HTML/XML 文档对象规则的 API，它规定了 HTML/XML 文档对象的命名协定，程序模型，沟通规则等。

XML 创建了标识，而 DOM 的作用就是告诉我们如何在浏览器窗口中操作和显示这些标识。在 XML 文档中，我们可以将每一个标识元素看作一个对象，它有自己的名称和属性。

（2）系统存储进程。

系统存储进程 sp_xml_preparedocument，读取 XML 文档并将其内容提取到内存中。其语法如下：

```
sp_xml_preparedocument @hdoc OUTPUT,
[,@xmltext ]
[,@xpath_namespaces ]
```

具体参数如表 8—1 所示。

**表 8—1**

| 参数 | 说明 |
|---|---|
| @hdoc | 指向某内存区域的句柄（从作用上看等同于一个指针），相关数据存放在这里。注意这是一个输出变量，当该进程运行后，该变量将包含指向 XML 文件内容在内存地址的句柄。由于需要在随后使用此结果，因此要确保对其进行保存 |
| @xmltext | 希望处理的 XML 文本 |
| @xml _ namespaces | 为了正常操作 XML 数据所需要的任何名字空间索引（namespace references）。注意在这里出现的任何 URL 都需要用尖括号（＜＞）括起来。 |

假设所传递的这些参数都有效，并且 XML 文档存在，那么将 XML 文档逐行按文本读取，把所有读取的行（XML 数据）存放到内存一个大的 NVARCHAR 变量@xmltext 中，再调用系统存储进程 sp_xml_preparedocument 将变量@xmltext 传递给@hdoc。调用系统存储进程 sp_xml_preparedocument，不仅创建了 XML 文档在内存中的表示，也允许 XML 文档作为调用参数。一旦拥有了指向内存中 XML 文档的句柄，就可以执行 OPENXML 语句。不过，调用 OPENXML 时要注意内存的使用情况。sp _ xml _ preparedocument 的返回值是指向内存中 XML 文档的句柄。所以，最好不要使用 OPENXML 加载较大的 XML 文档，因为那样可能会造成服务器的内存溢出。

（3）OPENXML 语句。OPENXML 语法如下：

OPENXML（idoc int [in]，rowpatterm varchar [in]，[flags byte [in]]）

[WITH（SchemaDeclaration | TableName）]

OPENXML 语句将 XML 类型数据转换为其他格式的关联数据。其作用是接收 XML 数据，提供内存中 XML 数据的行集视图。OPENXML 中的 WITH 子句允许指定返回数据的行集格式。具体参数如表 8—2 所示。

**表 8—2**

| 参　数 | 说　明 |
|---|---|
| Idoc | XML 文档的内部表示形式的文档句柄。通过调用 sp_xml_preparedocument 创建 XML 文档的内部表示形式 |
| rowpatterrn | XPath 模式，用来标识要作为行处理的节点（这些节点在 XML 文档中，该文档的句柄由 idoc 参数传递） |
| Flags | 指示应在 XML 数据和关系行集间使用映射以及应如何填充溢出列 |
| SchemaDeclaration | 窗体的架构定义 |
| TableName | 如果具有所需架构的表已经存在且不要求列模式，则为给定的表名（而不是 SchemaDeclaration）。 |

在调用中使用不同的参数，可以对 XML 数据的返回结果集进行详细的控制。

上面 T-SQL 语句核心是 OPENXML，它对 XML 文档的内存表达式执行操作。OPE-

NXML 将 XML 文档的引用作为第一个参数来接受。第二个参数告诉 OPENXML 用户想映射到行的 XML DOM 中的节点。在这个示例中，我们想识别 stud _ grade 节点以获取学生成绩数据，因此我们将“/root/stud_grade”指定为第二个参数。OPENXML 的第三个参数是指示要使用的映射类型。取值为 1 时，OPENXML 映射到属性，取值为 2 时则映射到元素。

WITH 子句指定要从 XML 文档获取的列值以及要转换成的数据类型。WITH 子句也可用于在 XML 中用 XPath 表达式来映射属性或元素，或为要用于某一查询的 XML 字段取别名。上面的 OPENXML 代码主要是从 XML 数据中取 4 个列，并将其转换成行集合。

执行上述 T-SQL 语句，在变量@FileContents 中已经获得了 CurrentSettings. xml 文件的全部内容。所需要做的只是将变量@FileContents 传递给 sp_xml_preparedocument 中@xmltext 参数 iDoc，然后再调用 OPENXML。有了这种解决办法，对 XML 文档进行各种处理就成为可能。我们可以将 XML 文档同数据表连接在一起而无须导入数据，然后对这些数据进行 INSERT、UPDATE 和 DELETE 等任何操作。

一旦将数据插入到数据表中，就可以调用系统存储进程 sp_xml_removedocument 删除 SQL Server 服务器内存中的 XML 数据。

这个示例说明通过 OPENXML 语句可以减少数据库调用次数。OPENXML 提供很大的灵活性，既可以将所有的 XML 数据插入到数据表中，也可以拆分 XML 文件，将其插入到不同的数据表中。通过 OPENXML，我们就可以一次调用插入多条记录，而不是像传统操作那样，要通过多次操作实现。

对 XML 所做的第一件事是将其传递给 sp_xml_preparedocument 系统存储过程。该过程取用该 XML 并将其转换成内部 DOM，以便 OPENXML 能够将它作为行集合来处理。该过程还在内存中创建一个 DOM 引用（@iDoc 变量）。通过将@iDoc 变量传递给 OPENXML 函数，可以在 SELECT 语句的 FROM 子句中将 XML 作为行集合来访问。

### 8.1.2　从 SQL Server 表数据到 XML 文档

因为基于证照项目的 SQL Server 不能直接访问 Oracle 的数据，反过来也是如此。然而，F 厂的证照资料必须传到 A 公司总部进行数据汇总，A 公司总部也必须将一些基础资料（如部门架构）传给 F 厂。根据前面的分析，我们是通过 XML 来完成这些数据交换的。其大致流程如图 8—1 所示。

1. 表数据→XML 文档

F 厂在对证照应用程序进行维护时，必须遵循公司的部门编码规则，因此，希望能得到公司的部门架构编码数据。

首先，确定 XML 文档的格式。虽然双方都有部门架构表，但其结构不一定相同，为了便于数据交换，确定 XML 格式如下：

```
<department
department_no = ""
department_name = ""
department_manager = "" />
```

以上 XML 格式，规定元素名为 department，其中包含三个属性，分别是部门编号、部门名称、部门经理。因为 Oracle 方的人员编码规则也存在着与 SQL Server 不一致的可能性，所以，部门经理不用编号，而是用人员姓名。

其次，写出查询 SQL 语句。数据来源于两个表，一个是部门表 tb _ Dep，另一个是人员表 tb _ Emp，要查询的数据是部门代号、部门名称和部门经理姓名，这两个表共同的列是人员编号，我们用内连接的方式写出 SQL 语句如下。

```
select Dep_No "@department_no",Dep_name "@department_name",Emp_Name "@department_manager"
from db_Cert.Hr.tb_Dep dep
inner join db_Cert.Hr.tb_Emp emp on Dep.Dep_Emp = Emp.Emp_No
```

最后，转换成 XML 文档。因为要修改元素名和属性名等，所以我们可以采用 PATH 模式查询来获得 XML 文档。语句如下：

```
select Dep_No "@department_no",Dep_name "@department_name",Emp_Name "@department_manager"
from db_Cert.Hr.tb_Dep dep
inner join db_Cert.Hr.tb_Emp emp on Dep.Dep_Emp = Emp.Emp_No
for xml path('department')
```

得到以下 XML 文档。

```
<department department_no = "101" department_name = "董事长办公室" department_manager = "张大力" />
<department department_no = "102" department_name = "总经理办公室" department_manager = "李大个" />
<department department_no = "103" department_name = "审计部" department_manager = "威威" />
<department department_no = "104" department_name = "工会" department_manager = "小杰" />
<department department_no = "201" department_name = "市场部" department_manager = "陈飞飞" />
<department department_no = "202" department_name = "财务部" department_manager = "忻国" />
<department department_no = "203" department_name = "技术部" department_manager = "王伟" />
<department department_no = "205" department_name = "行政部" department_manager = "邢正" />
<department department_no = "206" department_name = "电脑部" department_manager = "小华" />
<department department_no = "501" department_name = "生产厂一" department_manager = "健健" />
<department department_no = "502" department_name = "生产厂二" department_manager = "安安" />
<department department_no = "503" department_name = "生产厂三" department_manager = "彭华" />
```

**任务实战**

获取员工 XML 数据

将人员表按以下格式转换为 XML 文档。

```
<hr>
  <employees Emp_No = "101002 " Emp_Name = "张大力      "  />
</hr>
```

2. XML 文档→SQL Server 表数据

(1) 任务描术。F 厂的证照资料必须汇总到公司总部，但由于 Oracle 数据库不能直接访问 SQL Server 数据库，所以，只能将证照资料转换成 XML 文档，SQL Server 数据库收到该 XML 文档后再将其转入到数据表中。

（2）任务要求。Oracle 传来的证照资料如以下的 XML 文档所示，请将其追加到 SQL Server 的证照数据表 tb _ Cert 中。

```
<Factory>
<certificate>
  <code>440213</code>
  <name>华东税务</name1>
  <expire_date>2012 - 02 - 20T00:00:00</expire_date>
</certificate>
<certificate>
  <code>024668</code>
  <name>越野行驶证</name1>
  <expire_date>2014 - 05 - 19T00:00:00</expire_date>
</certificate>
<certificate>
  <code>025843</code>
  <name>董事长护照</name1>
  <expire_date>2013 - 12 - 27T00:00:00</expire_date>
</certificate>
</Factory>
```

（3）任务实施。分析此 XML 文档，这是从分厂传过来的证照资料，包含以下信息：编号、名称和过期日期。要将其转入 SQL Server，按以下步骤进行。

第一步，声明 XML 变量，并用 XML 文档为其赋值，注意必须包含版本号和字符集，否则可能导致中文乱码等不正常现象。

```
DECLARE @doc xml --
SET @doc = '<?xml version = "1.0" encoding = "GB2312" ?> --版本号和字符集
<Factory>
<certificate>
  <code>440213</code>
  <name>华东税务</name1>
  <expire_date>2012 - 02 - 20T00:00:00</expire_date>
</certificate>
<certificate>
  <code>024668</code>
  <name>越野行驶证</name1>
  <expire_date>2014 - 05 - 19T00:00:00</expire_date>
</certificate>
<certificate>
  <code>025843</code>
  <name>董事长护照</name1>
  <expire_date>2013 - 12 - 27T00:00:00</expire_date>
```

```
</certificate>
</Factory>'
```

第二步，声明句柄，并调用存储过程以创建内存树。

```
DECLARE @docHandle int
EXEC sp_xml_preparedocument @docHandle OUTPUT,@doc
```

第三步，碎分 XML，并确认数据是正常的，结果如图 8—3 所示。

```
SELECT * FROM
OPENXML(@docHandle,'/Factory/certificate',2)
WITH
(code VARCHAR(10) ,
name NVARCHAR(20) ,
expire_date SMALLDATETIME
)
```

|  | code | name1 | expire_date |
|---|---|---|---|
| 1 | 440213 | 华东税务 | 2012-02-20 00:00:00 |
| 2 | 024668 | 越野行驶证 | 2014-05-19 00:00:00 |
| 3 | 025843 | 董事长护照 | 2013-12-27 00:00:00 |

**图 8—3　从 XML 碎分的数据**

第四步，完成数据的插入。

```
INSERT INTO DB_Cert1.dbo.tb_Cert(Cert_No,Cert_Name,Cert_Date2)
SELECT * FROM
OPENXML(@docHandle,'/Factory/certificate',2)
WITH
(code VARCHAR(10) ,
name NVARCHAR(20) ,
expire_date SMALLDATETIME
)
```

第五步，调用存储过程以清除内存树。

```
EXEC sp_xml_removedocument @docHandle
```

## 任务实战

XML 文档→SQL Server 员工表

将以下 XML 文档插入员工表中，所属部门统一为 F0001。

```
<factory-hr>
<employees>
  <employeeNo>F101002  </employeeNo>
  <name>张力     </name>
  <mailbox>zdl@sql.com</mailbox>
</employees>
```

```
<employees>
  <employeeNo>F102003  </employeeNo>
  <name>李大  </name>
  <mailbox>ldg@sql.com</mailbox>
</employees>
<employees>
  <employeeNo>F102002  </employeeNo>
  <name>苗  </name>
  <mailbox>mm@sql.com</mailbox>
</employees>
</factory-hr>
```

## 任务 8.2　证照过期的自动提醒

### 任务目标

要实现自动化任务，要用到数据库的代理服务、数据库邮件、任务调度，以及 SQL 语句的运用，我们分为环境设置、功能实现、功能测试三个子任务来达到以下目标。

将即将到期的证照以弹屏、电子邮件的方式提前通知证照的责任管理人，避免证照审核的耽误。

### 8.2.1　自动提醒的环境设置

1. 外围应用配置

在外围应用配置器中启用数据库邮件存储过程，以使数据库能发送邮件，启用 xp_cmdshell，以使数据库可以执行 Windows 脚本命令。设置方法是右击服务器名称，在弹出的菜单中单击“方面”，在弹出窗口中的“方面”下拉菜单中选择“外围应用配置器”，如图 8—4 所示；第一选项“DatabaseMailEnabled”表示数据库邮件，第二个选项“XPCmdShellEnabled”表示 xp_cmdshell，分别将它们设为 True。

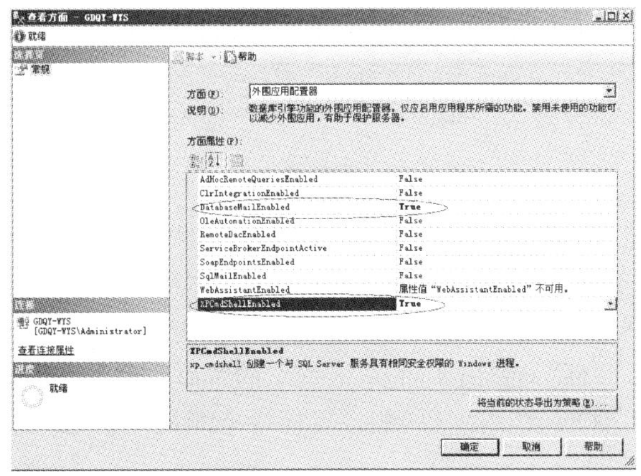


图 8—4　外围应用配置器

2. 启动相关服务

启用 Message 服务，以使系统可以收发弹屏信息，启用 SQL Server Agent 服务，以使数据库能调度任务，如图 8—5 所示。

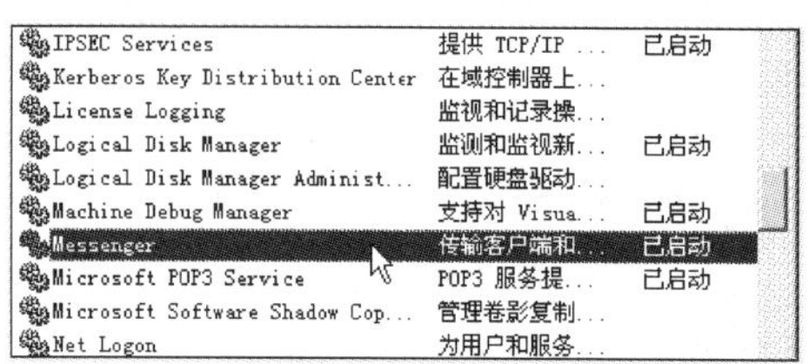


**图 8—5　启动信使服务**

3. 配置数据库邮件

详细的配置步骤如下。

第一步，在对象资源管理器中，展开“管理”，右击“数据库邮件”，弹出如图 8—6 所示的窗口，单击“下一步”按钮。

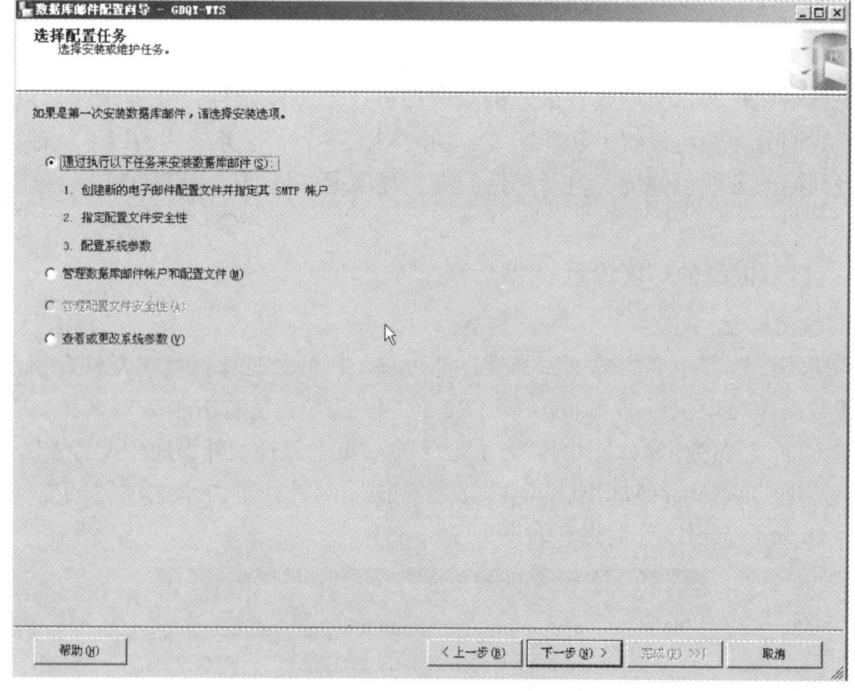


**图 8—6　配置数据库邮件**

第二步，将配置名字命名为“sp1”，添加任何合法的邮件账户。小华这里是用内部的邮件系统，如图 8—7 所示。

第三步，测试数据库邮件。在对象资源管理器中，右击“数据库邮件”，在弹出的菜单中单击“发送测试电子邮件”，弹出如图 8—8 所示的窗口，输入合法的电子邮件地址，单击发送，如正常系统将用图 8—7 中配置的账户发送一个测试电子邮件。我们这里收到的邮件如图 8—9 所示。

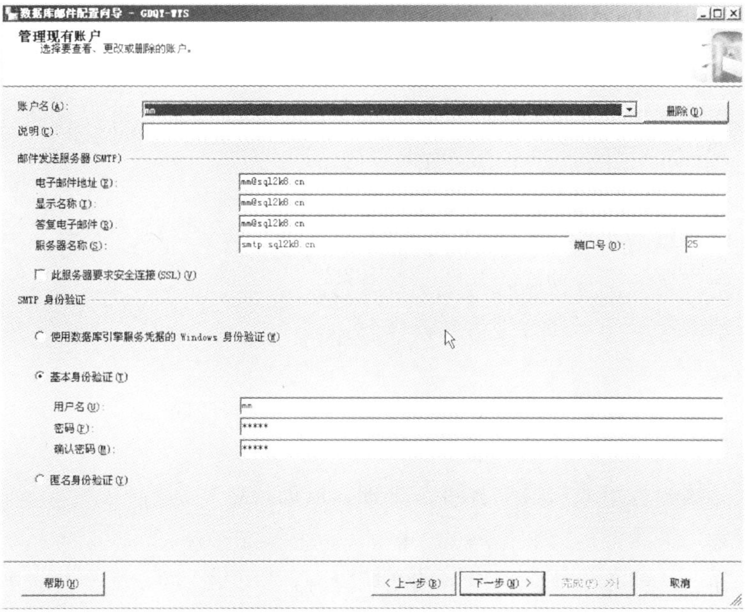

图 8—7　添加邮件账户

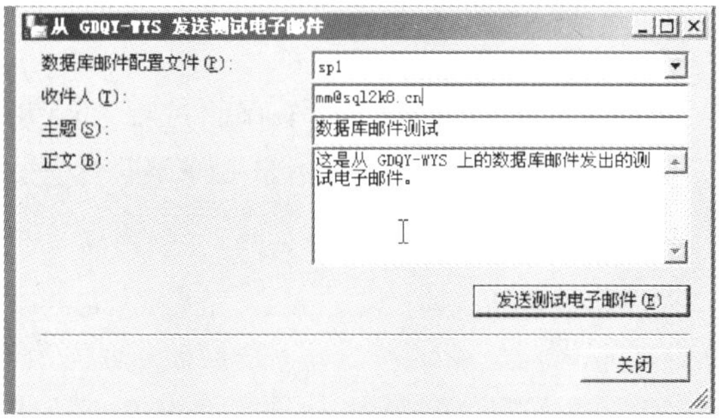

图 8—8　发送测试邮件

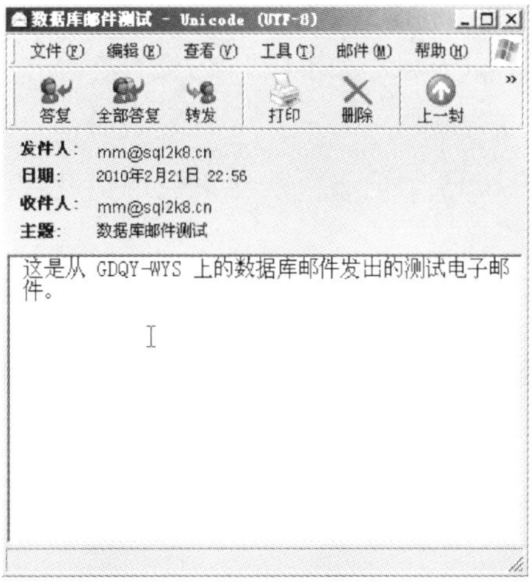

图 8—9　收到测试邮件

### 8.2.2 自动提醒的功能实现

1. 认识游标（Cursor）

在 SQL Server 中，Select 语句可以得到一个记录集，而游标可以存储一个结果集，并通过循环将这个结果集里的数据逐条取出来进行处理。

（1）游标处理结果集的方法。

1）定位到结果集的某一行。

2）从当前结果集的位置搜索一行或一部分行。

3）允许对结果集中的当前行进行数据修改。

（2）游标的工作流程。

1）定义一个游标变量，声明游标存储的结果集，后面说明。

2）打开游标，OPEN cursor _ name。

3）通过循环从游标里取得数据并进行处理，后面说明。

4）关闭游标，关闭游标与数据库的关联，CLOSE cursor _ name。

5）删除游标，从内存中删除，以节约系统资源，DEALLOCATE cursor _ name。

（3）游标的分类。

1）全局游标。在整个会话过程中使用（在该会话中任何 T-SQL 批、存储过程或触发器都可以使用该游标），只有在会话结束后，游标才会删除。SQL Server 2008 中，默认类型是全局游标。

2）局部游标。只能在一个 T-SQL 批中、一个存储过程或触发器中执行，当执行完毕后，游标会自动删除。需要在定义游标时，通过指定 LOCAL 参数来定义。

（4）游标的定义。

```
DECLARE cursor_name  CURSOR [LOCAL|GLOBAL]                    --全局或局部游标
        [FORWARD_ONLY|SCROLL]                                 --游标滚动方式
        [STATIC|KEYSET|DYNAMIC|FAST_FORWARD]                  --游标的存储方式
        [READ_ONLY|SCROLL_LOCKS|OPTIMISTIC]                   --游标的读取方式
        [TYPE_WARNING]                                        --类型转变警告
    FOR select_statement
        [FOR UPDATE [OF column_name [,…n] ] ]
```

各个参数的解释如下：

FORWARD_ONLY|SCROLL，前者只能从第一行到最后一行读取游标，后者可随意滚动游标。

STATIC | DYNAMIC，前者使用 TEMPDB 数据库的临时表来存储游标，当数据库中的数据有更新时不会直接反应到游标当中。而后者正好与前者相反。

SCROLL_LOCKS|OPTIMISTIC，前者当游标读取记录时，数据库会将该记录锁定，以便让游标可以完成随后对记录的修改，而后者不会。如果记录在被读入游标后更新或删除，则通过游标进行的定位更新或定位删除将不会成功。

（5）读取游标。

```
FETCH
```

```
[NEXT|PRIOR|FIRST|LAST|ABSOLUTE {N|@NVAR}|RELATIVE {N|@NVAR}
FROM
[cursor_name|@cursor_variable_name]
[INTO @variable_name [,…n]]
```

参数解释如下：

ABSOLUTE，游标中指定位置的记录，即绝对位置。

RELATIVE，相对于当前位置的记录，即相对位置。默认从当前位置向下相对移动。

INTO @variable_name，允许将提取操作的列数据放到局部变量中。列表中的各个变量从左到右与游标结果集中的相应列相关联。各变量的数据类型需与结果集列的类型匹配且数目一致。

2. 编写提醒的存储过程

假设我们在证照到期十天前向证照责任人发出提醒通知，那么小华是按以下思路进行存储过程的编写的。

第一步，查询十天内到期的证照。可考虑只查询我们关心的字段。

```
select Cert_No,Cert_Name,Cert_Date2 from cer.tb_Cert where (c.Cert_Date2-getdate( ))<10
```

第二步，因为不同的证照涉及不同的责任人，每个责任人使用的计算机名称和电子邮箱不同，所以需要将以上简单查询语句变为连接查询语句，即证照表与人员表的连接查询。

```
select c.Cert_No,c.Cert_Name,c.Cert_Date2,e.Emp_Comp,e.Emp_Mail
from cer.tb_Cert c,hr.tb_Emp e
where c.Cert_Emp = e.Emp_No and (c.Cert_Date2-getdate( ))<10
```

第三步，对上面语句的查询结果，我们必须逐条记录进行处理，所以将其结果集定义成游标。

```
declare Cert_cursor scroll cursor for
select c.Cert_No,c.Cert_Name,c.Cert_Date2,e.Emp_Comp,e.Emp_Mail
from cer.tb_Cert c,hr.tb_Emp e
where c.Cert_Emp = e.Emp_No and (c.Cert_Date2-getdate( ))<10
for read only
```

第四步，使用 xp_cmdshell 存储过程发送弹屏信息，使用 sp_send_dbmail 发送电子邮件。

第五步，声明有关变量，存储相关信息，将以上语句组织成存储过程，如下所示。

```
Create proc spMsg_Cert
AS
declare @Ndate smalldatetime        --当前日期
declare @Ldate smalldatetime        --过期日期
declare @id nvarchar(8)             --证照编号
declare @name nvarchar(20)          --证照名称
declare @pc nvarchar(100)           --计算机名
declare @email nvarchar(100)        --电子邮箱
```

```
declare @string nvarchar(4000)     --通知内容
set @Ndate = getdate()             --赋初值
set @string = ''
--定义游标,结果集为10天内到期的证照
declare Cert_cursor scroll cursor for
select c.Cert_No,c.Cert_Name,c.Cert_Date2,e.Emp_Comp,e.Emp_Mail
from cer.tb_Cert c,hr.tb_Emp e
where c.Cert_Emp = e.Emp_No and (c.Cert_Date2-getdate())<10
for read only
--打开游标
open Cert_cursor
--移动游标
fetch from Cert_cursor into @id,@name,@Ldate,@pc,@email
--逐行处理
while @@fetch_status = 0
begin
    set @string = ''
    set @string = @string + '[' + @id + ',' + @name + ',' + convert(nvarchar(15),@Sdate)
    set @string = N'以下是快过期或者已过期的信息:' + @string + '请尽快处理!'
    set @string = 'net send ' + @pc + ' ' + @string
    exec xp_cmdshell @command_string = @string --弹屏
    --发送电子邮件
    EXEC msdb.dbo.sp_send_dbmail
    @profile_name = 'sp1',
    @recipients = @email,
    @body = @string,
    @subject = '即将到期的证照资料';
    --取下一条
    fetch from Cert_cursor into @id,@name,@Ldate,@pc,@email
end
--关闭游标
close Cert_cursor
--从内存清除游标
deallocate Cert_cursor
go
```

第六步，执行存储过程。Exec spMsg_Cert 得到如图 8—10 和图 8—11 所示的结果。

**图 8—10　收到弹屏通知**

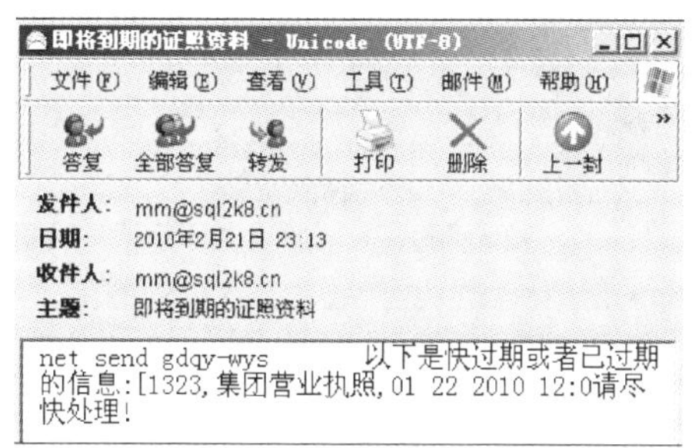


图 8—11 收到邮件通知

3. 调度存储过程

以上存储过程每执行一次，都会将十天内过期的证照通知相关的责任人，但必须手工执行，要将其定义为自动执行，必须对其进行调度。下面我们创建一个作业，该作业的内容是每天早上 10 点执行上面刚完成的存储过程（spMsg_Cert），具体操作步骤如下。

第一步，在对象资源管理器中，展开“SQL Server 代理”，右击“作业”，在弹出的菜单中选择“创建”，出现如图 8—12 所示窗口，在“常规”选项卡中，输入名称为“证照到期提醒”，选择“步骤”选项卡，转入第二步。

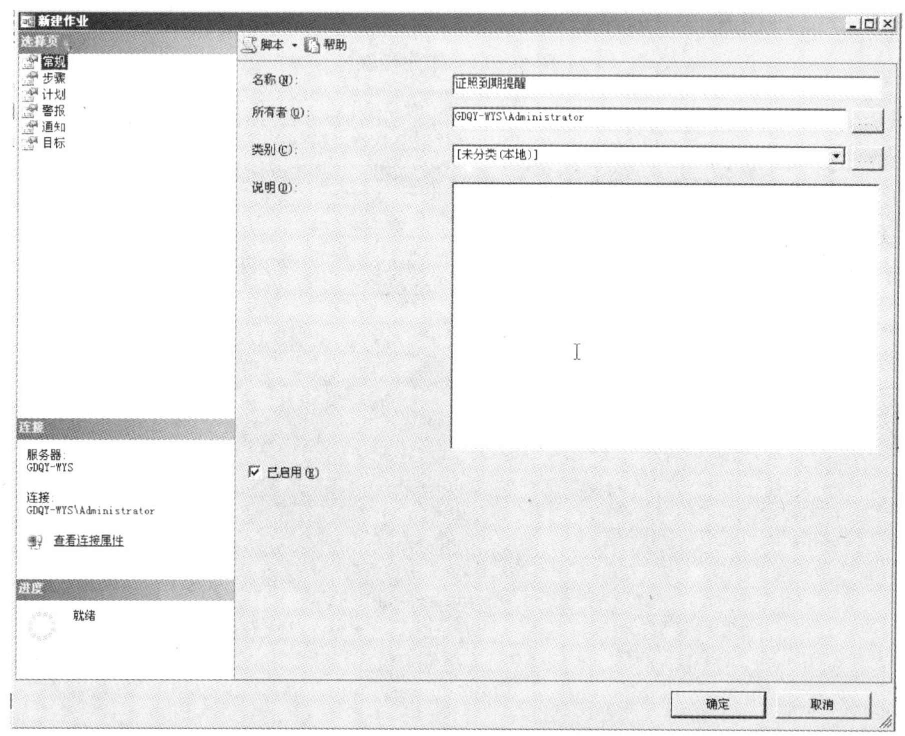


图 8—12 新建作业

第二步，单击添加，输入步骤名称，选择类型为 Transact-SQL 脚本，在命令窗口中输入 Exec spMsg_Cert，如图 8—13 所示，单击“确定”按钮。然后选择“计划”选项卡，转入第三步。

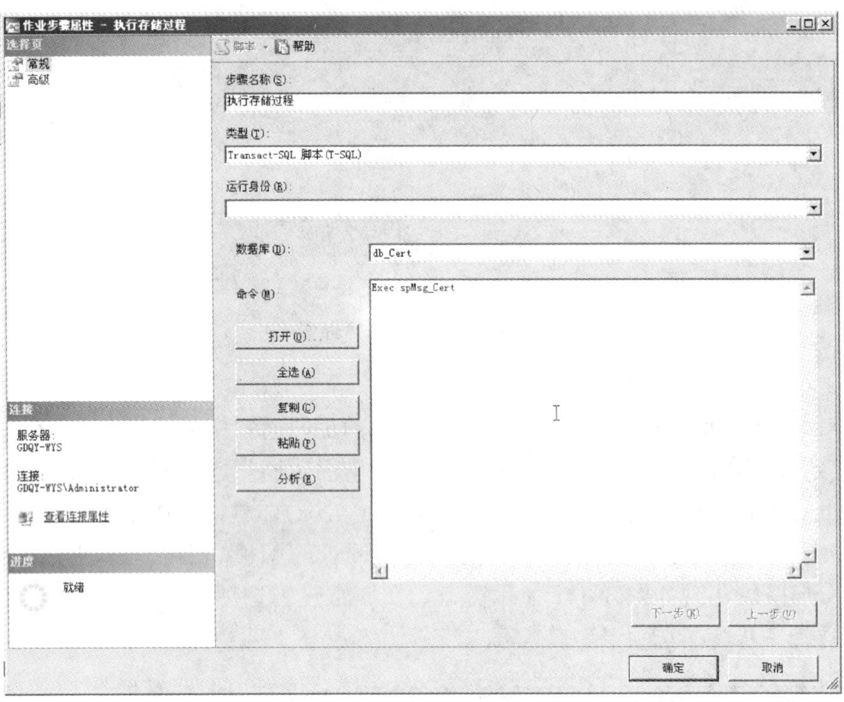


图 8—13 作业步骤

第三步，按提示选择需要执行的频率和时间，如图 8—14 所示，单击“确定”按钮。

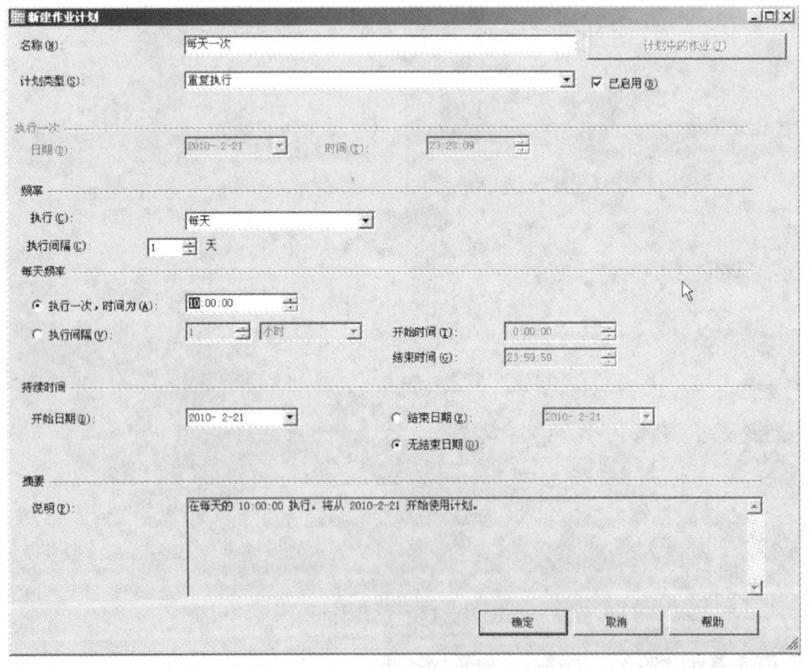


图 8—14 作业调度

最后，回到图 8—12 所示的窗口，单击“确定”按钮，完成作业的调度。

# 任务 8.3　敏感数据的跟踪保护

## 任务目标

当敏感数据被修改时，将时间、地点、人物、事件写入数据表中，以提供对修改敏感数据的事件跟踪。保护敏感数据，防止误操作和插入垃圾数据。

当修改敏感数据时，将此时的现场情况记录下来，数据库的触发器是完成这类任务的行家。下面我们就用触发器来实现这一功能。

在子项目 5 “实现证照项目数据完整性”中，我们利用触发器的功能实现证照项目数据完整性，在本子项目中，我们再次利用触发器的功能，来审核用户对重要数据的操作跟踪。

1. 审核 DDL 操作踪迹

在 SQL Server 2008 的触发器中，DML 触发器主要是针对表数据，即对表数据进行操作时（插入、修改和删除）触发，而 DDL 触发器则是针对数据库对象（包括数据库），所以，要完成本任务，适宜采用 DDL 触发器。

（1）任务描述。只要用户执行了 DDL 操作，就将该操作的详细信息记录下来。

（2）任务分析及实施。这里的 DDL 操作主要指 Create、Alter、Drop 语句，我们主要针对证照数据库，下面通过建立一个 DDL 触发器来完成这一功能。

触发器中，使用 EVENTDATA 函数可以捕获有关激发 DDL 触发器事件的信息。此函数返回 xml 值。XML 架构包括下列信息：

- 事件时间。
- 在执行触发器时，连接的系统进程 ID（SPID）。
- 激发触发器的事件类型。

根据事件类型，该架构还包括其他信息，例如事件在其中发生的数据库、发生事件的相关对象以及事件的 Transact-SQL 语句。

```
USE db_Cert
GO
CREATE TRIGGER AuditDDL
ON DATABASE
FOR DDL_DATABASE_LEVEL_EVENTS --数据库级别的 DDL 触发器
AS
DECLARE @data xml                --声明 XML 变量
DECLARE @SQLcmd nvarchar(350)
DECLARE @EventMsg nvarchar(400)
SET @data = eventdata( )         --调用 eventdata( ),产生 xml 文档
--获取 SQL 语句
SET @SQLcmd = @data.value
('(/EVENT_INSTANCE/TSQLCommand/CommandText)[1]','nvarchar(350)')
SET @EventMsg = @SQLcmd + ' (' + SYSTEM_USER + ' on ' + HOST_NAME() + ')'
--触发事件,写入 SQL Server 日志
```

```
RAISERROR (@EventMsg,10,1) WITH LOG
```

执行以上语句，成功创建 DDL 触发器后，执行以下语句，再查询 SQL Server 日志，将得到如图 8—15 所示的内容。

```
CREATE TABLE dbo.Test(col int)
GO
DROP TABLE dbo.Test
GO
```

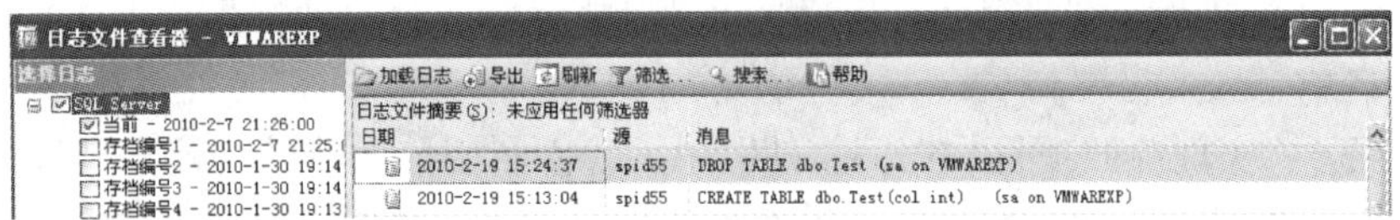

**图 8—15　DDL 触发器产生的 SQL Server 日志**

## 任务实战

创建 DDL 触发器

创建一个触发器，当用户对当前的数据库执行 UPDATE STATISTICS 时被激活。

2. 保护重要数据，确保数据完整性

（1）任务描述。证照表中的过期日期是本项目的重要数据，请确保其值尽量符合逻辑。

（2）任务分析。如前面所述，数据的完整性主要是通过约束和 DML 触发器来完成的。证照数据表 Tb _ Cert 中，有三个列的列值来自于其他表，分别是部门列来自于部门表、员工列来自于员工表、类别列来自于类别表，这些适合于用主外键约束来实现。而其他三个日期类型的列（分别是初领日期 Cert _ date0，最近审核日期 Cert _ date1，过期日期 Cert _ date2）值与其他表没有联系，不存在参照关系，但却存在一定的逻辑关系，如过期日期>最近审核日期>初领日期，这适合于用 DML 触发器来实现。

（3）任务实施。

我们用 DML 触发器来完成这一任务，当对该表进行操作时，需判断该字段的值是否大于初领日期和最近审核日期，如果不是，则取消该操作。

第一步，如图 8—16 所示，在“对象资源管理器”中依次展开数据库、db_Cert、表、tb_cert、触发器，右击“触发器”，选择“新建触发器”，则在查询编辑器中，将产生创建触发器的 SQL 语句模板。

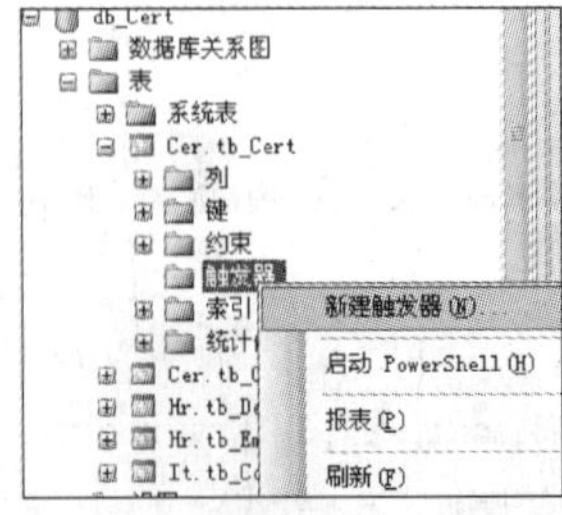

**图 8—16　DDL 新建触发器**

第二步，修改触发器名字为 CER. TRI_EXPIRE_DATE、表对象为 cer. tb_cert 和触发行为 Insert 和 Update（删除无须判断），如以下代码所示。（在以后如需对触发器进行修改，将 Create 改为 Alter 即可）

```
SET ANSI_NULLS ON
GO
SET QUOTED_IDENTIFIER ON
GO
CREATE TRIGGER CER. TRI_EXPIRE_DATE
    ON cer. tb_cert
    AFTER INSERT, UPDATE
AS
BEGIN
SET NOCOUNT ON;
    -- 在这里输入触发器的主体语句
END
GO
```

第三步，编写主体语句，因为无论是 Update 还是 Insert 操作，新的数据都保留在临时表 Inserted 中，将其三个日期值取出，分别赋给三个日期变量，然后进行比较，如不符合逻辑就回滚，代码如下所示。

```
SET ANSI_NULLS ON
GO
SET QUOTED_IDENTIFIER ON
GO
CREATE TRIGGER CER. TRI_EXPIRE_DATE
    ON cer. tb_cert
    AFTER INSERT, UPDATE
AS
BEGIN
    SET NOCOUNT ON;
    --声明三个日期变量
    DECLARE @date0 SMALLDATETIME
    DECLARE @date1 SMALLDATETIME
    DECLARE @date2 SMALLDATETIME
    --从临时表中取值赋给量
    SET @date0 = (SELECT cert_date0 from inserted)
    SET @date1 = (SELECT cert_date1 from inserted)
    SET @date2 = (SELECT cert_date2 from inserted)
    --判断是否符合条件
    IF (@date2<@date1 or @date2<@date0)
        ROLLBACK --不符合,则回滚
END
```

第四步，测试。编号为“1323”的证照三个日期现为 1992 - 05 - 18、2007 - 01 - 23、2011 - 10 - 01，试执行语句

```
UPDATE CER.TB_CERT SET CERT_DATE2 = '2005 - 10 - 01' WHERE CERT_NO = '1323'
```

则系统提示如图 8—17 所示，表明触发器发生作用，阻止了语句的执行。

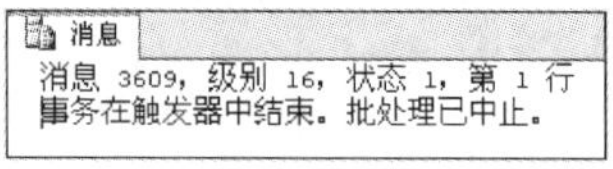

消息
消息 3609，级别 16，状态 1，第 1 行
事务在触发器中结束。批处理已中止。

图 8—17　触发器阻止语句的执行

**任务实战**

使用触发器实现数据完整性

创建触发器，确保员工生日的数据完整性（年龄介于 18～60 岁之间）。

## 项 目 小 结

本子项目的任务是 XML 数据与 SQL Server 数据的互访互换，数据库的自动化功能，使用触发器保护数据和实现数据完整性。

# 子项目 9　开发证照应用程序

## 情境描述

A 公司已经初步完成了证照项目后台数据库的开发工作，然而，证照管理人员并非计算机专业人员，不可能像电脑部小华一样，使用 SQL 语句等专业工具对证照数据进行管理和维护，他们希望能有一个简单、易用、方便的应用程序来从事证照的管理工作。鉴于这样的情况，我们必须采取进一步的措施，以满足证照管理人员的合理需求。

一般完成后台数据库开发工作以后，就必须着手进行前台应用程序的开发。数据库应用程序开发的主要任务可概括为：将用户输入的数据保存到数据库中，将数据库中的数据按用户要求呈现给用户，用户可进行修改、删除、保存和报表输出。前台应用程序一般面对最终用户，所以，要求简单易用。目前，主要有两种结构的应用程序，一是桌面应用程序（C/S 结构），另一个是 Web 应用程序（B/S 结构）。这两种结构各有优点，有时可结合使用，实现功能互补。在开发工具方面，最常用的主要是 Java、Visual Studio. Net，这里，我们采用 Visual Studio. Net 2008 作为我们的开发工具，并以 C# 作为开发语言。

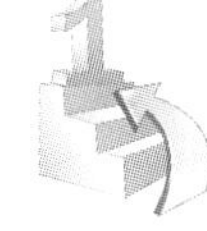

## 任务分析

通过以上的分析，可以确定本子项目的任务是：既能够完成证照相关数据的管理维护（包括数据的插入、修改和删除），又能够实现按不同的要求对证照相关数据进行查询。为了适应不同网络环境的需要，我们将：

1. 开发基于桌面的 Windows 应用程序实现对证照数据的管理维护。
2. 开发基于网页的 Asp. Net 应用程序实现对证照数据的查询。

## 任务 9.1　开发桌面应用程序

### 任务目标

能满足证照专职管理人员对证照数据的日常管理工作，实现对证照数据的插入、修改和删除。

### 9.1.1 ADO.NET 概述

1. ADO.NET 对象模型

ADO.NET 是 ActiveX Data Object for the .NET Framework 的缩写，它是 .NET Framework 提供供给 .NET 开发人员的一组类，它的功能十分灵活强大，能让我们在访问不同类型的数据时，保持操作的一致性。其对象模型如图 9—1 所示，下面分别介绍。

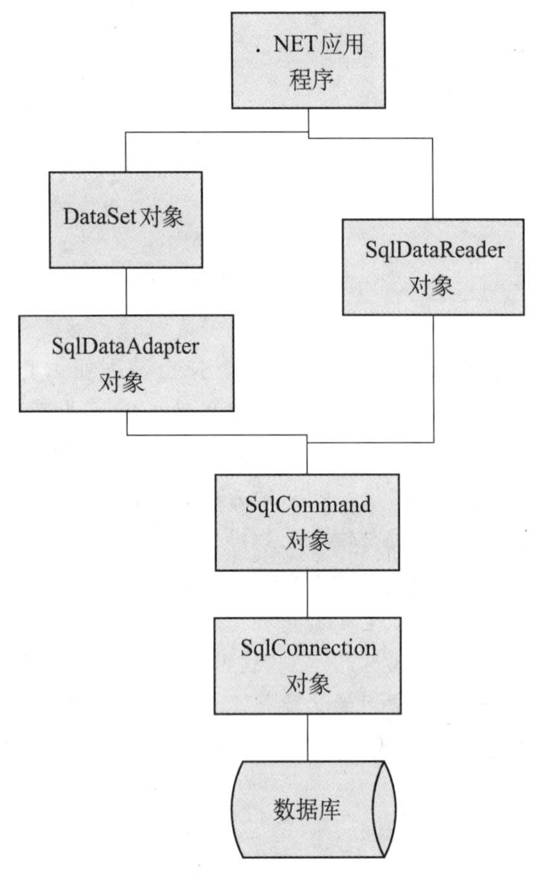


**图 9—1　对象模型**

（1）SqlConnection。

用一个字符串来描述连接一个数据源所需的信息。其基本形式是：关键字 1＝键值 1；关键字 2＝键值 2；……；关键字 n＝键值 n。常用的关键字及其说明见表 9—1。

**表 9—1　常用的关键字及其说明**

| 关键字 | 默认键值 | 说　明 |
| --- | --- | --- |
| Connect timeout | 15 | 等待服务器响应的时间（秒），可选项 |
| Data Source<br>或 Server<br>或 Address<br>或 Addr<br>或 Network Address | 无 | 要连接的 SQL Server 的实例名称或网络地址。必选项。(local) 表示本机 |

续前表

| 关键字 | 默认键值 | 说　明 |
|---|---|---|
| Initial Catalog 或 Database | 无 | 所要连接的数据库名称。必选项 |
| Integrated Security 或 Trusted_Connection | False | True：表示用当前已登录到 Windows 的账号进行验证（True 同 Yes 或 sspi）<br>False：用 SQL Server 本身的用户名与密码进行身份验证。可选项 |
| Password 或 Pwd | 无 | 指定 SQL Server 用户名的密码。当上面关键字的值为 False 时，为必选项 |
| User ID | 无 | 指定 SQL Server 的用户名。当上面关键字的值为 False 时，为必选项 |

例如：

```
strConnection = "user id = sa;password = ;initial catalog = db_Cert;Server = gdqy-wys; Connect Time-out = 30"
```

上面这行代码指定用户名为 sa；密码为空；数据库名称为 db_Cert，SQL Server 实例名 gdqy-wys；指定连接超时时间为 30 秒。

（2）SqlCommand。

SqlCommand 命令通过 SqlConnection 执行 SQL 命令或存储过程。它必须与 SQLConnection 结合起来使用，即 SQLConnection 用来描述如何连接数据源，SQLCommand 用来存放任何合法的 SQL 语句，执行前必须指定所用的连接（SQLConnection），并把相应的连接打开。具体的用法参考示例 9—1。

（3）SqlDataAdapter。

数据适配器（SqlDataAdapter）是 DataSet 与数据库的桥梁，所需的数据在 DataSet 与数据库之间进行传输。它可以向数据库提交 DBCommand 对象所代表的 SQL 查询命令，同时获取返回的数据结果集，并将其交给 DataSet。

（4）DataSet。

数据集（DataSet）是从数据源中检索到的数据在内存中的缓冲，可以包括多个数据表对象，即一个数据集可以包含不同的数据表。

（5）SqlDataReader。

数据读取器（SqlDataReader）从数据库获得数据流，该数据流是单向的，即只能向前移动。

（6）SqlCommandBuilder。

SQL 命令产生器（SqlCommandBuilder），可以将用户在某些控件（如 Datagridview）上的操作产生相应的 SQL 语句，它必须与 SqlDataAdapter 结合使用，而且要求相对应的数据表必须具有主键。

以上各个对象的详细用法，请参考后面的例子。

2. 数据绑定

数据绑定（Binding）是一种技术，它能将系统在运行时自动将数据库数据赋予给服务器控件，可分为单值绑定和多值绑定。

（1）单值绑定，就是将数据绑定到单值控件上。如将证照名称绑定到一个文本框或一个标签等。以下语句将部门名称与文本框 TexbBox1 的“Text”属性绑定，即将部门表中的部门名称显示到文本框中，就是实现文本框与部门名称的绑定。

```
this.textBox1.DataBindings.Add("text", myDs.Tables["Dep"], "Dep_Name");
//myDs 是 DataSet 实例,Dep 是 myDs 中的一个表,Dep_Name 是表的字段
```

（2）多值绑定，就是将数据库中的数据绑定到多值控件上。如绑定到组合框（ComboBox）、列表框（ListBox）、网格（DataGridView）等。一般可指定这些控件的数据源 DataSource 属性值来进行绑定，其值往往是数据集中的某个表。有的控件具有 DisplayMember、ValueMember 两个属性，两者都是数据源中的字段名称，前者主要是方便用户阅读（往往是名称），后者主要用于计算机存取（往往是名称对应的编号）。深入阅读示例 9—1，将会加深对多值绑定的理解。

3. 绑定示例

**［示例 9—1］** 实现将数据表 Hr. tb_Dep 中的数据行作为组合框中的数据项。

要实现数据绑定，我们采用两种方法，一种是用 SqlDataReader，另一种是用 DataSet。效果如图 9—2 所示，两个组合框中的数据是一样，都是 Hr. tb_Dep 中的记录。具体的方法在程序清单中已作了详细的注解。

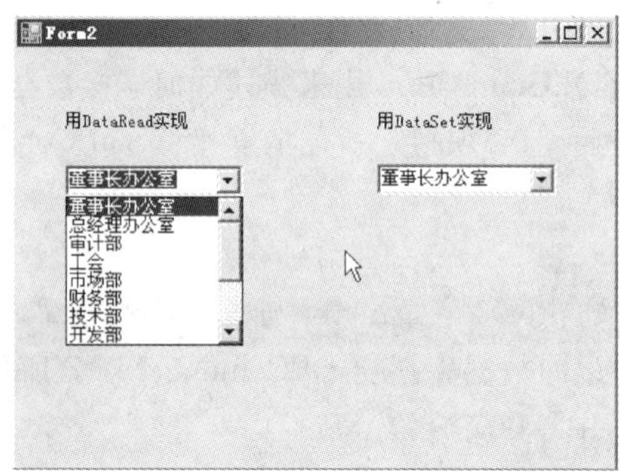


**图 9—2　将数据表记录作为组合框的数据项**

```
//程序清单
//以下 5 行代码是声明 5 个不同类型的变量
SqlConnection myConn = new SqlConnection();
SqlCommand myCmd = new SqlCommand();
SqlDataAdapter myDa = new SqlDataAdapter();
DataSet myDs = new DataSet();
SqlDataReader myDr;
//以下代码为变量赋值
myConn.ConnectionString = "server = gdqy-wys;database = db_Cert;user ID = sa;pwd = how00";
myCmd.CommandText = "select Dep_Name from Hr.tb_Dep";
myCmd.Connection = myConn;
```

```
myDa.SelectCommand = myCmd;
yConn.Open();                        //打开连接
myDa.Fill(myDs, "Dep");              //填充数据集
myDr = myCmd.ExecuteReader();        //DataReader 赋值
//将 DataReader 中的数据添加到组合框 1 中
while (myDr.Read() = = true)         //每 Read 一次,数据流就向前移动一行,结束时为 False
{
this.comboBox1.Items.Add(myDr.GetSqlString(0).ToString());
}
//采用数据集的方法
this.comboBox2.DataSource = myDs.Tables[0];
this.comboBox2.DisplayMember = myDs.Tables[0].Columns[0].ToString();
//显示部门名称,表示数据集中的第一个表的第一个字段
myConn.Close();                      //关闭连接
```

［**练习 9—1**］将部门表中的部门编号和部门名称作为组合框中的数据项。

### 9.1.2　开发单表数据管理模块

1. 操作过程

我们将开发数据管理表单（Form，也称为窗体），这些表单能完成对数据的插入、修改、删除功能。当然，在这个模块里，一个表单只涉及一个数据表。表单的界面如图 9—3 所示，这是证照类别管理表单，“载入数据”的功能是将数据库中类别表的原有数据显示出来。

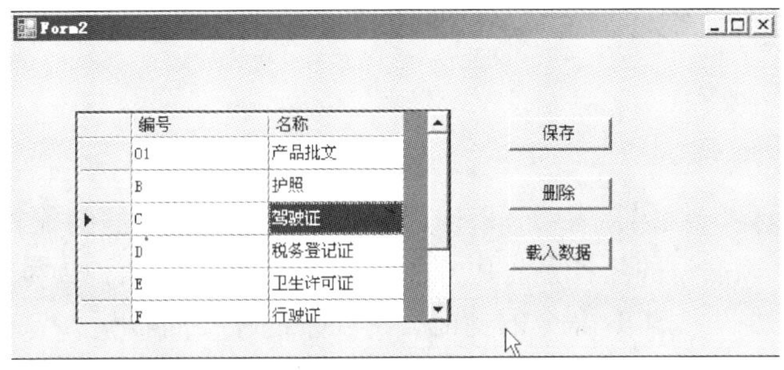


**图 9—3　表单界面**

我们所设计的数据管理表单界面虽然比较简单，但已具备了数据管理的基本功能，而且是万能的，即适合于任何表的数据管理。下面是详细的设计步骤。

第一步，按图 9—3 设计界面，包括三个按钮和一个 dataGridView。

第二步，声明 SqlCommandBuilder，该对象用于产生用户在界面上操作时所对应的 SQL 语句。

```
SqlCommandBuilder myCb;
```

第三步，编写“载入数据”按钮的代码。双击“载入数据”按钮，并输入以下代码。该代码用于将数据库证照类别表中的数据显示出来。要管理其他数据表，只要修改 CommandText 的值就可以了。

```
//载入数据
myConn.Open(); //打开连接
myCmd.CommandText = "select Class_No as 编号,Class_Name as 名称 from Cer.tb_Class";"//使用字段别名可使界面更加友好
//如果要管理部门表,可改为
//select Dep_No,Dep_Name ,Dep_Emp from Hr.tb_Dep
if (myDs.Tables["tbClass"]! = null )
myDs.Tables["tbClass"].Clear();  //清空,否则再单击一次按钮会使数据重复
myDa.Fill(myDs, "tbClass");
this.dataGridView1.DataSource = myDs.Tables["tbClass"];          //指定数据源
myConn.Close();
```

第四步，编写删除功能的代码。在 dataGridView 中，要删除数据，只要按 Ctrl+Del 就可以删除光标所在的行，所以，这里我们只给个提示。

```
MessageBox.Show("请选中要删除的行,然后按 Ctrl + Del 键");
```

1）记下当前行的键值：类别编号。

```
int iRow, iCol;
iRow = this.dataGridView1.CurrentCell.RowIndex;               //当前行的行号
iCol = 0;  //类别编号位于第 0 列
string strCls;
strCls = this.dataGridView1[iCol, iRow].Value.ToString();     //单元格里的值就是类别编号
```

2）构造删除的 SQL 语句并执行。

```
myCmd.CommandText = "delete from cer.tb_Class where Class_No = '" + strCls + "'";
myCmd.ExecuteNonQuery();
```

3）删除后必须重新加载一下数据，调用“载入数据”按钮的子过程。

第五步，编写保存的代码。在 dataGridView 中，用户对数据的操作就像在 Excel 工作表中操作一样容易，该按钮的任务是将用户的一系列操作存入数据库中。这里主要利用 SqlCommandBuilder 自动产生 SQL 命令的功能，使复杂的任务简单化。

```
myCb = new SqlCommandBuilder(myDa);                    //与 myDa 关联
myCb.GetDeleteCommand();                               //产生 Delete 的 SQL 命令
myCb.GetInsertCommand();
myCb.GetUpdateCommand();
myDa.Update(myDs.Tables["tbClass"]);                   //将数据保存到数据表中
MessageBox.Show("保存成功");
```

## 任务实战

设计管理表单

(1) 带有导航栏的证照管理表单，如图 9—4 所示。

(2) 部门管理表单，如图 9—5 所示。

(3) 带选项卡的计算机管理表单，如图 9—6 所示。

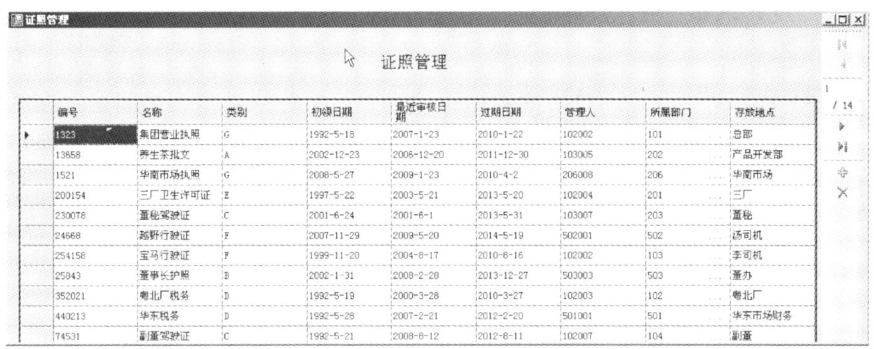


| 编号 | 名称 | 类别 | 初领日期 | 最近审核日期 | 过期日期 | 管理人 | 所属部门 | 存放地点 |
|---|---|---|---|---|---|---|---|---|
| 1323 | 集团营业执照 | G | 1992-5-18 | 2007-1-23 | 2010-1-22 | 102002 | 101 | 总部 |
| 13658 | 养生茶批文 | A | 2002-12-23 | 2006-12-20 | 2011-12-30 | 103005 | 202 | 产品开发部 |
| 1521 | 华南市场执照 | G | 2008-5-27 | 2009-1-23 | 2010-4-2 | 206008 | 206 | 华南市场 |
| 200154 | 三厂卫生许可证 | E | 1997-5-22 | 2003-5-21 | 2013-5-20 | 102004 | 201 | 三厂 |
| 230078 | 董秘驾驶证 | C | 2001-6-24 | 2001-6-1 | 2013-5-31 | 103007 | 203 | 董秘 |
| 24668 | 越野行驶证 | F | 2007-11-29 | 2009-5-20 | 2014-5-19 | 502001 | 502 | 汤司机 |
| 254158 | 宝马行驶证 | F | 1999-11-20 | 2004-8-17 | 2010-8-16 | 102002 | 103 | 李司机 |
| 25843 | 董事长护照 | B | 2002-1-31 | 2008-2-28 | 2013-12-27 | 503003 | 503 | 董办 |
| 352021 | 粤北厂税务 | D | 1992-5-19 | 2000-3-28 | 2010-3-27 | 102003 | 102 | 粤北厂 |
| 440213 | 华东税务 | D | 1992-5-28 | 2007-2-21 | 2012-2-20 | 501001 | 501 | 华东市场财务 |
| 74531 | 副董驾驶证 | C | 1992-5-21 | 2008-8-12 | 2012-8-11 | 102007 | 104 | 副董 |

图 9—4　证照管理

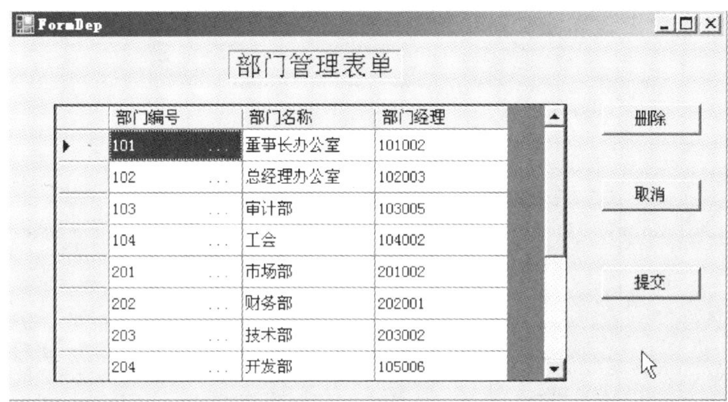


| 部门编号 | 部门名称 | 部门经理 |
|---|---|---|
| 101 | 董事长办公室 | 101002 |
| 102 | 总经理办公室 | 102003 |
| 103 | 审计部 | 103005 |
| 104 | 工会 | 104002 |
| 201 | 市场部 | 201002 |
| 202 | 财务部 | 202001 |
| 203 | 技术部 | 203002 |
| 204 | 开发部 | 105006 |

图 9—5　部门管理表单

员工管理　电脑管理

| 编号 | 计算机名 | 操作系统 | CPU | 内存 | 硬盘 | 采购日期 | 状态 |
|---|---|---|---|---|---|---|---|
| D00001 | D00001-XP ... | XP | AMD 速龙 | 512 | 80 | 2007-1-1 | 正常 |
| D00002 | D00002-Windo... | Windows2000 | Intel P4 | 256 | 40 | 2006-1-2 | 不正常 |
| D00003 | D00003-Vista... | Vista | Intel P E2200 | 2000 | 120 | 2009-1-3 | 正常 |
| D00004 | D00004-Windo... | Windows2003 | Intel P E5300 | 1000 | 100 | 2007-1-4 | 正常 |
| D00005 | D00005-XP ... | XP | Intel C E3200 | 512 | 80 | 2007-1-5 | 正常 |
| D00006 | D00006-XP ... | XP | AMD 速龙 | 1000 | 80 | 2007-1-6 | 正常 |
| D00007 | D00007-Vista... | Vista | Intel C2Duo | 2000 | 120 | 2009-11-7 | 正常 |
| D00008 | D00008-XP-sp... | XP-sp2 | AMD 速龙 | 1000 | 80 | 2007-1-8 | 正常 |
| D00009 | D00009-XP-SP... | XP-SP3 | Intel E4300 | 1000 | 100 | 2007-1-9 | 正常 |

图 9—6　计算机管理界面

（4）带选项卡的员工管理表单，界面与图 9—6 相似。

2. 小组活动

将自己的工作成果与小组成员进行分享，找出各自的优点和不足，并进行完善和总结。

### 9.1.3 开发多表数据管理模块

1. 基本情况分析

在基本任务中，我们设计了单表的数据管理表单，但往往数据表之间是存在联系的。例如，部门，按单表管理的界面如图 9—7 所示，用户必须手动输入部门经理的编号，不但容易出错而且操作不方便；图 9—8 是多表管理表单，我们将经理代号列设计成组合框的形式，用户可以从中进行选择，而且看到的是经理的名字而非编号，更加直观。在这样的场景下，我们必须开发多表管理表单。

| 部门编号 | 部门名称 | 经理编号 |
| --- | --- | --- |
| 101 | 董事长办公室 | 101002 |
| 102 | 总经理办公室 | 102003 |
| 103 | 审计部 | 103005 |
| 104 | 工会 | 104002 |
| 201 | 市场部 | 201002 |

图 9—7 单表数据管理

| 部门编号 | 部门名称 | 经理姓名 |
| --- | --- | --- |
| 101 | 董事长办公室 | 张大力 |
| 102 | 总经理办公室 | 张大力<br>苗苗<br>李大个<br>雨滴<br>蓉蓉<br>威威<br>刘一一<br>小杰 |
| 103 | 审计部 | |
| 104 | 工会 | |
| 201 | 市场部 | |
| 202 | 财务部 | 忻国 |

图 9—8 多表数据管理

部门表中的部门经理列，其值来自于员工表，能否将员工表的数据作为组合框提供给部门经理列，这是我们要解决的第一个问题。部门表中存放的是经理的编号，而不是名字，这要求组合框显示的是姓名，而在后台保存的是编号，并与部门表的经理列对应，这是我们要解决的另一个问题。

一般来说，具有主外键关系的表，都有这个需求。下面我们来设计多表的数据管理表单。

2. 操作步骤

我们按图 9—8 所示的界面来设计部门管理表单。具体步骤如下。

第一步，在 Windows 应用程序项目中，单击菜单“项目”、“添加 Windows 窗体”，在弹出的窗口中，如图 9—9 所示输入相关信息，然后单击“确定”按钮。

第二步，在工具箱中，找到如图 9—10 所示的控件 DataGridView，并将其拖拉到在第一步所创建的窗体 FormDep 中，效果如图 9—11 所示。

第三步，单击图 9—11 所示的 DataGridView 控件右上角的小三角图标，出现如图 9—12 所示的窗口。

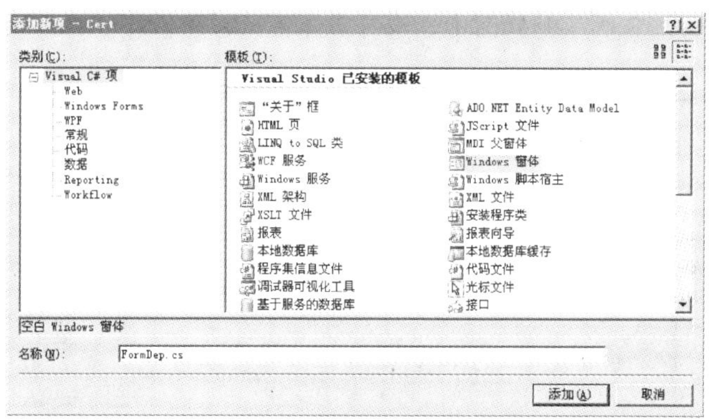


图 9—9　添加 Windows 窗体

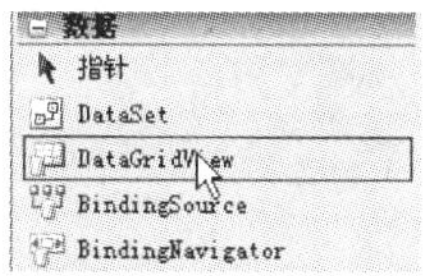


图 9—10　工具箱中的 DataGridView 控件

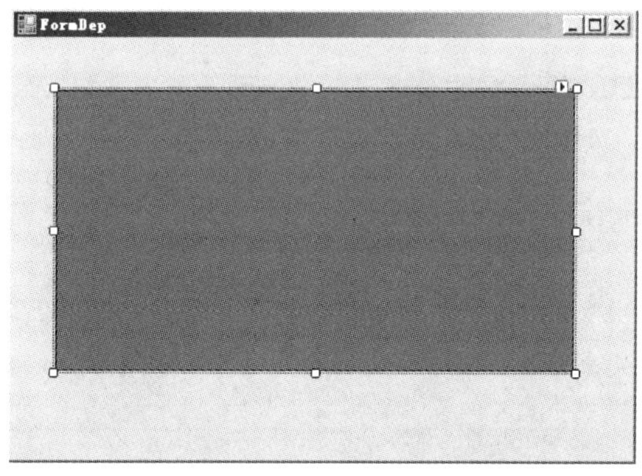


图 9—11　主界面

第四步，在图 9—12 所示的窗口中，单击“添加项目数据源”，出现如图 9—13 所示的界面。

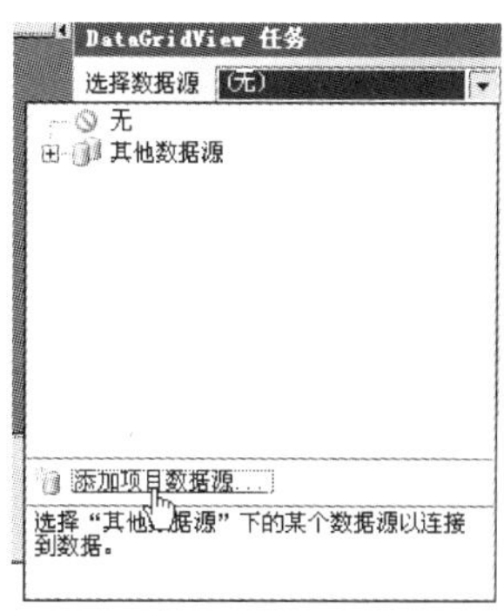


图 9—12　添加数据源

第五步，在图 9—13 所示的界面中，选择数据库，单击“下一步”按钮。

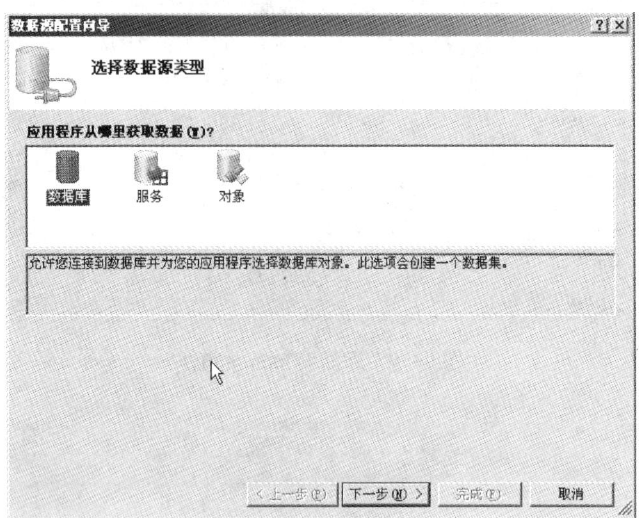


图 9—13　选择数据源类型

第六步，出现如图 9—14 所示的界面，单击“新建连接”按钮，出现如图 9—15 所示的窗口。

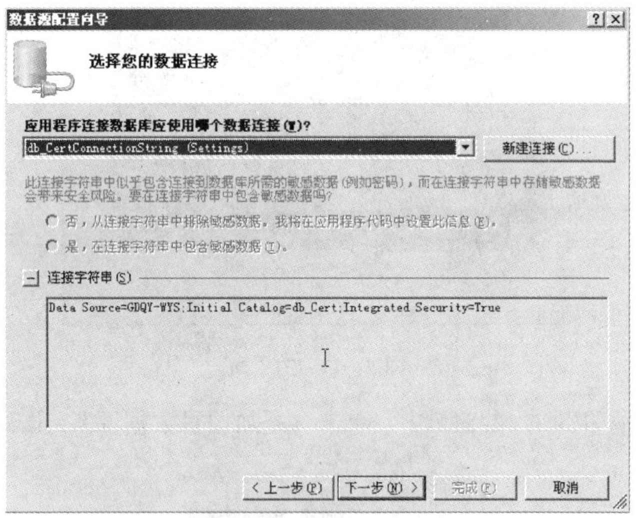


图 9—14　数据连接

第七步，按图 9—15 所示输入连接信息，选择证照数据库，并单击“测试连接”，如果连接成功，则单击“确定”按钮，回到图 9—14 所示的窗口。其中的连接字符串，相当于我们建立 SqlConnection 时所设置的信息。单击“下一步”按钮。

第八步，出现如图 9—16 所示的窗口，展开“表”，并勾选我们所需的数据表（本例只需要部门表和员工表，本项目需要所有的数据表），单击“完成”按钮。

第九步，在图 9—17 所示的窗口中，选中部门表 tb_Dep，完成 DataGridView 数据源的设置，如图 9—18 所示。

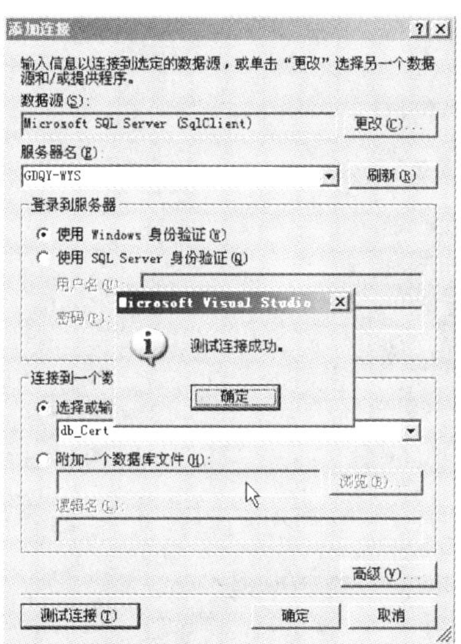


图 9—15　建立新连接

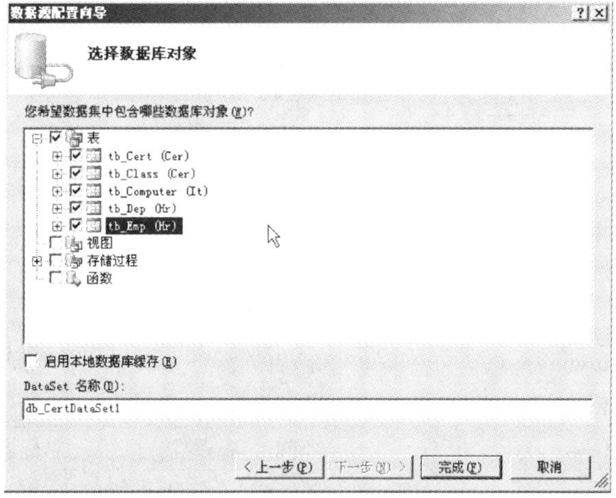


图 9—16　选择数据库对象

图 9—17　选择数据源

第十步，在图 9—18 所示的窗口中，右击 DataGridView 控件，在弹出的菜单中选择

"编辑列"，如图 9—19 所示。

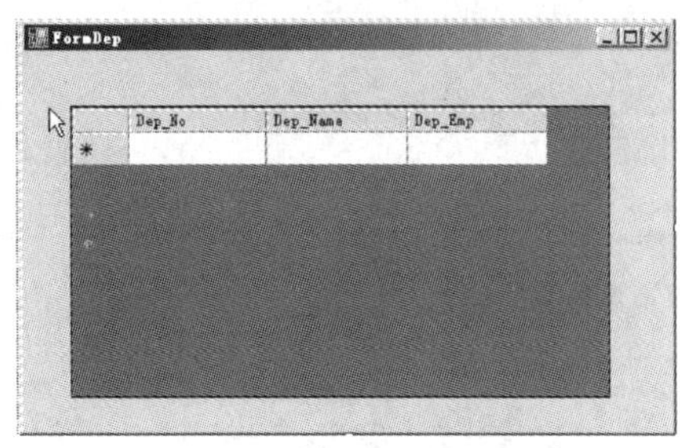

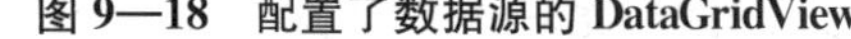

图 9—18　配置了数据源的 DataGridView

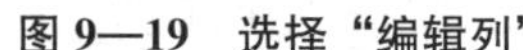

图 9—19　选择"编辑列"

第十一步，出现如图 9—20 所示的窗口，按表 9—2 内容修改各属性的值。

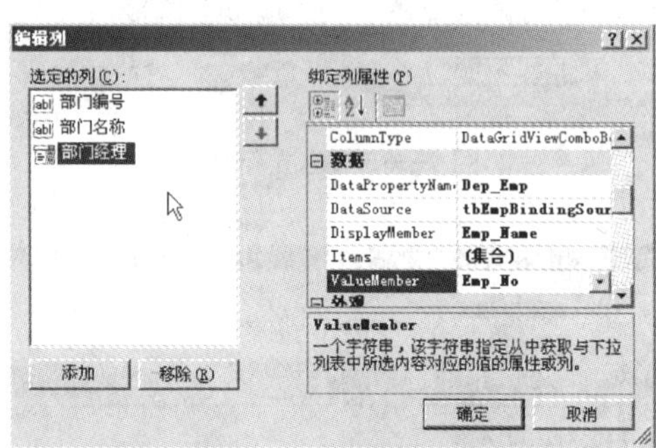


图 9—20　编辑列窗口

表 9—2　　列属性

| 列 | 属性 | 属性值 | 说　明 |
| --- | --- | --- | --- |
| Dep_No | HeaderText | 部门编号 | 标题名改为直观的中文 |
| Dep_Name | HeaderText | 部门名称 | 标题名改为直观的中文 |
| Dep_Emp | HeaderText | 部门经理 | 标题名改为直观的中文 |
| | ColumnType | DataGridViewComboBox | 组合框类型 |
| | DataSource | tbEmpBindingSource | 数据源绑定员工表 |
| | DisplayMember | Emp_Name | 显示为员工姓名 |
| | ValueMember | Emp_no | 内部值与员工编号对应 |

到此为止，我们的部门管理表单就设计完毕了，用户可以在表单里方便地进行数据的修改、删除和插入新记录。不过，为了更好地方便用户操作，我们在表单中添加几个按钮，实现对数据的删除、提交（将所做修改保存到数据库中）和取消（取消未提交的数据修改）。关键代码如下，运行界面如图 9—21 所示。

```
//保存
this.tb_DepTableAdapter.Update(this.db_CertDataSet1.tb_Dep);
//取消
this.tb_DepTableAdapter.Fill(this.db_CertDataSet1.tb_Dep);
//删除提示
```

```
MessageBox.Show("请选中要删除的行,然后按 Ctrl + Del 键");
```

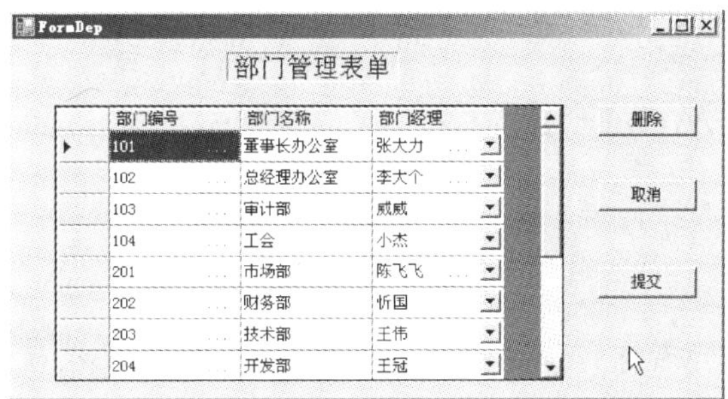


图 9—21　部门管理表单

## 任务实战

(1) 证照表分别与类别表、部门表、员工表存在主外键关系，请设计证照管理表单，如图 9—22 所示。

证照管理

| 编号 | 名称 | 类别 | 初领日期 | 最近审核日期 | 过期日期 | 管理人 | 所属部门 | 存放地点 |
|---|---|---|---|---|---|---|---|---|
| 1323 | 集团营业执照 | [illegible] | 1992-5-18 | 2007-1-23 | 2010-1-22 | 苗苗 | 董事长办公室 | 总部 |
| 13658 | 养生茶批文 | 备案 | 2002-12-23 | 2006-12-20 | 2011-12-30 | 威威 | 财务部 | 产品开发部 |
| 1521 | 华南市场执照 | 营业执照 | 2008-5-27 | 2009-1-23 | 2010-4-2 | 小华 | 电脑部 | 华南市场 |
| 200154 | 三厂卫生许可证 | 卫生许可 | 1997-5-22 | 2003-5-21 | 2013-5-20 | 雨滴 | 市场部 | 三厂 |
| 230078 | 董秘驾驶证 | 驾驶证 | 2001-6-24 | 2001-6-1 | 2013-5-31 | 刘一一 | 技术部 | 董秘 |
| 24668 | 越野行驶证 | 行驶证 | 2007-11-29 | 2009-5-20 | 2014-5-19 | 安安 | 生产厂二 | 汤司机 |
| 254158 | 宝马行驶证 | 行驶证 | 1999-11-20 | 2004-8-17 | 2010-8-16 | 苗苗 | 审计部 | 李司机 |
| 25843 | 董事长护照 | 护照 | 2002-1-31 | 2008-2-28 | 2013-12-27 | 彭华 | 生产厂三 | 董办 |
| 352021 | 粤北厂税务 | 税务登记 | 1992-5-19 | 2000-3-28 | 2010-3-27 | 李大个 | 总经理办公室 | 粤北厂 |
| 440213 | 华东税务 | 税务登记 | 1992-5-28 | 2007-2-21 | 2012-2-20 | 健健 | 生产厂一 | 华东市场财务 |
| 74531 | 副董驾驶证 | 驾驶证 | 1992-5-21 | 2008-8-12 | 2012-8-11 | 蓉蓉 | 工会 | 副董 |
| 86231 | 一厂卫生许可证 | 卫生许可 | 1999-8-25 | 2007-2-2 | 2012-1-31 | 小杰 | 开发部 | 一厂 |
| 90866 | 饮品批文 | 备案 | 1992-5-26 | 2005-10-20 | 2010-10-19 | 小龙 | 行政部 | 产品开发部 |
| Z00001 | 测试用 | Z | 2010-3-25 21:04 | | | | | |
| * | | | | | | | | |

图 9—22　多表关联证照管理

(2) 员工表与部门表、计算机标识表有主外键关系，请设计员工管理表单，带列重新排序，如图 9—23 所示。

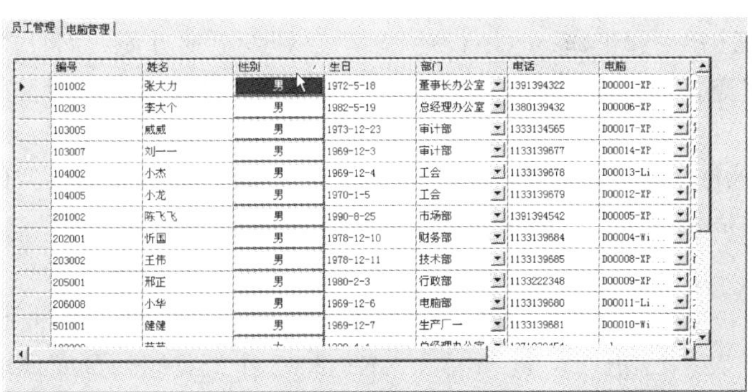


图 9—23　多表关联的员工管理

3. 小组活动

将自己的工作成果与小组成员进行分享，找出各自的优点和不足，并进行完善和总结。

## 任务 9.2　开发 Web 应用程序

### 任务目标

开发基于 Web 的应用程序，满足移动办公的需要，并确保在程序升级时，不需要在客户端逐个升级。

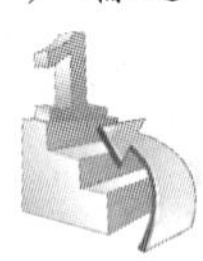

### 任务分析

根据任务目标的要求，桌面应用程序已不能满足要求，因此，我们必须开发基于 Web（B/S 架构）的应用程序，并采用 ASP. NET 作为我们的解决方案。整体上可分三个阶段，即学习 ASP. NET、完成基本工作任务、任务拓展和提高。

### 9.2.1　认识 ASP. NET

1. 简述

ASP. NET 是 Microsoft. net 的一部分，作为战略产品，不仅仅是 Active Server Page（ASP）的下一个版本；它还提供了一个统一的 Web 开发模型（其中包括开发人员生成企业级 Web 应用程序所需的各种服务）。ASP. NET 的语法在与 ASP 兼容的同时，它还提供一种新的编程模型和结构，可生成伸缩性和稳定性更好的应用程序，并提供更好的安全保护。可以通过在现有 ASP 应用程序中逐渐添加 ASP. NET 功能，随时增强 ASP 应用程序的功能。

ASP. NET 是一个已编译的、基于 .NET 的环境，可以用任何与 .NET 兼容的语言（包括 Visual Basic .NET、C# 和 JScript .NET.）创作应用程序。另外，任何 ASP. NET 应用程序都可以使用整个 .NET Framework。开发人员可以方便地获得这些技术的优点，其中包括托管的公共语言运行库环境、类型安全、继承等。

ASP. NET 可以无缝地与 WYSIWYG HTML 编辑器和其他编程工具（包括 Microsoft Visual Studio .NET）一起工作。这不仅使得 Web 开发更加方便，而且还能提供这些工具必须提供的所有优点，包括开发人员可以用来将服务器控件拖放到 Web 页的 GUI 和完全集成的调试支持。

微软为 ASP. NET 设计了这样一些策略：易于写出结构清晰的代码、代码易于重用和共享、可用编译类语言编写等，目的是让程序员更容易开发出 Web 应用，满足计算向 Web 转移的战略需要。

Microsoft Visual Studio. NET 2008 与 Microsoft SQL Server 2008 彼此之间能够实现无缝连接，我们采用 Microsoft Visual Studio. NET 2008 作为我们的开发环境，并用 C# 作为开发语言。

2. 主要控件

ADO. NET 对象模型既适用于桌面应用程序，也适用于 Web 应用程序。在后续的工作任务中，我们主要使用以下控件。

（1）SqlDataSource。

数据源控件，可以连接到 ADO. NET 支持的数据库，主要参数如表 9—3 所示。

表 9—3　　SqlDataSource 主要属性

| 属　性 | 说　明 | 例　子 |
| --- | --- | --- |
| ConnectionString | 连接字符串 | UserId=sa；Pwd=XXX |
| DeleteCommandType | 删除语句类型 | Text 或 StoreProcedure |
| DeleteQuery | 删除语句 | Delete from tb_cert |
| UpdateCommandType | 语句类型 | Text 或 StoreProcedure |
| UpdateQuery | 更新语句 | Upate tb_cert set…… |
| InserteCommandType | 语句类型 | Text 或 StoreProcedure |
| InsertQuery | 插入语句 | Insert into tb_cert valuesˆ |
| SelectCommandType | 语句类型 | Text 或 StoreProcedure |
| SelectQuery | 查询语句 | Select * from tb_cert |
| DataSourceMode | 模式 | DataSet 或 DataRead |

（2）GridView。

网格视图，用于显示二维表数据，主要属性是 DataSourceID，即指定数据源名称。

（3）DropDownList。

可下拉的列表框，主要属性也是指定 DataSourceID。

### 9.2.2　开发能在浏览器中查询数据的程序

在我们的基本工作任务中，要实现如下功能：按部门查出员工信息，按类别或部门查出证照详细信息。首先，观摩“按部门查出员工信息”这个任务的完成过程，再独立完成“按类别或部门查出证照详细信息”这个任务，最后是分组讨论与交流。

1. 操作步骤

我们要演示的任务是按部门查询员工信息，设计思路是在一个下拉列表框中列出所有的部门信息，由用户选中其中的一个部门，确定后，列出该部门的所有员工信息，如图 9—24 所示，主要设计步骤如下。

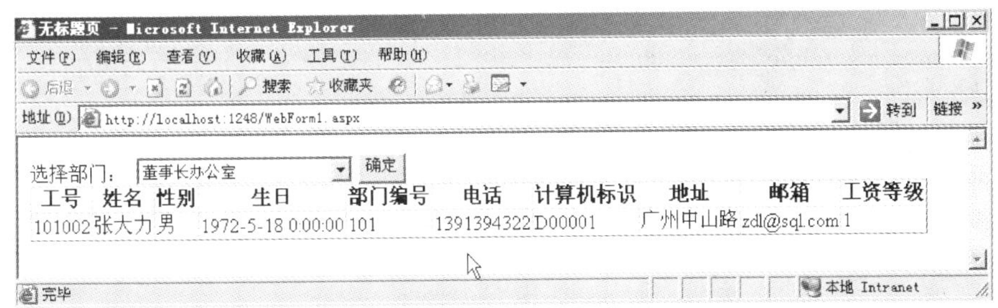


图 9—24　查询某一部门的员工信息

第一步，在现有的 ASP. NET 项目中，添加一个 Web 窗体，并从工具箱中按表 9—4 的内容把相关控件拖拉到该窗体中。

表 9—4　　控件及其属性

| 属性＼控件 | Label | DropDownList | Button | GridView |
|---|---|---|---|---|
| ID | Label1 | DropDownList1 | btnOK | GridView1 |
| Text | 选择部门 | | 确定 | |

第二步，选中 DropDownList1 控件，单击其右上角的“<”符号，在弹出的菜单中单击选择数据源，如图 9—25 所示。

图 9—25　配置 DropDownList 数据源

第三步，新建数据源，并选择从“数据库”获取的数据，把数据源命名为 SqlDataSource_Dep，如图 9—26 所示。

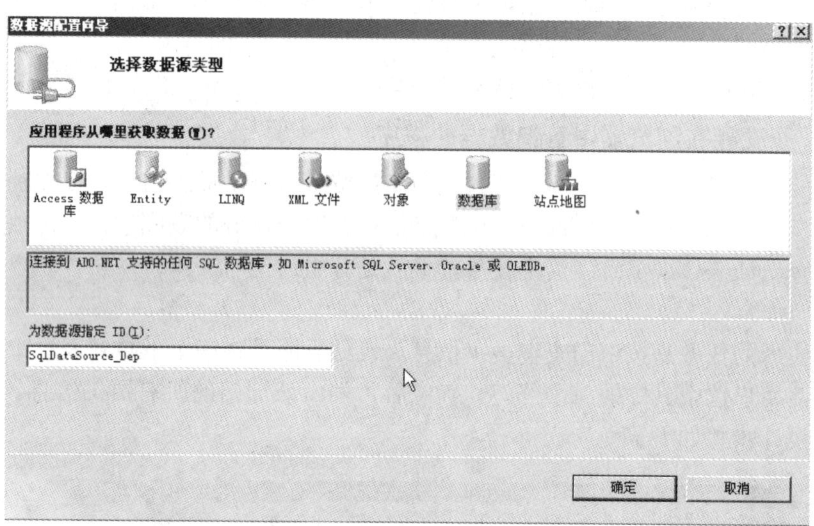


图 9—26　选择数据源类型

第四步，选择项目中现有的连接或新建一个连接，确定后，进入下一步，选择自定SQL 语句，按图 9—27 所示输入下列语句，单击“下一步”按钮。

```
Select Dep_No,Dep_Name from hr.tb_Dep
```

第五步，测试查询，直至成功，最后为 DropDownList1 选择这个数据源，并配置显示字段为 Dep_Name，值字段为 Dep_No，如图 9—28 所示。

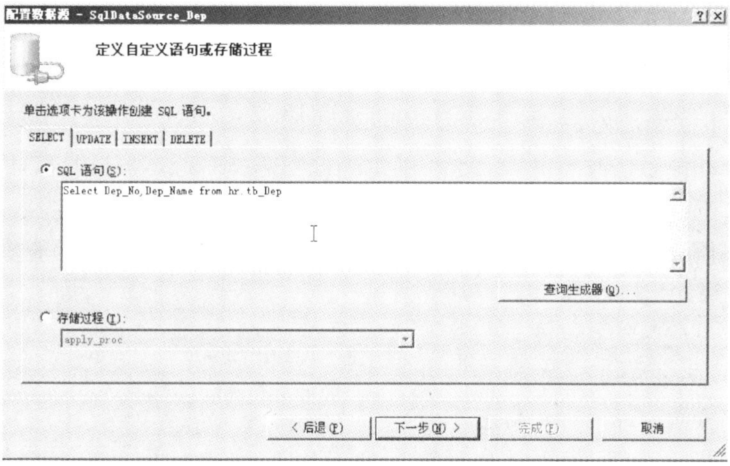

图 9—27　自定义 SQL 语句

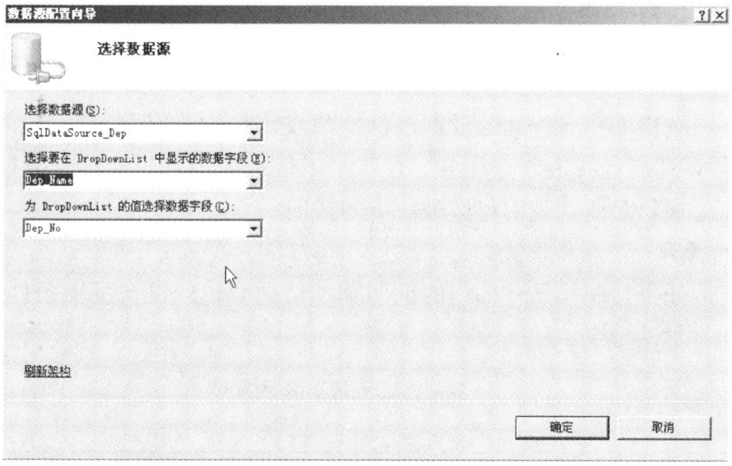

图 9—28　选择数据源

第六步，用同样方法为 GridView1 配置数据源，把数据源命名为 SqlDataSource_Emp，其中的 SQL 语句为：

```
Select * from hr.tb_Emp
```

第七步，右击 GridView1，并单击其右上角的“<“符号，在弹出的菜单中单击“编辑列”，将列示题改为中文名，如图 9—29 所示。

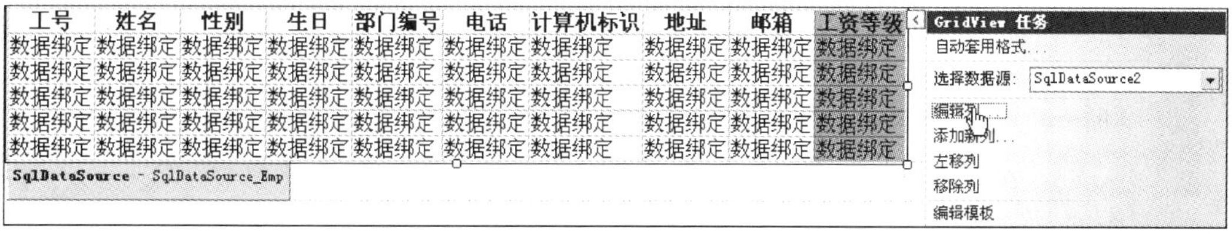

图 9—29　编辑列

第八步，为 btnOK 按钮编写代码，双击它，并输入以下代码。

```
this.SqlDataSource_Emp.SelectCommand = " select * from hr.tb_emp where emp_dep = '" +
this.DropDownList1.SelectedItem.Value.ToString().Trim() + "'";
```

代码的主要功能是修改 SqlDataSource _ Emp 的 SelectCommand 内容，即在查询语句中增加一个条件：部门编号与下拉列表框选择的部门一致。

第九步，在解决方案资源管理器中，右击该窗体，选择在浏览器中查看，即可得到图 9—19 所示的效果。

**任务实战**

（1）按部门查询证照的详细信息。

（2）按类别查询证照的详细信息。

2. 小组活动

将自己的工作成果与小组成员进行分享，找出各自的优点和不足，并进行完善和总结。

### 9.2.3 开发基于 Web 的报表查询

一般情况下，用户需要对查到的数据进行打印或转发给其他人，甚至需要转换成 Excel 文件或 PDF 文件，这就是报表制作任务。在基本工作任务中，只能满足数据的查询，不能满足报表的制作要求，对此，我们将作进一步的拓展。

1. 明细表的设计

我们要完成的任务是制作某一部门的证照基本情况表，即符合某一条件的证照明细表，格式如图 9—30 所示。

××部门证照基本情况表

2009.12

| 类别 | 号　码 | 名　称 | 过期日期 | 存放地点 |
|---|---|---|---|---|
| A | 001323 | 集团营业执照 | 2010-1-22 | 总部 |
| A | 352021 | 粤北厂税务 | 2010-3-27 | 粤北厂 |
| B | 0254158 | 宝马行驶证 | 2010-8-16 | 李司机 |
| B | 074531 | 副董驾驶证 | 2012-8-11 | 副董 |
| C | 200154 | 三厂卫生许可证 | 2013-5-20 | 三厂 |

**图 9—30　报表样张**

（1）分析。报表的需求是非常普遍的，而且对格式的要求比较严格。报表的设计可按照以下思路来进行。

1）设计一个与报表表身格式一致的数据表。

2）按照此数据表进行报表的设计。

3）编写存储过程，组织报表所需的数据，并插入在第一步所设计的数据表中。

4）设计一个界面友好的应用程序，调用存储过程和报表。

5）必要时用户可将数据导出到 Excel 文件或 PDF 文件。

（2）完成过程。

1）创建数据表 cer. tb_dep_Cert，其各列对应报表的各栏。

```
CREATE TABLE [Cer].[tb_dep_cert](
[cert_class] [char](12) NULL,
[cert_no] [varchar](10) NOT NULL,
[cert_name] [nvarchar](20) NULL,
[cert_date2] [smalldatetime] NULL,
[cert_place] [nvarchar](30) NULL
)
```

2）设计报表。

第一步，添加报表项目。在现有项目中，单击菜单"项目"、"添加新项"，类别选择 Reporting，模板选择"报表向导"，名称"Report _ Cert"，如图 9—31 所示。

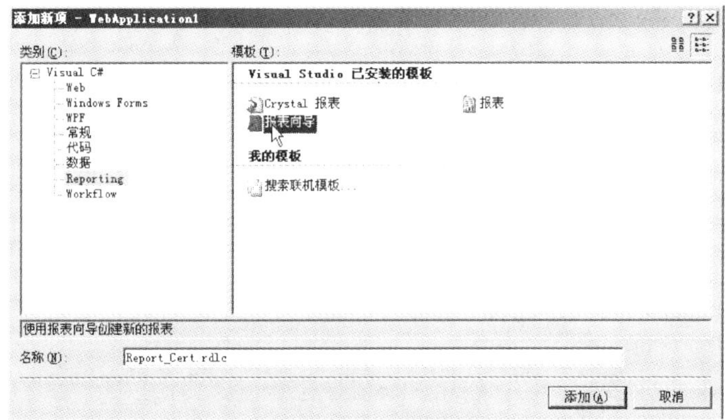


图 9—31　添加报表项目

第二步，选择数据源时，选择刚创建的表 tb_dep_cert，如图 9—32 所示。

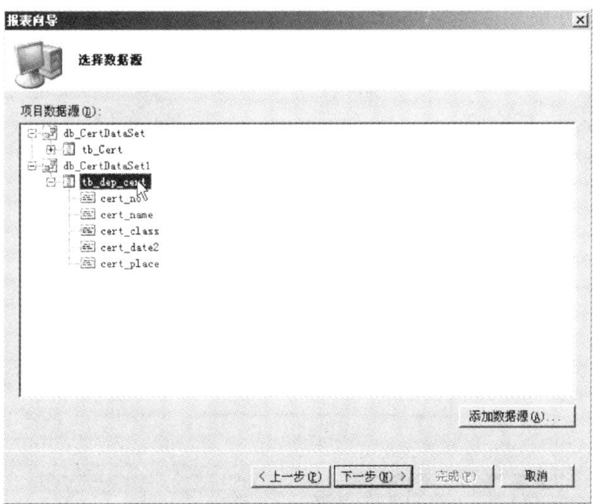


图 9—32　选择数据源

第三步，选择表格式类型，单击“下一步”按钮，进行报表的设计，如图 9—33 所示（也可以将证照类别 cert _ class 拖拉到分组项中）。单击“下一步”按钮，选择阶梯式布局，再单击“下一步”按钮。

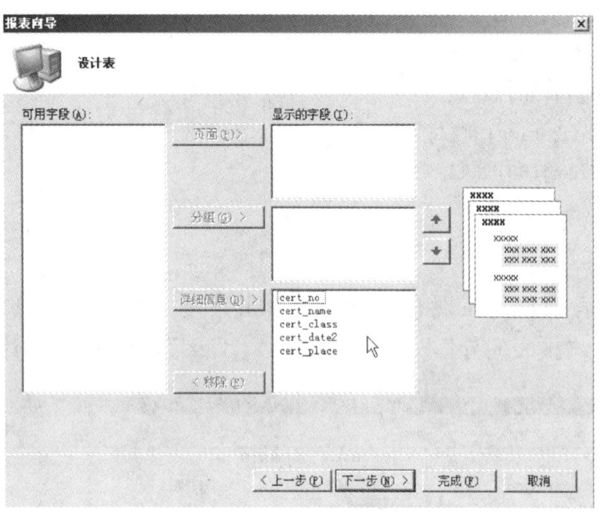


图 9—33　设计报表

第四步，输入报表名称“证照基本情况表”，如图 9—34 所示，完成报表的设计。

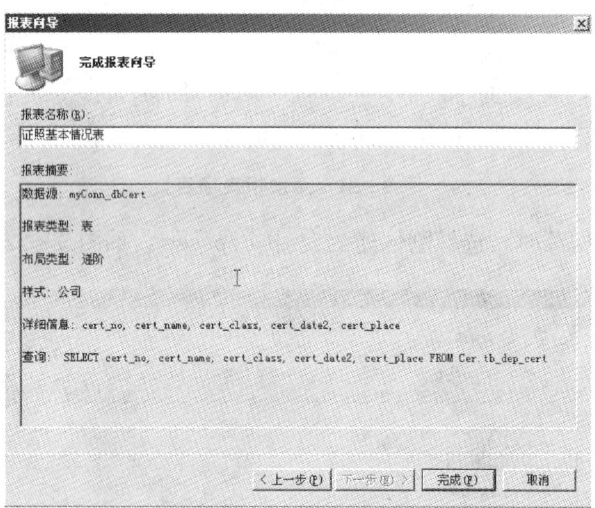


图 9—34　输入报表名称

第五步，完善报表。报表的初始样式如图 9—35 所示，右击要修改的项目，在属性窗口中进行修改完善，修改后如图 9—36 所示。

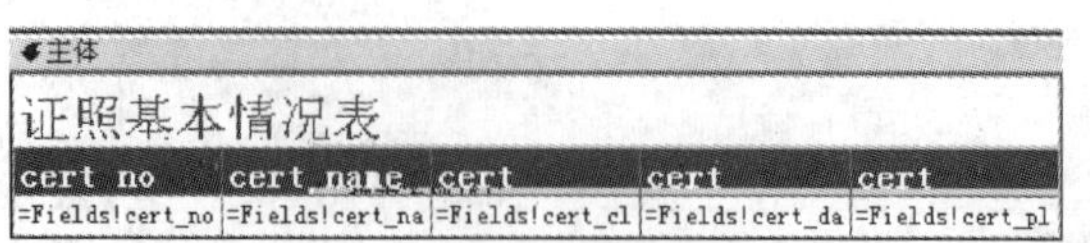


图 9—35　修改前的报表

图 9—36　修改后的报表

3）编写存储过程。该存储过程的功能是组织报表的数据，需要一个传递部门的参数。语句如下。

```
Create proc spdep_Cert
(@cDep char(16))                    --部门参数
as
begin
    delete from cer.tb_dep_cert     --删除原来数据
    insert into cer.tb_dep_cert     --插入新数据
    select cert_no,cert_name,cert_class,cert_date2,cert_place from cer.tb_cert
    where cert_dep = @cDep
end
```

4）设计 Web 页面。

第一步，添加一个 Web 窗体，按表 9—5 从工具箱将各控件拖拉到窗体中。

表 9—5　　各控件及其功能

| 项目 | Label | DropDownList | Button | ReportView |
|---|---|---|---|---|
| 属性 ID | Label1 | DropDownList1 | btnOK | ReportView1 |
| 属性 Text | 选择部门 | | 确定 | |
| 功能 | 提示用户 | 显示部门列表 | 执行存储过程 | 显示报表 |

第二步，为 DropDownList1 设置数据源（与基本任务中的设置方法相同），为 ReportView1 选择报表 Report_Cert（方法与设置 DripDownList1 的数据源类似）如图 9—37 所示。

图 9—37　选择报表

5）编写“确定”按钮的程序。思路是执行 SqlCommand 中的存储过程，它的参数来自下拉列表框的部门编号。

```
public partial class_Default : System.Web.UI.Page
    {
        //定义变量
        SqlConnection myConn = new SqlConnection();
```

```
        SqlCommand myCmd = new SqlCommand();
        protected void Page_Load(object sender, EventArgs e)
        {
            //连接信息
            myConn.ConnectionString = "server = gdqy-wys;database = db_cert;user id = sa;pwd = 
000";
        }
        protected void Button1_Click(object sender, EventArgs e)
        {
            this.myCmd.CommandType = CommandType.StoredProcedure; //类型为存储过程
            myCmd.CommandText = "spdep_Cert"; //存储过程名称
            myCmd.Parameters.Add("@cDep", SqlDbType.VarChar, 16); //定义参数
            myCmd.Parameters[0].Direction = ParameterDirection.Input; //输入参数
            myCmd.Parameters[0].Value = this.DropDownList1.SelectedValue.ToString();//参数赋值
            myCmd.Connection = myConn;
            myConn.Open(); //打开连接
            myCmd.ExecuteNonQuery(); //执行
            myConn.Close();
            ReportViewer1.Visible = true;
        }
    }
```

6）运行调试。如没有错误，其运行效果如图 9—38 所示，报表菜单具备打印、页面设置、导出和刷新功能。

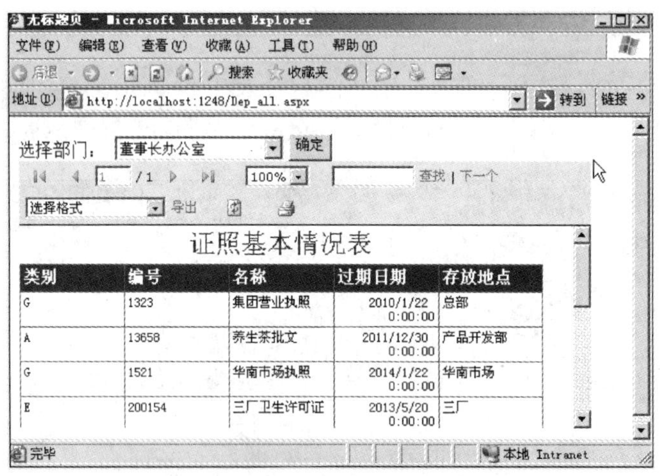


**图 9—38　报表运行界面**

2. 统计表的设计

我们在前面完成的是明细表，本次要完成的任务是制作统计表。统计表与明细表不同，明细表是将数据的详细情况罗列出来，而统计表是对数据做出统计，如求和、计数、平均值等。下面我们来设计如图 9—39 所示的部门证照统计表。

按部门分类统计表

2009.11.30

| 部门名称 | 驾驶证 | 行驶证 | 卫生许可证 | 税务登记证 | …… | 小　计 |
|---|---|---|---|---|---|---|
| 集团 | 23 | | 4 | 23 | | 553 |
| 生产部 | 3 | | 43 | | | 80 |
| 小车队 | 5 | 3 | | | | 120 |
| 董办 | 3 | 2 | | | …… | 12 |
| 技术部 | | | 51 | | | 60 |
| …… | | …… | | …… | …… | |
| | | | | | | |
| 总计 | 200 | 100 | 553 | 7 | | 812 |

图 9—39　部门证照统计表

（1）我们已经初步具有了制作报表的经验，通过观察图 9—39 所示的报表，容易发现，报表的栏目不是固定的。记录数的变化对报表设计不会产生影响，但报表的列数不固定就给我们提出了新的问题：我们无法设计一个与报表表身格式一致的数据表。再观察，容易发现报表其实就包含三个元素，即部门名称、类别名称和证照数量。因此，我们可设计包含此三列的数据表，再将其变换成矩阵（又称交叉表）即可。以上是详细的完成过程。

（2）完成过程。

1）创建数据表。按照前面的分析，创建包含三个列的数据表。

```
CREATE TABLE [Cer].[tb_stDep](
[Dep_Name] [varchar](20) NULL, //部门名称
[Class_Name] [nchar](10) NULL, //类别名称
[qty] [int] NULL //数量
)
```

2）设计报表。基本上与设计明细表的相同，所不同的是报表类型，选择“矩阵”，如图 9—40 所示。在设计矩阵时如图 9—41 所示进行设计，最后的报表主体如图 9—42 所示。

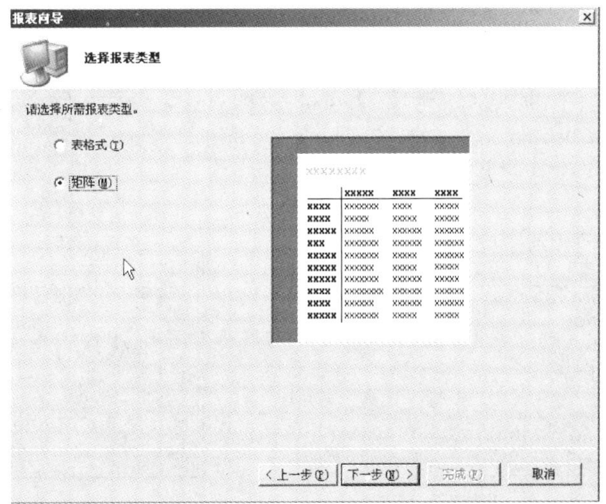


图 9—40　选择报表类型

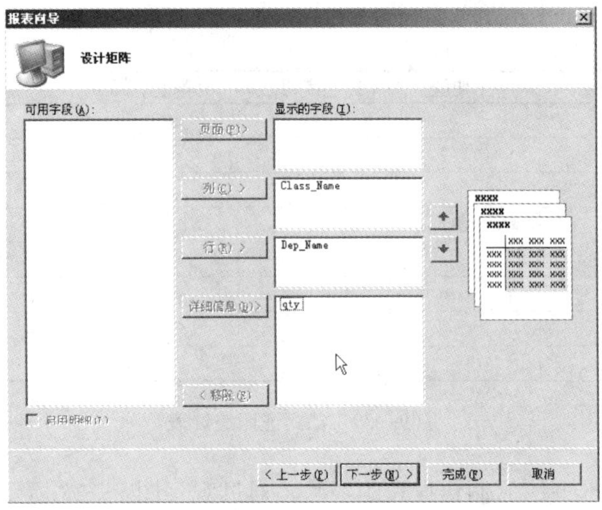


图 9—41　设计矩阵

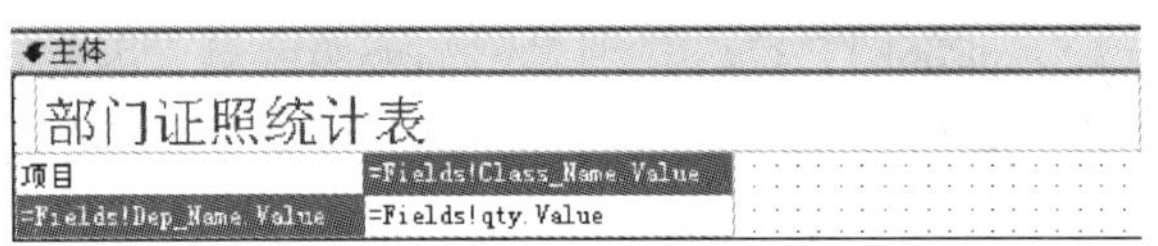


图 9—42　证照统计表

3）编写存储过程。该存储过程的功能是组织数据，我们所需要的数据来自于三个表：证照表（cer. tb_cert）、部门表（hr. tb_dep）和类别表（cer. tb_class），因为是计数，所以要用到聚合函数，可分步进行，最后到达目标。

第一步，简单的计数查询，该查询的执行结果，只能显示类别编号和部门编号，不能显示相应的名称，如图 9—43 所示。

```
select Cert_dep, Cert_Class, COUNT( * ) as qty from Cer. tb_Cert group by Cert_dep, Cert_Class
```

第二步，将第一步的简单查询，改为复合查询，与部门表、类别表结合起来，将编号转换成相应的名称，结果如图 9—44 所示。

```
select d. Dep_Name, s. Class_Name, COUNT( * ) as qty from Cer. tb_Cert c, Hr. tb_Dep d, Cer. tb_Class s
where c. Cert_dep = d. Dep_No and c. Cert_Class = s. Class_No
group by d. Dep_Name, s. Class_Name
```

结果 | 消息

| | Cert_dep | Cert_Class | qty |
|---|---|---|---|
| 1 | 202 | A | 3 |
| 2 | 205 | A | 4 |
| 3 | 503 | B | 3 |
| 4 | 104 | C | 2 |
| 5 | 203 | C | 2 |
| 6 | 102 | D | 2 |
| 7 | 501 | D | 2 |
| 8 | 201 | E | 2 |

图 9—43　简单查询的执行结果

结果 | 消息

| | Dep_Name | Class_Name | qty |
|---|---|---|---|
| 1 | 生产厂三 | 护照 | 3 |
| 2 | 工会 | 驾驶证 | 2 |
| 3 | 技术部 | 驾驶证 | 2 |
| 4 | 生产厂一 | 税务登记证 | 2 |
| 5 | 总经理办公室 | 税务登记证 | 2 |
| 6 | 开发部 | 卫生许可证 | 2 |
| 7 | 市场部 | 卫生许可证 | 2 |
| 8 | 审计部 | 行驶证 | 2 |

图 9—44　复合查询的执行结果

第三步，创建存储过程。

```
create proc spStdep_Cert
as
begin
    delete from cer. tb_stdep
    insert into cer. tb_stdep
    select d. Dep_Name, s. Class_Name, COUNT( * ) as qty from Cer. tb_Cert_test c, Hr. tb_Dep d, Cer. tb_
Class s
    where c. Cert_dep = d. Dep_No and c. Cert_Class = s. Class_No
    group by d. Dep_Name, s. Class_Name
end
```

4）设计 Web 页面。

与第一个任务基本相同，所不同的是在打开页面时，就可直接执行存储过程，因为它没有参数。

```
exec spstdep_cert
```

5）调试运行。如果没有错误，运行结果如图 9—45 所示。

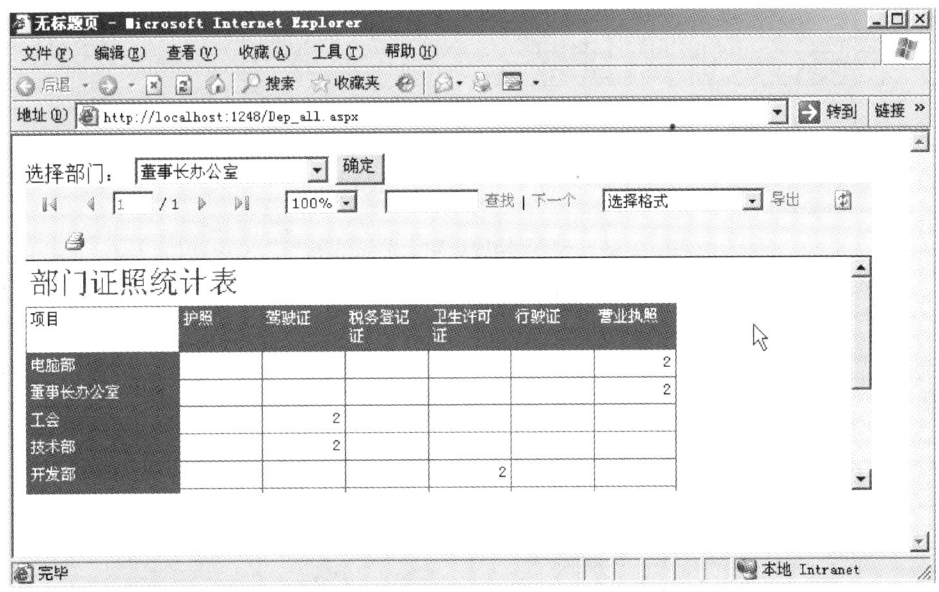


| 项目 | 护照 | 驾驶证 | 税务登记证 | 卫生许可证 | 行驶证 | 营业执照 |
|---|---|---|---|---|---|---|
| 电脑部 | | | | | | 2 |
| 董事长办公室 | | | | | | 2 |
| 工会 | | 2 | | | | |
| 技术部 | | 2 | | | | |
| 开发部 | | | | 2 | | |

**图 9—45　统计表运行结果**

## 任务实战

（1）将任务拓展中执行存储过程的方法，改为“Text”，即 SQL 语句形式（用 SQL 语句执行带参数的存储过程）。

（2）设计部门员工花名册（选择部门，然后输出该部门的所有员工情况）。

（3）设计图 9—46 所示的待审证照一览表（输入一个日期，显示 10 天后过期及已过期的证照资料）。

待审证照一览表

2008.12.10

| 号码 | 名称 | 类别 | 初领日期 | 最新审核日期 | 过期日期 | 管理人 | 所属部门 | 存放地点 |
|---|---|---|---|---|---|---|---|---|
| 001323 | 集团营业执照 | 营业执照 | 1992－5－18 | 2007－1－23 | 2009－1－22 | 王大力 | 集团 | 总部 |
| 352021 | 粤北厂税务 | 税务登记证 | 1992－5－19 | 2003－3－28 | 2009－1－27 | 张东 | 财务部 | 粤北厂 |
| 200154 | 三厂卫生许可证 | 卫生许可证 | 1997－5－22 | 2003－5－21 | 2009－1－20 | 朱君 | 技术部 | 三厂 |
| 013658 | 养生茶批文 | 产品批文 | 2002－12－23 | 2006－12－20 | 2008－12－30 | 小龙 | 技术部 | 产品开发部 |
| 086231 | 一厂卫生许可证 | 卫生许可证 | 1999－8－25 | 2007－2－2 | 2009－1－31 | 朱君 | 技术部 | 一厂 |
| …… | | | …… | | | | | …… |

图 9—46　待审证照一览表

（4）设计即将过期证照统计表，如图 9—47 所示。

即将过期证照统计表

2009.12.30

| 管理人 | 驾驶证 | 行驶证 | 卫生许可证 | 税务登记证 | …… | 小　计 |
|---|---|---|---|---|---|---|
| 王大力 | 5 | | 4 | 2 | | 12 |
| 张东 | 3 | | 3 | | | 13 |
| 李四 | 1 | 3 | | | | 13 |
| 黄英 | 2 | 2 | | | …… | 12 |
| | | | 7 | | | 21 |
| …… | | …… | | …… | …… | |
| | | | | | | |
| 总计 | 19 | 7 | 15 | 7 | | 50 |

图 9—47　即将过期证照统计表

3. 小组活动

（1）设计一个自由查询的程序，界面如图 9—48 所示，只要在文本框中输入任意合法的 SQL 查询语句，单击按钮即可将查询结果显示出来。

图 9—48　自由查询窗口

(2) 将自己的工作成果与小组成员进行分享，找出各自的优点和不足，并进行完善和总结。

## 项 目 小 结

本子项目通过桌面应用程序和 Web 应用程序的开发，目的在于掌握应用程序和数据库系统的编程接口技术；通过任务观摩、任务完成和任务拓展，使网络数据库技术、程序开发技术和企业应用相结合，以便对企业的信息化建设有清楚的认识和工作思路。

# 子项目 10　项目拓展

## 情境描述

经过前面的学习和任务实战，我们完成了“证照管理系统”的开发任务，为了加深对网络数据库开发技术的理解，提高开发能力，我们安排了本拓展项目。

## 任务分析

学习本课程之后，希望读者能将本课程与网络技术、程序设计技术等课程结合起来，通过实训、实习、顶岗实习、工学结合等方式，积极参与数据库应用系统的开发。

完成本项目时，将学生分成若干组，每组由 3～5 人组成，并设立组长一名，成员分工合作，按照工作指引，共同完成本项目的各项任务，如表 10—1 所示。

表 10—1　　项目拓展安排表

| 过　程 | 名　称 | 主要内容 | 比重（%） | 目　标 |
|---|---|---|---|---|
| 1 | 需求分析 | 收集客户需求，并进行分析 | 10 | 分析能力，分工合作 |
| 2 | 系统规划 | 系统的规划、安排 | 10 | 规划能力，表达和书写能力 |
| 3 | 系统设计 | 数据库设计和模块设计 | 50 | 数据库开发能力 |
| 4 | 系统开发 | 模块功能的开发、实现 | 20 | 数据库应用系统的开发能力 |
| 5 | 集成测试 | 项目的集成和测试 | 10 | 集成、测试、文档编写能力 |

### 10.1　项目背景

某书店为了拓展业务，方便读者购书，准备开发“网上书城”项目。现在请你完成该项目的开发工作。

### 10.2　需求分析阶段

1. 收集项目相关知识

电子商务，是指在 Internet 上进行商务活动，它正在以难以置信的速度渗透到人们的日常生活中，具有高效率、低成本的特点。

电子商务的一个重要技术特征是利用 Web 技术来传输和处理商业信息，使人们足不出户即可完成商品的交易，具有广泛的发展前景和商机。

目前国内著名的电子商务网站有阿里巴巴，网上书城有 china－pub. com 等。

……

按照此指引，收集更多的相关知识。

2. 收集客户需求

- 图书查询、浏览功能。
- 用户购买图书功能。
- 用户购物篮管理。
- 会员管理。

……

按照此指引，明确客户的各项需求。

3. 收集分析

- 书籍被认为是最适合在 Internet 上直销的商品之一。
- 国家颁布了电子商务法。
- 电子商务的交易额逐年增加，迅猛发展。

……

按照此指引，强调本项目的意义和可行性。

4. 提案会议

相关领域知识的收集、客户需求收集、业界及同行分析收集，这三个步骤完成后，召开小组会议，交换收集的知识和意见，明确客户需求。如果存在偏差，可以进行修正。

5. 提案简报

根据前面的调查、沟通、分析，得出提案简报，简报内容包括但不仅仅包括图 10—1 和图 10—2 中的内容，以演讲稿的形式呈现。

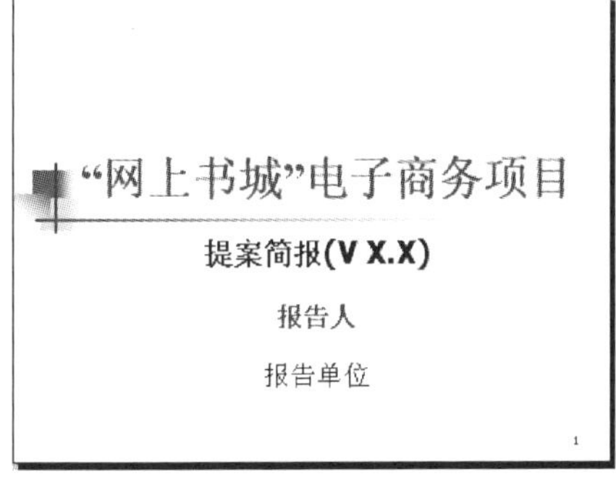


图 10—1　封面

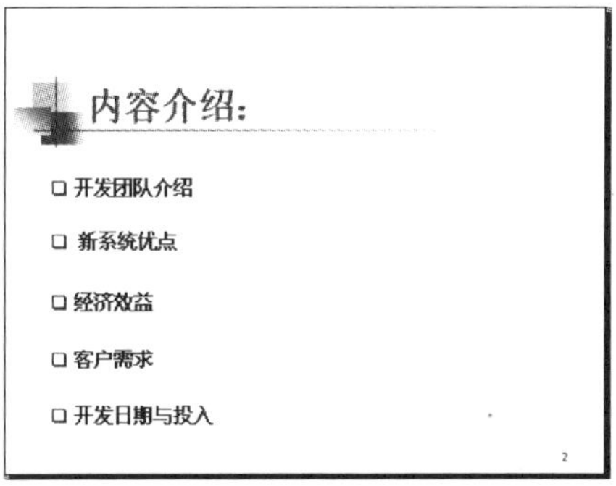

图 10—2　内容提要

……

## 10.3　系统规划阶段

1. 前言

包含背景介绍、开发动机、开发目标等纲要。

2. 系统平台架构

应包含这种系统所使用的平台与其架构配置图（硬件、软件、操作系统、服务器、数据

库等）

硬件：品牌服务器一台（1GRAM，100GHD，DVD……）或租用空间

操作系统：Windows Server 2000 以上

数据库：MS SQL Server 2000 以上

开发工具：Visual C♯ 2005，Flash，DreamWaver

以上是工作指引示例，请根据实际情况适当改动和补充。

3. 模块规划

（1）主要包含五个模块，即公告模块、查询模块、会员管理、会员专区、主题下载，重点模块是会员专区，实现网上书城的主要功能，如图 10—3 所示。

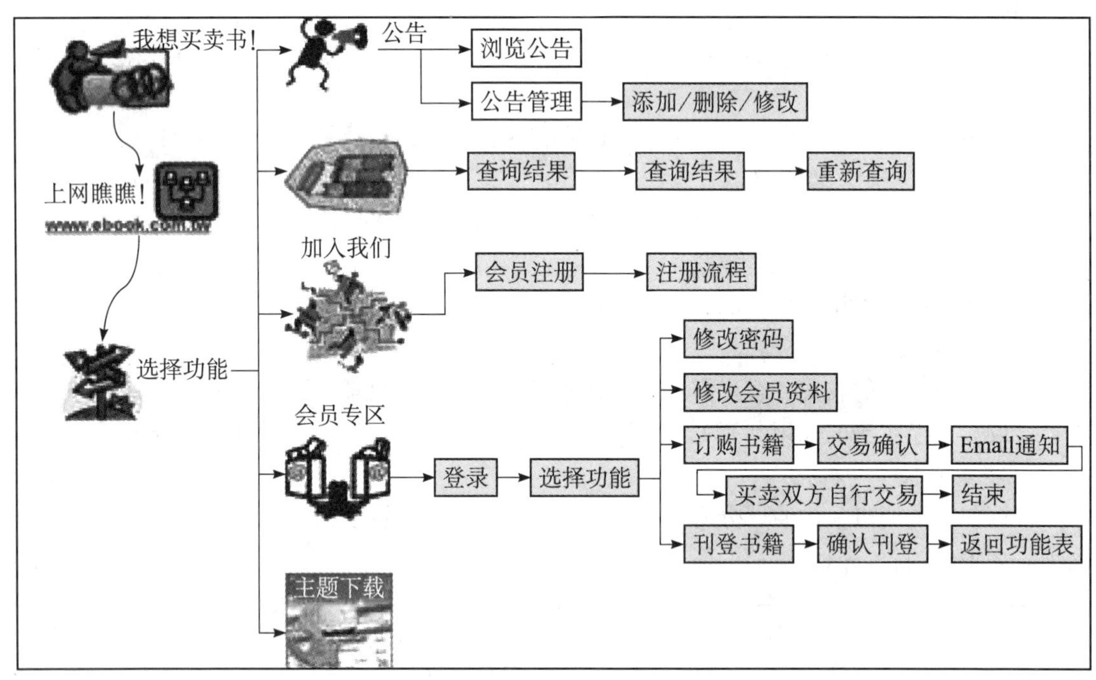


**图 10—3　模块图**

（2）软件模块说明。

公告模块：公告管理（添加、修改和删除），采用 C/S/S 结构；公告浏览，采用 B/S/S 结构。

查询模块：查询、搜索图书信息，采用 B/S/S 结构。

会员管理：会员注册、注册流程，采用 B/S/S 结构。

会员专区：会员登录后，可选择如下功能：修改密码、修改会员资料、订购书籍，采用 B/S/S 结构。

主题下载：相关主题下载专区，采用 B/S/S 结构。

4. 开发日程安排

日程安排表如表 10—2 所示。

表 10—2　　日程表

| 工作项目 \ 时程（天） | 1 | 2 | 3 | 4 | 5 | 6 | 7 | 8 | 9 | 10 | 11 | 12 | 13 | 14 |
|---|---|---|---|---|---|---|---|---|---|---|---|---|---|---|
| 系统分析/设计 | | | | | | | | | | | | | | |
| 系统分析文件书写 | | | | | | | | | | | | | | |
| 开发平台安装 | | | | | | | | | | | | | | |
| 数据存档 | | | | | | | | | | | | | | |
| 网页/应用程序开发 | | | | | | | | | | | | | | |
| 系统测试 | | | | | | | | | | | | | | |
| 系统发表 | | | | | | | | | | | | | | |

备注：有的项目可以并行进行，根据实际情况进行调整。

5. 系统分析会议

就以上内容开会讨论、反复修正，最终达成共识。

6. 系统分析报告

根据分析会议内容，书写系统分析报告书（SA 文件），其应覆盖的内容如图 10—4 所示。

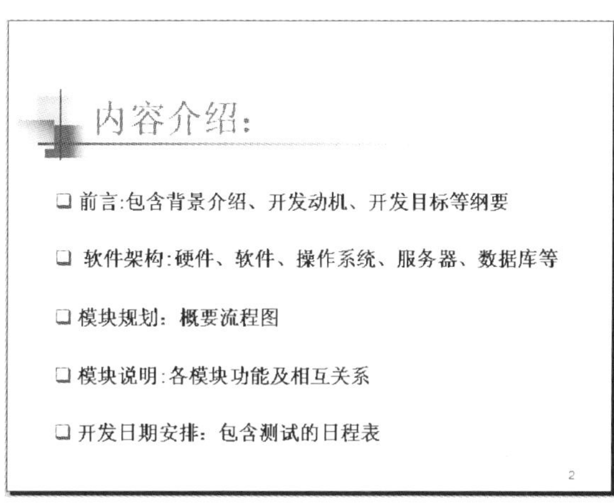


图 10—4　SA 内容纲要

## 10.4　系统设计阶段

1. 模块细节流程规划

画出各功能模块的流程图，如果模块间相互联系，必须反映出它们的关系。图 10—5 是“查询模块”细节流程的一个实例，它与“会员管理”模块及“会员专区”模块的“订购书籍”有联系。请按照此形式绘制其他模块流程图。

2. 数据库规划设计

（1）概念设计。

将需求分析得到的用户需求，抽象为信息结构，并用 E-R 图进行描述。实体表如表 10—3 所示，E-R 图如图 10—6 所示。

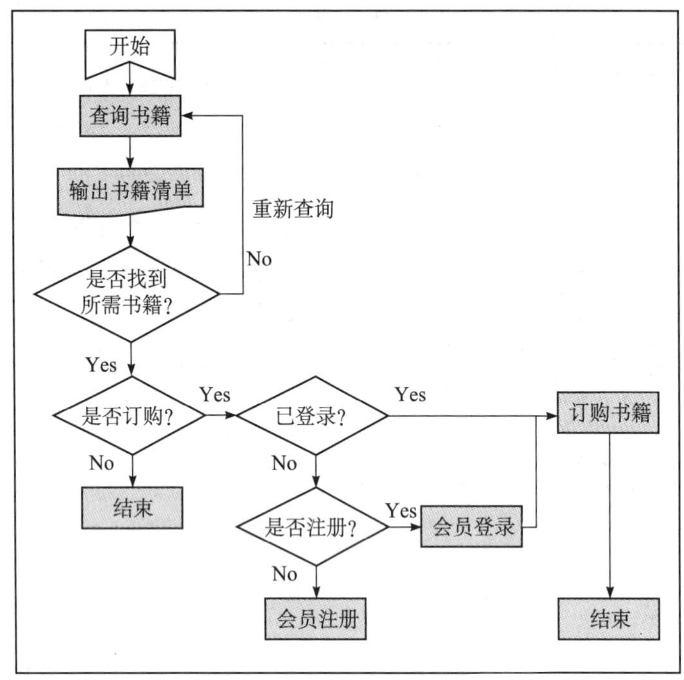


图 10—5　查询模块细节流程图

表 10—3　实体表

| 序号 | 实体名称 | 作　用 |
| --- | --- | --- |
| 1 | User | 描述用户，包括管理员和普通用户 |
| 2 | Book | 描述图书信息 |
| 3 | Category | 描述图书类别 |
| 4 | Cart | 描述购物篮 |
| 5 | Messages | 公告内容 |

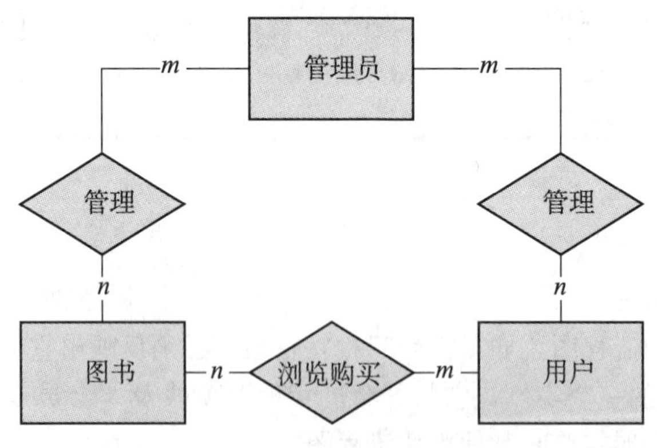


图 10—6　E-R 图

（2）逻辑设计。

把概念结构设计阶段产生的系统基本 E-R 图转换为具体的 DBMS 所支持的数据模型，即关系模式，如表 10—4～表 10—8 所示。（仅供参考）

表 10—4　　　　用户注册表（Users）

| 字　段 | 数据类型 | 关键字（是/否） | 备　注 |
|---|---|---|---|
| UserID | Int（4） | 是 | 编号 |
| LoginName | Char（30） | 否 | 登录名 |
| UserName | Char（20） | 否 | 真实姓名 |
| Password | Char（50） | 否 | 密码 |
| Address | Char（50） | 否 | 地址 |
| Zip | Char（20） | 否 | 邮政编码 |

表 10—5　　　　图书信息表（Book）

| 字　段 | 数据类型 | 关键字（是/否） | 备　注 |
|---|---|---|---|
| BookID | Int（4） | 是 | 编号 |
| BookName | Varchar（40） | 否 | 图书名 |
| CategoryID | Int | 否 | 类别号 |
| Price | Float | 否 | 价格 |
| Publisher | Varchar（50） | 否 | 出版社 |
| PublishDate | Char（20） | 否 | 出版日期 |
| Author | Varchar（30） | 否 | 作者 |
| Description | Text | 否 | 简介 |

表 10—6　　　　图书类别表（Category）

| 字　段 | 数据类型 | 关键字（是/否） | 备　注 |
|---|---|---|---|
| CategoryID | Int（4） | 是 | 编号 |
| CategoryName | Char（30） | 否 | 类别名称 |

表 10—7　　　　购物篮表（Cart）

| 字　段 | 数据类型 | 关键字（是/否） | 备　注 |
|---|---|---|---|
| CardID | Int（4） | 是 | 编号 |
| UserID | Int（4） | 否 | 用户编号 |
| BookID | Int（4） | 否 | 图书编号 |
| Amount | Int | 否 | 购买数量 |

表 10—8　　　　公告表（Messages）

| 字　段 | 数据类型 | 关键字（是/否） | 备　注 |
|---|---|---|---|
| MsgID | Int（4） | 是 | 标题 |
| MsgDetail | Text | 否 | 公告内容 |

（3）物理设计。

根据上面的分析，写出创建数据库及数据表的脚本。

1）创建数据库。

```
use master
```

```
go
if exists (select * from dbo.sysdatabases where name = 'BookStore')
drop database BookStore
GO
create database BookStore … …
```

2）创建表。

```
create table[Users]
(
UserID int Identity(1,1) not null,
LoginName varchar(30),
UserName varhchar(20),
Password varchar(30),
```

按照此指引进行其他物理设计，根据需要可能还包括存储过程、视图、触发器等其他数据库对象。

3. 系统设计会议

就系统设计阶段的内容召开系统设计会议，就有关系统设计的方方面面进行讨论，并达成共识。

4. 系统设计报告

就系统设计会议的内容书写报告书，图 10—7 是该报告书应包含的内容。

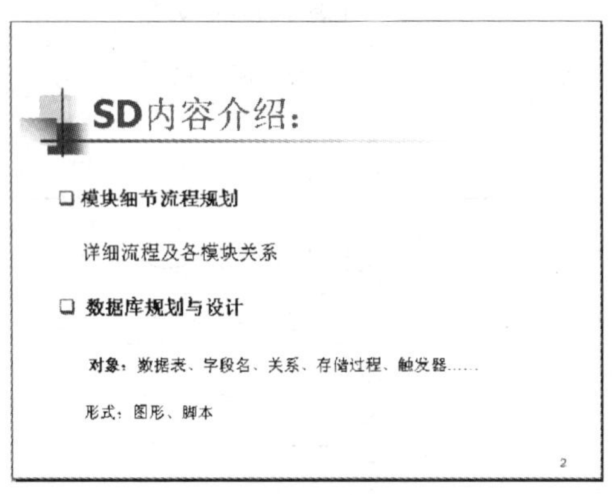


图 10—7　SD 纲要

## 10.5　系统开发阶段

根据系统分析报告书和系统设计报告书进行开发。

## 10.6　集成测试阶段

1. 系统集成

（1）将各模块进行独立测试，完成后进行集成测试。

（2）测试前书写测试计划书模板如图 10—8 所示，测试后书写测试报告书模板如图 10—9 所示。

| 软件测试计划 | |
|---|---|
| 项目编号：________ | 项目名称：________ |
| 任务编号/序号：________ | 工作名称：________ |
| 程序（ID）：________ | 程序名称：________ |
| 编程员：________ | 测试工程师：________ |
| 测试开始日期：____年__月__日 | 测试完成日期：____年__月__日 |

图10—8 测试计划

| 软件测试报告 | |
|---|---|
| 项目编号：________ | 项目名称：________ |
| 任务编号/序号：________ | 工作名称：________ |
| 程序（ID）：________ | 程序名称：________ |
| 编程员：________ | 测试完成日期：____年__月__日 |
| 测试工程师：________ | 测试完成日期：____年__月__日 |

图10—9 测试报告

2. 软件发布

在相应的环境中发布软件。

3. 使用手册

书写软件使用手册，参考图10—10。

**1 引言** ........ 2
1.1 编写目的 ........ 2
1.2 背景 ........ 2
1.3 定义 ........ 2
1.4 参考资料 ........ 2
**2 用途** ........ 2
2.1 功能 ........ 2
2.2 性能 ........ 3
*2.2.1 精度* ........ 3
*2.2.2 时间特性* ........ 3
*2.2.3 灵活性* ........ 3
2.3 安全保密 ........ 3
**3 运行环境** ........ 3
3.1 硬设备 ........ 3
3.2 支持软件 ........ 3
3.3 数据结构 ........ 4
**4 使用过程** ........ 4
4.1 安装与初始化 ........ 4
4.2 输入 ........ 4
*4.2.1 输入数据的现实背景* ........ 4
*4.2.2 输入格式* ........ 4

图10—10 使用手册目录

4. 产品

完成上述各项测试，最后成为一个软件产品。

## 10.7 参考资料：三层结构

三层结构理论是网络数据库开发的新技术，它将应用功能分成用户界面层、中间应用层和数据层，图 10—11 是三层结构业务处理流程图。

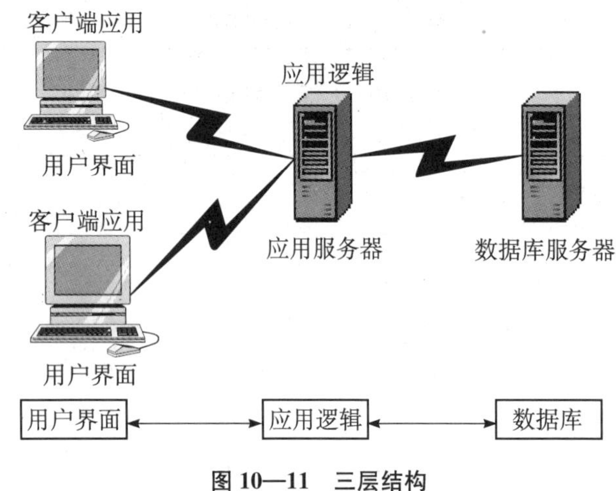


图 10—11 三层结构

用户界面层实现用户接口；中间层实现处理（运算操作），中间层一般使用 SQL 语言与数据层进行交互；数据层实现数据存储。

三层结构有两种实现方式：

- 应用程序界面+中间服务器+数据库服务器（C/S/S）
- 网络浏览器+Web 服务器+数据库服务器（B/S/S）

在 C/S/S 中，第一个字母 C 就是客户端（Client）的意思，我们常见的窗体就是应用程序界面；第二个字母 S 即服务（Server），一般设计成动态连接库（DLL 文件）的形式；最后一个字母 S，就是指数据库管理系统。

在 B/S/S 中，以微软的解决方案为列，一个典型的例子就是，IE+IIS+SQL Server，ASP. NET 开发的应用都属于此类结构。

# 教师信息反馈表

为了更好地为您服务，提高教学质量，中国人民大学出版社愿意为您提供全面的教学支持，期望与您建立更广泛的合作关系。请您填好下表后以电子邮件或信件的形式反馈给我们。

| 您使用过或正在使用的我社教材名称 | | 版次 | |
|---|---|---|---|
| 您希望获得哪些相关教学资料 | | | |
| 您对本书的建议（可附页） | | | |
| 您的姓名 | | | |
| 您所在的学校、院系 | | | |
| 您所讲授课程名称 | | | |
| 学生人数 | | | |
| 您的联系地址 | | | |
| 邮政编码 | | 联系电话 | |
| 电子邮件（必填） | | | |
| 您是否为人大社教研网会员 | □ 是　会员卡号：________<br>□ 不是，现在申请 | | |
| 您在相关专业是否有主编或参编教材意向 | □ 是　□ 否<br>□ 不一定 | | |
| 您所希望参编或主编的教材的基本情况（包括内容、框架结构、特色等，可附页） | | | |

**我们的联系方式：北京市海淀区中关村大街 31 号**

**中国人民大学出版社教育分社**

邮政编码：100080

电话：010-62515923

网址：http://www.crup.com.cn/zyjy/

E-mail：jyfs_2007@126.com

## 教育部高职高专计算机教指委规划教材

| 序号 | 标准书号 | 书 名 | 主 编 | 定价（元） | 备 注 |
|---|---|---|---|---|---|
| 1 | ISBN 978-7-300-12890-0 | 大学计算机基础教程 | 舒望皎 | 26.00 | 配备教学资源 |
| 2 | ISBN 978-7-300-11722-5 | ASP. NET 网络程序设计 | 崔连和 | 28.00 | 配备教学资源 |
| 3 | ISBN 978-7-300-11475-0 | 软件工程技术与实用开发工具 | 王伟 | 26.00 | 配备教学资源 |
| 4 | ISBN 978-7-300-12061-4 | Java 程序设计项目教程 | 张兴科、季昌武 | 29.80 | 配备教学资源 |
| 5 | ISBN 978-7-300-12059-1 | Java 网络程序设计项目教程——校园通系统的实现 | 王茹香 | 25.00 | 配备教学资源 |
| 6 | ISBN 978-7-300-12060-7 | JSP 动态网站设计项目教程 | 张兴科 | 28.00 | 配备教学资源 |
| 7 | ISBN 978-7-300-12504-6 | Dreamweaver CS 网页设计与实训教程 | 史晓红、章立 | 29.00 | 配备教学资源 |
| 8 | ISBN 978-7-300-12889-4 | C 语言程序设计项目教程 | 吕新平 | 32.00 | 配备教学资源 |
| 9 | ISBN 978-7-300-12759-0 | 企业级网站开发项目教程（ASP. NET） | 陈义辉、沙继东 | 32.00 | 配备教学资源 |
| 10 | ISBN 978-7-300-12888-7 | 计算机组装与维修案例教程·浙江省高校重点教材建设（高职高专） | 张海波 | 28.00 | 配备教学资源 |
| 11 | ISBN 978-7-300-12891-7 | 动态网站开发技术项目教程（ASP. NET） | 牛立成 | 28.00 | 配备教学资源 |
| 12 | ISBN 978-7-300-12887-0 | SQL Server 2005 数据库案例教程 | 尹毅峰、李东 | 28.00 | 配备教学资源 |
| 13 | ISBN 978-7-300-12892-4 | Premiere Pro CS4 视频编辑项目教程（彩印） | 尹敬齐 | 35.00 | 配备教学资源 |
| 14 | ISBN 978-7-300-12894-8 | 中文版 Photoshop 设计与制作项目教程（彩印） | 张小志、高欢 | 38.00 | 配备教学资源 |
| 15 | ISBN 978-7-300-12893-1 | 3ds Max 动画设计与制作案例教程（彩印） | 许广彤 | 35.00 | 配备教学资源 |
| 16 | ISBN 978-7-300-13246-4 | 数据库开发技术项目教程（SQL Server 2008＋C＃2008） | 王跃胜 | 28.00 | 配备教学资源 |

## 全国高职高专计算机系列精品教材

| 序号 | 标准书号 | 书 名 | 主 编 | 定价（元） | 备 注 |
|---|---|---|---|---|---|
| 17 | ISBN 978-7-300-12039-3 | 网络管理与维护 | 马志彬 | 26.00 | 配备教学资源 |
| 18 | ISBN 978-7-300-12437-7 | 计算机应用基础 | 沈美莉、陈孟建、池敏 | 32.00 | |
| 19 | ISBN 978-7-300-12435-3 | 计算机应用基础实训 | 刘静 | 26.00 | |
| 20 | ISBN 978-7-300-12458-2 | C 语言程序设计 | 汪剑 | 25.00 | |
| 21 | ISBN 978-7-300-12432-2 | Java 实例应用教程 | 王建虹 | 26.00 | |
| 22 | ISBN 978-7-300-12459-9 | 计算机组成原理 | 朱小军 | 25.00 | |
| 23 | ISBN 978-7-300-12429-2 | 计算机网络技术实训教程 | 曹建春 | 28.00 | |
| 24 | ISBN 978-7-300-12431-5 | Dreamweaver 网页设计与制作案例教程 | 李敏 | 26.00 | |
| 25 | ISBN 978-7-300-12428-5 | 计算机组装与维护 | 陈桂生 | 22.00 | |
| 26 | ISBN 978-7-300-12434-6 | 多媒体应用技术基础教程 | 张明 | 20.00 | |
| 27 | ISBN 978-7-300-12436-0 | 三维动画设计与制作 | 向华 | 28.00 | |
| 28 | ISBN 978-7-300-12430-8 | 数据结构导论 | 蔡厚新 | 39.80 | |
| 29 | ISBN 978-7-300-12438-4 | 操作系统概论 | 杨云 | 29.00 | |
| 30 | ISBN 978-7-300-12433-9 | 二维动画制作技术 | 牟奇春 | 26.00 | |

**图书在版编目（CIP）数据**

网络数据库开发项目教程（SQL Server 2008＋ C＃2008）/王跃胜，张铁城主编 .—北京：中国人民大学出版社，2011
教育部高职高专计算机教指委规划教材
ISBN 978-7-300-13246-4

Ⅰ.①网… Ⅱ.①王… Ⅲ.①关系数据库-数据库管理系统-高等学校：技术学校-教材 Ⅳ.①TP311.138

中国版本图书馆 CIP 数据核字（2010）第 254761 号

教育部高职高专计算机教指委规划教材
**网络数据库开发项目教程**
（SQL Server 2008＋ C＃2008）
主　编　王跃胜　张铁城
副主编　张蒲生　潘泽宏　赵永晖
参　编　曹起武　杨勇彬　李任梅

---

**出版发行**　中国人民大学出版社
**社　　址**　北京中关村大街 31 号　　**邮政编码**　100080
**电　　话**　010－62511242（总编室）　010－62511398（质管部）
　　　　　010－82501766（邮购部）　010－62514148（门市部）
　　　　　010－62515195（发行公司）　010－62515275（盗版举报）
**网　　址**　http://www.crup.com.cn
　　　　　http://www.ttrnet.com(人大教研网)
**经　　销**　新华书店
**印　　刷**　北京市鑫霸印务有限公司
**规　　格**　185 mm×260 mm　16 开本　　**版　　次**　2011 年 3 月第 1 版
**印　　张**　14　　**印　　次**　2011 年 3 月第 1 次印刷
**字　　数**　319 000　　**定　　价**　26.00 元

---